城市矿业研究丛书

包装废弃物的回收利用与管理

戴铁军 著

科学出版社
北京

内 容 简 介

本书采用逐级递进的结构体系，共分六大部分。系统地介绍了包装废弃物的内涵、特点和意义；阐述了废弃物回收利用的理论基础；重点分析了典型包装废弃物物质代谢，并开展了包装废弃物回收利用的经济评价；论述包装废弃物的回收利用与处理技术；重点探讨了国内外包装废弃物回收利用体系、管理体系和法规体系；同时概述了包装的绿色化、减量化和清洁化，提出了消减包装废弃物的对策及建议。

本书可供各类包装企业、包装废弃物资源化企业及相关工作者在生产实践中应用，也可供包装工程专业及固体废弃物相关专业师生参考。

图书在版编目(CIP)数据

包装废弃物的回收利用与管理／戴铁军著．—北京：科学出版社，2016.5

（城市矿业研究丛书）

ISBN 978-7-03-048203-7

Ⅰ. 包… Ⅱ. 戴… Ⅲ. ①包装废弃物-废物回收②包装废弃物-固体废物利用 Ⅳ. X705

中国版本图书馆 CIP 数据核字（2016）第 093739 号

责任编辑：李 敏 杨逢渤／责任校对：钟 洋

责任印制：张 倩／封面设计：李姗姗

科学出版社 出版

北京东黄城根北街 16 号

邮政编码：100717

http://www.sciencep.com

文林印务有限公司 印刷

科学出版社发行 各地新华书店经销

*

2016 年 5 月第 一 版 开本：720×1000 1/16

2016 年 5 月第一次印刷 印张：22

字数：450 000

定价：138.00 元

（如有印装质量问题，我社负责调换）

《城市矿业研究丛书》编委会

总　　序

一、城市矿产的内涵及发展历程

城市矿产是对废弃资源循环利用规模化发展的一种形象比喻，是指工业化和城镇化过程中产生和蕴藏于废旧机电设备、电线电缆、通信工具、汽车、家电、电子产品、金属和塑料包装物以及废料中可循环利用的钢铁、有色金属、贵金属、塑料、橡胶等资源。随着全球工业化和城市化的快速发展，大量矿产资源通过开采、生产和制造变为供人们消费的各种产品，源源不断地从“山里”流通到“城里”。随着这些产品不断消费、更新换代和淘汰报废，大量废弃资源必然不断在“城里”产生，城市便成为一座逐渐积聚的“矿山”。城市矿产开发利用将生产、流通、消费、废弃、回收、再利用与再循环等产品全生命周期或多生命周期链接贯通，有助于形成从“摇篮”到“摇篮”的完整物质循环链条，日益成为我国缓解资源环境约束与垃圾围城问题的重要举措。2010 年，国家发展和改革委员会、财政部联合下发的《关于开展城市矿产示范基地建设的通知》中提出要探索形成适合我国国情的城市矿产资源化利用管理模式和政策机制。2011 年，“十二五”规划纲要中提出要构建 50 个城市矿产示范基地以推动循环型生产方式、健全资源循环利用回收体系。这些政策的出台和不断深入标志着我国城市矿产开发利用进入了一个全新的发展阶段。

实际上，废弃资源循环利用的理念由来已久，可以追溯到人类发展的早期。例如，我国早在夏朝之前就出现了利用铜废料熔炼的先例，后续各类战争结束后铁质及铜质武器的重熔、混熔和修补成了资源循环的主要领域，新中国成立后对于废钢铁等金属的利用也体现了资源循环的理念。上述实践是在一定时期内对个别领域的废旧产品进行循环利用。然而，以废弃资源为主要原料，发展成为规模化城市矿业的历史并不长，其走向实践始于人类对资源环境问题的关注，源于对人与自然关系的思考。

纵观人类工业文明发展进程，经济高速发展所带来的环境污染以及自然资源短缺甚至耗竭等问题成为了城市矿产开发利用的两条主要脉络。一方面，随着环境污染和垃圾围城等问题的不断显现，人类逐渐意识到工业高度发达在带来物质财富极大满足的同时，也会对自然生态环境造成严重的负面影响，直接关系到人类最基本的生存问题。《寂静的春天》《只有一个地球》《增长的极限》等震惊世界的研究报告，唤起了人们的生态环境意识。环境保护运动逐渐兴起，成为人类拯救自然也是人类拯救自身的一场伟大革命，世界各国共同为人类文明的延续出谋划策，为转变“大量生产、大量消费、大量废弃”的线性经济发展模式提供了思想保障。另一方面，自然资源是一切物质财富的基础，离开了自然资源，人类文明就失去了存在的条件。然而，人类发展对自然资源需求的无限性与自然资源本身存量的有限性，必然会成为一对矛盾制约人类永续发展的进程，工业文明对资源的加速利用催生了上述矛盾的产生，人类不能再重复地走一条由“摇篮”到“坟墓”的资源不归路。综合上述环境与资源的双重问题，可持续发展理念应运而生。循环经济作为其重要抓手，使人类看到了通过走一条生态经济发展之路，实现人类永续发展的可能。由此，减量化、再利用与再循环的“3R”原则成为全世界应对资源环境问题的共性手段。

城市矿产开发利用是助力循环经济的有效途径，它抓住了 21 世纪唯一增长的资源类型——垃圾，利用了物质不灭性原理，实现了垃圾变废为宝、化害为利的根本性变革，完成了资源由“摇篮”到“摇篮”的可持续发展之路。尤其是发达国家工业化时期较长，各种城市矿产的社会蓄积量大，随着它们陆续完成生命周期都将进入回收再利用环节，年报废量迅速增长并逐渐趋于稳定，为城市矿产开发利用提供了充足的原料供应，并为其能够形成较大的产业规模提供了发展契机。1961 年，美国著名城市规划学家简・雅各布斯提出除了从有限的自然资源中提取资源外，还可以从城市垃圾中开采原材料的设想；1971 年，美国学者斯潘德洛夫提出了“在城市开矿”的口号，各种金属回收新工艺、新设备开始相继问世；20 世纪 80 年代，以日本东北大学选矿精炼研究所南条道夫教授为首的一批学者们阐明城市矿产开发利用就是要从蓄积在废旧电子电器、机电设备等产品和废料中回收金属。自此，城市矿产开发利用逐渐由理念走向了实践。

二、城市矿产开发利用的战略意义

我国改革开放以来，近 40 年的经济快速增长所积累下的垃圾资源为城市矿业的发展提供了可能，而资源供需缺口以及垃圾围城引发的环境问题则倒逼我国政府更加长远深刻地思考传统线性经济的弊端，推行循环经济的发展模式。城市矿产开发利用顺应了我国资源环境发展的需求，具有重大战略意义和现实价值。

1. 开发利用城市矿产是缓解资源约束的有效途径

目前我国正处于工业化和城市化加速发展阶段，对大宗矿产资源需求逐渐增加的趋势具有必然性，国内自然资源供给不足，导致重要自然资源对外依存度不断提高。我国原生资源蓄积量快速增加并趋于饱和，这使得废弃物资源开发利用的潜力逐渐增大。此外，城市矿产虽是原生矿产资源生产的产品报废后的产物，但相较于原生矿产，其品位反而有了飞跃式提升。例如，每开发 1t 废弃手机可提炼黄金 250g，而用原生矿产提炼，则至少需要 50t 矿石。由此，开发利用城市矿产要比从原生矿产中提取有价元素更具优势，不仅可以替代或弥补原生矿产资源的不足，还可以进一步提高矿产资源的利用效率。

2. 开发利用城市矿产是解决环境污染的重要措施

城市矿产中已载有原生矿产开采过程中的能耗、物耗和设备损耗等，其开发利用避免了原生矿产开发对地表植被破坏最为严重且高能耗、高污染的采矿环节，取而代之的是废弃物回收及运输等低能耗低污染的过程。从资源开发利用的全生命周期视角来看，不仅可以有效降低原生矿石开发及尾矿堆存引发的环境污染问题，还对节能减排具有重要促进作用。据统计，仅 2013 年我国综合利用废钢铁、废有色金属等城市矿产资源，与使用原生资源相比，就可节约 2.5 亿 tce，减少废水排放 170 亿 t，二氧化碳排放 6 亿 t、固体废弃物排放 50 亿 t；废旧纺织品综合利用则相当于节约原油 380 万 t，节约耕地 340 万亩①，潜在的环境效益十分显著。

3. 开发利用城市矿产是培育新兴产业的战略选择

2010 年国务院颁布了《关于加快培育和发展战略性新兴产业的决定》，将节能环保等七大领域列为我国未来发展战略性新兴产业的重点，其中城市矿业是其核心内容之一。相比原生矿业，城市矿业的链条更长，涉及多级回收、分拣加工、拆解破碎、再生利用等环节，需要产业链条上各项技术装备的协同发展，有利于与新兴的生产性服务、服务性生产等相互融合，并贯穿至产品全生命周期过程。从而，有效推动了生态设计、物联网、城市矿产大数据以及智慧循环等技术系统的构建。其结果将倒逼技术、方法、工具等诸多方面的创新行为，带动上下游和关联产业的创新发展，从而形成新的经济增长点，培育战略性新兴业态。

4. 开发利用城市矿产是科技驱动发展的必然要求

传统科研活动大多以提高资源利用效率和增强材料性能为目标，研究范畴往往仅包含从原生矿产到产品的“正向”过程。然而，针对以废弃资源为源头的“逆向”科研投入相对较少，导致我国城市矿业仍处于国际资源大循环产业链的低端，再生利用规模与水平不高，再生产品附加值低。为促进我国城市矿业的建设和有序发展，实施“逆向”科技创新驱动发展战略，加强“逆向”科研的投入力度，成为转变城市矿业的发展方式，提高发展效益和水平的必然要求。资源循环利用的新思路、新技术、新工艺和新装备的不断涌现，既可带动整个节能环保产业的升级发展，也可激发正向科研的自主创新能力，从而促进全产业链条资源利用效率的提升。

5. 开发利用城市矿产是扩展就业机会的重要渠道

城市矿产拆解过程的精细化水平直接关系到后续再生利用过程的难易程度以

---

① 1 亩≈666.7m^2

及最终再生产品的品位和价值。即使在技术先进的发达国家，拆解和分类的工作一般也由熟练工人手工完成，具有劳动密集型产业的特征。据统计，目前我国城市矿业已为超过 1500 万人提供了就业岗位，有效缓解了我国公众的就业压力。与此同时，为推动城市矿业逐渐向高质量和高水平方向发展，面向该行业的科技需求，适时培养高素质创新人才队伍至关重要。国内已有相当一批高校和科研院所成立了以资源循环利用为主题的专业研究机构，从事这一新兴领域的人才培养工作，形成了多层次、交叉性、复合型创新人才培养体系，拓展了城市矿业的人才需求层次，实现了人才就业与产业技术提升的双赢耦合发展。

6. 开发利用城市矿产是建设生态文明的重要载体

生态文明是人类为保护和建设美好生态环境而取得的物质成果、精神成果和制度成果的总和；绿色发展则是将生态文明建设融入经济、政治、文化、社会建设各方面和全过程的一种全新发展举措。城市矿产开发利用兼具资源节约、环境保护与垃圾减量的作用，是将循环经济减量化、再利用、再循环原则应用至实践的重要手段。由此产生的城市矿业正与生态设计和可持续消费等绿色理念相互融合，为我国实现经济持续发展与生态环境保护的双赢绿色发展之路指引了方向。此外，城市矿业的快速发展倒逼我国加快生态文明制度建设的进程，促进了如城市矿产统计方法研究、新型适用性评价指标择取等软科学的发展，从而可更加准确地挖掘城市矿产开发利用各环节的优化潜力，为城市矿业结构及布局调整提供科学的评判标准，有利于促进生态文明制度优化与城市矿业升级发展谐调发展。

三、城市矿业的总体发展趋势

城市矿产开发利用的资源、环境和社会效益得到了企业与政府双重主体的关注，2012 年城市矿产作为节能环保产业的核心内容列为我国战略性新兴产业。然而，城市矿产来源于企业和公众生产生活的报废产品，其分布较为分散，而且多元化消费需求使得城市矿产的种类十分繁杂。与其他新兴产业不同，城市矿业发展需要以有效的废弃物分类渠道和庞大的回收网络体系作为重要前提，且需要将全社会各利益相关者紧密联系才能实现其开发利用的目标。由此可见，城市矿业的发展仅依靠市场作用通过企业自身推动难以为继，需要政府发挥主导作用，根据各利益相关者的责任予以有效部署。

面对如此宽领域、长链条、多主体的新兴产业，处理好政府与市场的关系至关重要，如何按照党的十八届三中全会的要求“使市场在资源配置中起决定性作用，与更好地发挥政府的作用”，充分发挥该产业的资源环境效益引起了国家的广泛关注。为此，党中央从加强法律法规顶层设计与基金制度引导两方面入手，为城市矿业争取了更大的发展空间。2010 ~ 2015 年，《循环经济发展战略及近期行动计划》《再生资源回收体系建设中长期规划（2015—2020）》《废弃电器电子产品处理基金征收使用管理办法》等数十部法规政策的频繁颁布，体现了国家对于城市矿产开发利用的关注，通过政府强制力逐渐取缔微型低效、污染浪费的非法拆解作坊，有效地促进了该产业的有序发展。

根据上述法律法规指示，国家各部委也加强了对城市矿业的部署。截至 2014 年，国家发改委确定投入建设第一批国家资源综合利用“双百工程”，首批确定了 24 个示范基地和 26 家骨干企业，启动了循环经济示范城市（县）创建工作，首批确定 19 个市和 21 个县作为国家循环经济示范城市（县），并会同财政部确定了 49 个国家“城市矿产”示范基地；商务部开展了再生资源回收体系建设试点工作，分三批确定 90 个城市试点，并会同财政部利用中央财政服务业发展专项资金支持再生资源回收体系建设，已支持试点新建和改扩建 51 550 个回收网点、341 个分拣中心、63 个集散市场、123 个再生资源回收加工利用基地建设；工业和信息化部开展了 12 个工业固体废物综合利用基地建设试点，会同安监总局组织开展尾矿综合利用示范工程。在上述各部委的联合推动之下，目前我国城市矿业的发展水平日渐增强，集聚程度不断提高，仅 2014 年我国废钢铁回收量就达 15 230 万 t、再生铜产量 295 万 t、再生铝 565 万 t、再生铅 160 万 t、再生锌 133 万 t。习近平总书记在视察城市矿产龙头企业格林美公司时，高度评价了城市矿产开发利用的重要作用，对城市矿业提出了殷切的期盼：“变废为宝、循环利用是朝阳产业。垃圾是放错位置的资源，把垃圾资源化，化腐朽为神奇，是一门艺术，你们要再接再厉。”

国家在宏观层面系统布局城市矿产回收利用网络体系为促进我国城市矿业的初期建设提供了必要条件，而如何实现该产业的高值化、精细化、绿色化升级则是其后续长远发展的关键所在，这点得到了国家科技领域的广泛关注。2006 年，《国家中长期科学技术发展规划纲要（2006—2020 年）》明确将“综合治污和废弃物循环利用”作为优先主题；2009 年，我国成立了资源循环利用产业技术创新战略联盟，先后组织政府、企业和专家参与，为主要再生资源领域制定了“十二五”发展路线图，推动了我国城市矿业技术创新和进步；2012年，科学技术部牵头发布了国家《废物资源化科技工程十二五专项规划》，全面分析了我国“十二五”时期废物资源化科技需求和发展目标，部署了其重点任务；2014年，国家发展和改革委员会同科学技术部等六部委联合下发了《重要资源循环利用工程（技术推广及装备产业化）实施方案》，要求到2017年，基本形成适应资源循环利用产业发展的技术研发、推广和装备产业化能力，掌握一批具有主导地位的关键核心技术，初步形成主要资源循环利用装备的成套化生产能力。

在此引导下，科学技术部启动了一系列国家863及科技支撑计划项目，促进该领域高新技术的研发和装备的产业化运行，如启动《废旧稀土及贵重金属产品再生利用技术及示范》国家863项目研究。该项目国拨资金4992万元，总投资近1.6亿元，开展废旧稀土及稀贵金属产品再生利用关键技术及装备研发，重点突破废旧稀土永磁材料、稀土发光材料等回收利用关键技术及装备。教育部则批准北京工业大学等数所高校建设“资源循环科学与工程”战略性新兴产业专业和“资源环境与循环经济”等交叉学科，逐步构建“学士—硕士—博士”多层次交叉性、复合型创新人才培养体系。

放眼全球，发达国家开发利用城市矿产的理念已趋于成熟，涵盖了废旧钢铁及有色金属材料、废旧高分子材料、废旧电子电器产品、报废汽车、包装废弃物、建筑废弃物等诸多领域，且在实践层面也取得了颇丰的成绩。例如，日本通过循环型社会建设和城市矿产开发，其多种稀贵金属储量已列全球首位，由一个世界公认的原生资源贫国成为一个二次资源的富国，在21世纪初，其国内黄金和银的可回收量已跃居世界首位。总结发达国家城市矿业取得如此成绩的经验：民众参与是促进城市矿业的重要依托，发达国家大多数公众已自发形成了环境意识，对于任何减少或回收废弃物的措施均积极配合，逐渐成为推动城市矿业发展的中坚力量；法律法规体系是引导城市矿业的先决条件，许多发达国家已处于循环经济的法制化、社会化应用阶段，通过法律规范推动循环经济的发展和循环型社会的建设；政策标准是保障城市矿业的重要条件，发达国家十分注重政策措施的操作性，通过制定相关的行业准入标准，坚决遏制不达标企业进入城市矿业；市场机制是激发城市矿业的内生动力，充分利用市场在资源配置中的决定性地位，通过基金或财税等市场激励政策促进城市矿业形成完备的回收利用网络体系；创新科技是提升城市矿业的核心支撑，通过技术创新促进城市矿产开发利用向高值化、精细化、绿色化方向发展。

由此可见，我国城市矿业的发展虽然已取得了长足的进展，但与国外发达国家相比，仍存在较大差距。例如，公众的生态观念和循环意识仍然薄弱，致使一部分城市矿产以未分类的形式进行填埋或焚烧处理，丧失了其循环利用的价值；法规政策具体细化程度明显不足，缺乏系统性、配套性和可操作性的回收利用细则与各级利益相关者的责任划分，致使执行过程中各级管理部门难以形成政策合力；资源回收利用网络体系建设尚不完善，原城乡供销社系统遗留的回收渠道、回收企业布局的回收站点、小商贩走街串户等多类型、多层级回收方式长期并存，致使正规拆解企业原料成本偏高，原料供应严重匮乏；产业发展规模以及发展质量仍然不足，企业整体资源循环利用效率较低，导致了严重的二次浪费与二次污染，部分再生资源纯度不足，仅能作为次级产品利用，经济效益大打折扣；产业科技水平及研发实力仍需加强，多数城市矿产综合利用企业尚缺乏拥有自主知识产权的核心技术与装备，致使低消耗、低排放、高科技含量、高附加值、高端领域应用的再生产品开发严重不足；统计评价以及标准监管体系仍需健全，缺乏集分类、收运、拆解、处置为一体的整套城市矿业生产技术规范，致使技术装备的通用性不强，无法适应标准化发展的要求。

上述问题的解决是一个复杂系统工程，需要通过各领域的协同科技创新予以支撑。与提高产品性能和生产效率为目标的“正向”科技创新相比，以开发利用城市矿产为主导的“逆向”科技创新属于新兴领域，仍有较大研究空间。第一，城市矿业发展所需的技术装备和管理模式虽与“正向”科研有着千丝万缕的联系，部分工艺和经验也可以借鉴使用，但大部分城市矿产开发利用的“逆向”共性技术绝非简单改变传统技术工艺和管理模式的流程顺序就可以实现，它甚至需要整个科研领域思维模式与研究方式的根本性变革。第二，技术装备归根到底仍是原料与产品的转化器，只有与原料相适配才能充分发挥技术装备的优势以提高生产效率。由于发达国家与发展中国家在城市矿产来源渠道及分类程度存在巨大的差异，使得我国引进发达国家的技术装备仍需耗费大量资金进行改造以适应我国国情。因此，针对城市矿产开发利用的关键共性技术进行产学研用的联合攻关，研发具有一定柔性、适用性较强、资源利用效率显著的技术、装备、工艺和管理模式成为壮大我国城市矿业的有力抓手。第三，与传统产业需求的单学科创新不同，城市矿业发展涉及多个学科的交叉领域，面向该产业的多维发展需求，亟须从哲学、生态学、经济学、管理学、理工学等相关学科知识交叉融合方面寻求城市矿业创新发展的动力源泉。

为了满足国家综合开发利用城市矿产的发展需求，亟须全面理清国内外重点领域支撑城市矿业发展的技术现状，根据多学科交叉的特点准确规划我国城市矿业的发展目标、发展模式及发展路径。为此，“十二五”期间由李恒德院士和师昌绪院士参与指导，由左铁镛院士全面负责主持了中国工程院重大咨询项目《我国城市矿产综合开发应用战略研究》，着眼于废旧有色金属材料、废旧高分子材料、废旧电子电器产品、报废汽车、包装废弃物、建筑废弃物六类典型的城市矿产资源，从其中的关键共性技术入手分析了我国城市矿产综合开发应用的总体发展战略，并多次组织行业专家等对相关成果进行系统论证，充分吸收了各方意见。现将研究成果整理成系列丛书供各方参阅。丛书的作者均是长期从事城市矿产研究的科研人员和行业专家，既有技术研发和管理模式创新的实力和背景，又有产业化实践的经验，能从理论与实践两个层面较好地阐明我国各类城市矿产开发利用的关键技术装备现状及其存在问题。相信他们的辛勤成果可以为我国城市矿业的发展提供一些经验借鉴和技术探索，最终为构建有中国特色的城市矿产开发利用的理论和技术支撑体系做出我们的贡献！

丛书不足之处，敬请批评指正。

左铁镛　聂祚仁

2016 年 3 月

前　言

废弃物，是一种“放错位置的资源”。若将它丢弃，不注意回收利用，它将变成垃圾且污染环境，以至危害人体健康和动植物的生存安全；若将它有效回收利用，它就是资源，就是“宝”。可见，“废弃物”与“资源”是相对的，只不过是物质的某种形态或用途发生了变化，在一些方面人们赋予它的特定使用价值消失，但其本身可以利用的属性并没有完全消失，当这种可利用的属性被人们发现，并在一定条件下被正确加以利用时，那么它将重新获得使用价值，由“废弃物”转变成“资源”，也就变“废”为“宝”。

因此，包装废弃物是一种宝贵的资源，也是目前正在不断增长的资源。尤其是在当今人类社会面临人口、资源、能源和环境危机的严峻形势下，对包装废弃物进行回收利用与资源化处理，已受到世界各国的普遍关注。它不仅是包装生产企业、相关大专院校、科研单位及各环保、环卫部门应高度重视的问题，而且关系到使用者和经销包装的各行业乃至全社会广大消费者的切身利益。

我们撰写本书的目的，就是将我们研究的成果以及国内外包装废弃物的回收利用与管理内容介绍给读者。希望本书的出版，有助于推动我国包装废弃物的管理与资源化的持续发展。

我们在撰写过程中，尽可能地注意到了内容的正确性、结构的合理性以及字词的严密性；尽管如此，由于作者水平有限、知识面不够宽、实践基础不够、参阅文献不全面，虽几经改稿，书中错误和缺点在所难免，真诚地欢迎广大读者提出批评和意见。

最后，衷心感谢北京工业大学左铁镛院士的关心和指导；感谢中国工程院重大咨询项目“我国‘城市矿山’综合开发应用战略研究”的资助；感谢中国环境科学学会绿色包装专业委员会和中国轻工协会等相关行业协会、高等院校专家的帮助；感谢撰写过程中所引用文献、资料的各位作者，感谢研究团队的支持与帮助。

戴铁军
2016年1月

目　　录

第1章 绪　　论

1.1 包装废弃物的内涵

1.1.1 包装废弃物的概念

对于包装废弃物，目前尚没有一个统一明确的概念。欧洲议会和理事会《包装和包装废弃指令》（94/62/EC）对包装废弃物的定义是：废弃的包装物和任何包装材料，不包括生产剩余物。我国《包装废弃物的处理与利用通则》（GBT16716.1—2008）对包装废弃物的定义是：失去或完成保持内装物原有价值和使用价值的功能，成为固体废物丢弃的包装容器及材料（国家技术监督局，1996）。根据国家发展和改革委员会组织起草的《包装物回收利用暂行管理办法》的征求意见稿第二条可知，包装废弃物是指"以可回收利用的纸、木、塑料、金属、玻璃等为原材料制作成的各种包装物及辅助材料，在使用后，不能再次利用而丢弃所形成的废弃物"，即包装物在脱离其包装的商品后，完成了其本身的包装价值，在被丢弃后，所产生的废弃物（国家发展和改革委员会，2005）。由上可见，包装废弃物是固体废弃物的一种，而生活垃圾是包装废弃物的主要产生源。根据《城市生活垃圾分类及其评价标准》（CJJ/T 102—2004）对生活垃圾的分类，包装废弃物主要隶属于其中的可回收物与可燃垃圾两大类。我们将对城市生活垃圾中可回收物的包装废弃物以及使用后回收利用的包装废弃物展开研究[①]。

值得一提的是，包装（或容器）并不是一件独立的商品，只有当它们与被包装的产品结合在一起时，才组成了一件完整的商品。当内容物用完或者取出之后，包装物就成为废弃物，即包装废弃物。因此，大多数包装都具有周期短的特征（魏

① 中华人民共和国行业标准.2004.城市生活垃圾分类及其评价标准.北京：中国建筑工业出版社.

大劲，2008）。

1.1.2　包装废弃物的来源与分类

包装废弃物来自人们生产和生活诸多环节。从来源来看，包装废弃物主要来自家庭住宅、商业部门、公共场所、工业部门内部，如表1-1所示（王建明，2007）。

表1-1　包装废弃物来源

名称	来源
家庭住宅	公寓、出租房、居民小区、宿舍等
商业部门	写字楼、购物中心、宾馆、机场、餐馆等
公共场所	学校、医院、政府部门等
工业部门内部	不包括生产废弃物

包装废弃物，从一个侧面来看，可被认为是物品使用后产生的固体废弃物。目前，我国包装废弃物占城市家庭生活垃圾重量的30%以上，而其体积占家庭垃圾的一半以上。通常，包装废弃物可分成四类：内部包装废物、新包装废物、旧包装废物和包装杂物（周廷美，2007）。

（1）内部包装废物

内部包装废弃物是指那些由于破损或加工处理不当而从未使用过的，但可直接再次利用的包装材料。例如，玻璃瓶厂的各种废弃玻璃，经分类、清洁后直接送到本厂熔化炉，制作成新的玻璃瓶；造纸厂对那些质量不合格的纸张，也进行相应的类似处理。

（2）新包装废物

新包装废物是指那些在包装物制造过程中，不能直接再利用的废金属、废弃包装袋等。它们虽然可以在工作现场收集起来，但在包装物制造过程中不能直接再利用，需要送到外面相关工厂作进一步处理。例如，金属罐厂在制造金属罐时产生大量废弃金属，这些废金属一般不在加工厂内再生，而是把它们收集起来，压缩后，运到钢铁厂金属熔化炉中再生。

(3) 旧包装废物

旧包装废物是指那些已被使用过的包装物，或那些被包装的物品被消费后部分。这一类包装废物跟前面两类包装废物相比较，具有以下两个特点：①分散性。大量的包装废物不是出自某个或某几个指定的地方，而是基于人口分布的情形，主要来自各个家庭垃圾袋。②异质性。有关各种类型包装旧废物的分类措施并不完善。垃圾箱内混杂着各种包装材料和其他垃圾，成分相当复杂。为保护垃圾中有用的资源，便于资源再生，需要先去掉垃圾中的水分，然后对垃圾进行分类，这要求每个居民把使用过后的不同包装物分门别类投入不同的垃圾箱。对玻璃、金属、纸和塑料进行分类，一般人都能做到，它们之间很容易辨别。

(4) 包装杂物

包装杂物是指那些人们随手扔掉的包装物。这些废物容易对公共游乐场所、公路和铁路路旁、停车场周围等地区造成污染。包装杂物的成分同样具有多样性，据统计，在欧洲其成分构成为：26%塑料、6%玻璃、16%金属、40%纸张。

由于这类垃圾的分散最广，很难计算收集它们所花费用。一般情况下，大自然处理纸制品不成可题，因其很容易被水和微生物分解或降解。至于其他包装材料，如玻璃、金属和塑料，它们对大自然的处理作用具有很大抵抗力。对于那些已经散落在大自然中的包装杂物，到目前为止，尚未有特别有效的处理方法。杜绝这种乱扔杂物的现象，一时还办不到，人们需要提高环境意识，并在合适的地方提供合适的垃圾箱，可以有效地减少包装杂物流入自然或公共场所。

包装废弃物种类繁多，按照不同的角度划分，具有不同的分类体系。按包装物的形态划分，包装废弃物可分为袋、盒、瓶、罐、桶、箱等；按包装物的基材划分，包装废弃物可分为纸类、塑料、金属、玻璃及复合材料等。如表1-2所示。

在日本，如按包装废弃物形状来区分，箱类、瓶类占54.8%，袋类占34.8%；按材料区分，塑料占37.8%，纸类占34.8%，玻璃占16.9%，金属占10.5%。

图1-1是按我国包装工业总产值，计算各主要门类的贡献率。纸包装业占居首位，达到37%；塑料包装业次之，达到31%；包装印刷业居第三位，达到16%；金属包装和玻璃包装分别占7%和3%；竹木包装和其他包装分别占0.5%和1.5%，二者贡献率最少。虽然包装印刷业贡献率较大，但是它主要功能是把

"商标、说明"等印刷在纸、塑料、金属、玻璃等包装上，作为包装废弃物回收问题的研究，主要在于相关包装材料的回收利用问题上。因此，印刷业不考虑。

表 1-2　包装废弃物的分类

大类	亚类	举例
纸包装废弃物	纸杯	一次性纸杯、广告纸杯、接待纸杯、饮料纸杯、奶茶纸杯、品尝杯等
	纸桶	大口径纸桶（φ450～650mm，H：1000mm 以下）；全纸桶（φ290～420mm，H：800mm 以下）；方纸桶（φ280～360mm）等
	纸罐	茶叶罐、酒罐，书面罐、挂历罐、食品罐等
	纸管	医疗器械纸管、书画纸管、工业纸管等
	纸袋	信封、手提袋、蜡纸袋、药袋、购物袋、礼品袋等
	纸箱	牛奶箱、食品箱、家电用品箱等
	纸盒	食品盒、药品盒、酒盒、香烟盒等
	包装纸	牛皮纸、防潮纸、防油纸、食品包装纸、火药包装纸等
塑料包装废弃物	塑料盒	名片盒、用于盛装商品的各类塑料盒
	塑料瓶	饮用水瓶、饮料瓶、药瓶等
	塑料箱	用于搬用的塑料箱、用于商品盛装的容器
	塑料桶	食用油桶、食品桶等
	塑料袋	水泥用包装塑料编织袋、食品袋、购物袋等
	塑料管	各种饮料管等
	塑料膜	食品保鲜膜、包装用塑料膜等
金属包装废弃物	金属饮料罐	红牛/王老吉/加多宝/健力宝饮料罐、八宝粥食品罐等
	金属喷雾罐	二片喷雾罐、三片喷雾罐等
	金属瓶盖	各类饮料、食品瓶盖等
	金属食品罐	罐头罐、各类食品罐等
	金属盒	盛装食品用金属盒、茶叶铁盒、糖果铁盒等
	金属桶	不锈钢桶、铁桶等
	金属封闭器	桶用封闭器、罐用封闭器、瓶用封闭器等
玻璃包装废弃物	玻璃盒	亚克力酒水盒、亚克力名片盒等
	玻璃瓶	饮料瓶、酒瓶、墨水瓶、牛奶瓶、罐头瓶、药瓶等
复合包装废弃物	纸塑复合包装	质素复合袋、纸塑复合食品容器（餐盒、碗等）、纸塑复合罐等
	铝塑复合包装	榨菜包装用复合膜、袋、铝塑复合泡罩包装、耐蒸煮复合膜、袋等
	塑塑复合包装	复合塑料编织袋、复合塑料容器、液体食品无菌包装用复合袋等
	纸铝塑复合包装	圆柱形复合罐、液体食品保鲜包装用纸基复合材料等

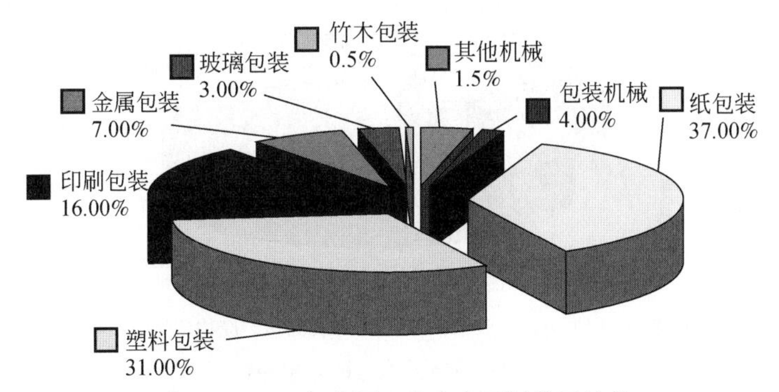

图 1-1 2010 年我国工业个主要门类贡献率

数据来源：张耀权 . 2012. 中国包装工业的现状及“十二五”发展思路 .

http：//www. doc88. com/p-802819075801. html［2012-7-15］

图 1-2 是北京阿苏卫垃圾卫生填埋场包装废弃物的分类组成（主要来源昌平农村、昌平城区、大屯、天通苑四区）。可以发现，塑料包装废弃物占比重最大，为 66. 44%；然后是玻璃陶瓷，占 19. 81%；最少的包装废弃物是织物，仅占 1. 59%。图 1-3 是湖北秭归包装废弃物的分类组成。塑料包装废弃物仍占比重最大，为 83. 71%，然后是玻璃陶瓷，占 10. 88%，最少的包装废弃物是金属和织物。

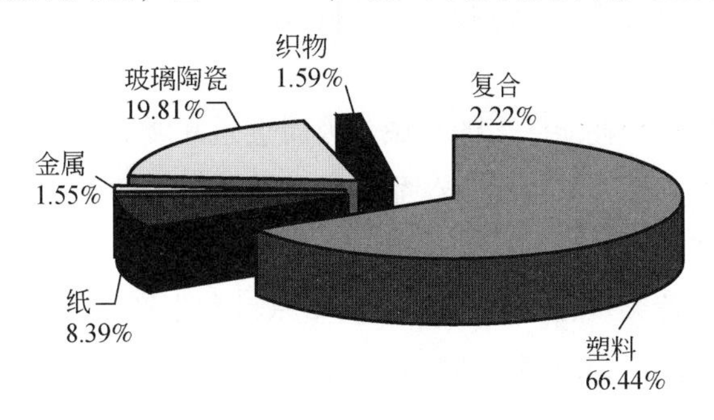

图 1-2 北京包装废弃物的分类组成

数据来源：金雅宁，周炳炎，丁明玉，等. 2008. 我国包装废物产生及回收现状分析 .

环境科学研究，21（6）：90-94

复合材料难以分选的，而复合材料中可很好判别并分选出来的有铝塑复合材料与纸塑复合材料。而木质类与陶瓷类分选的价值不大，主要是因为这两种材料在回收后复用再作包装的可能性很小。

包装废弃物虽然种类繁多，但按包装制品的材质及其所占比例来划分，可以

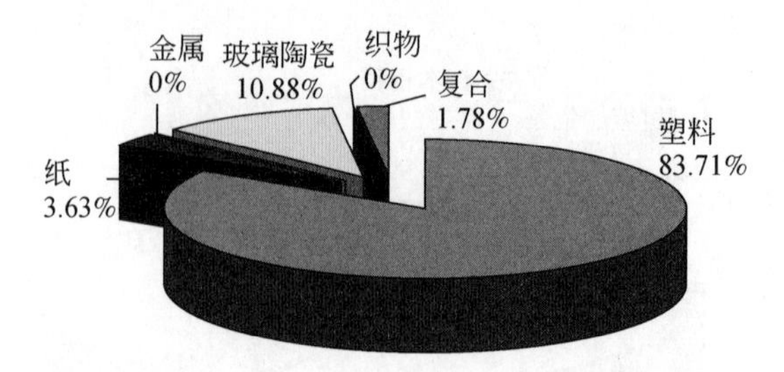

图 1-3　湖北秭归包装废弃物的分类组成

数据来源：金雅宁，周炳炎，丁明玉，等. 2008. 我国包装废物产生及回收现状分析. 环境科学研究，21（6）：90-94.

分为纸质制品、塑料制品、玻璃制品、金属制品和复合制品五大类。因此，本文重点介绍纸包装、塑料包装、金属包装、玻璃包装和复合包装废弃物的回收利用问题。

1.2　包装废弃物与资源

1.2.1　包装产品生产的物耗能耗高

包装工业是耗材、耗能巨大的领域，因而也是开展节约资源、能源的重要对象。从能耗和物耗方面来看，包装产品的生产需要大量的天然资源，其中矿产资源、水资源和森林资源等是制造玻璃包装、金属包装、复合包装、塑料包装和纸包装的重要原料。各类型包装物耗费的主要原料和生产 1t 包装物所耗费的能源分别如表 1-3、表 1-4、表 1-5 所示。

表 1-3　各类型包装产品耗费的主要原料

包装类型	主要耗费原料
纸包装	木材纤维原料（部分为禾本科类、韧皮类、籽毛类或非植物纤维原料）、能源和水
塑料包装	原油、能源
金属包装	金属矿石和能源，常用于金属包装的金属有钢铁、铜、铝、锡、锌等
玻璃包装	矿石资源和能源，主要有硅酸盐（Na_2SiO_3、$CaSiO_3$、SiO_2）和碳酸盐、硫酸盐或氧化物等
复合包装	原油、能源、金属矿石

表 1-4 生产 1t 木材、纸、塑料包装物需要的能量 （单位：MJ）

材料	生产过程	电	石油	其他	能量值	总产品
木头	伐木搬运	—	6 640	—	6 640	17 200
纸	木头→纸	6 410	19 670	16 630	42 710	17 890
板	木头→纸板	9 350	25 630	16 630	51 620	17 890
LDOE	石油→PE	2 760	36 820	—	39 580	49 950
	PE→瓶子（50000 个）	3 960	—	—	43 540	49 950
HDPE	石油→瓶子（50000 个）	6 890	37 910	—	44 800	50 850
PP	石油→PP	3 340	40 390	—	43 730	52 650
PET	PET 的生产	5 390	71 180	—	76 570	46 560
	瓶子生产（50000 个）	18 660	—	—	95 230	46 560

数据来源：周廷美，张英 . 2006. 包装物流概论 . 北京：化学工业出版社

表 1-5 生产 1t 玻璃或金属包装物需要的能量 （单位：MJ）

材料	加工过程	电能	汽油产品	其他	能量	总产品
玻璃	生料	0. 08	2. 276	0. 942	3. 298	—
	玻璃	1. 224	6. 195	4. 977	12. 396	—
	小计	1. 304	8. 471	5. 919	15. 694	
铝罐 450ml	铝生产	53. 316	42. 668	13. 370	109. 354	21. 567
	铝板生产	3. 601	9. 534	9. 905	23. 040	—
	包装制造	5. 892	9. 334	24. 537	39. 763	2. 230
	封装（易开）	16. 816	15. 293	9. 464	41. 573	6. 913
	铝罐（总）	79. 625	76. 829	57. 276	213. 730	30. 710

数据来源：周廷美，张英 . 2006. 包装物流概论 . 北京：化学工业出版社

目前，我国包装工业整体的生产方式仍然属于粗放型。生产过程资源消耗较大，是世界平均水平的 2 倍，是美国的 4. 3 倍，是日本的 11. 5 倍（周云杰，2010）。从与包装产品相关的矿产、森林等资源的基本情况方面来看，尽管我国是资源大国，但是从人均占有量来看依然是资源贫国，如果不加节制地对自然资源进行掠夺式开发，今后很多自然资源将面临严重的短缺，会严重制约包装等行业的可持续发展。国家林业局第七次全国森林资源清查结果（2004 ~ 2008）显示，中国森林面积是 19545. 22 万 hm^2，森林覆盖率只有 20. 36%，仅为全球平均水平的 2/3，居世界第 139 位；人均森林面积和人均森林蓄积分别为 0. 145hm^2 和 10. 151m^3，前者不到世界人均占有量的 25%，后者仅为世界人均占有量的 1/7；另据 2010 年全国水利发展统计公报，2010 年，全国水资源总量 29 658 亿 m^3（中华人民共和国水利部，2011）；铁矿资源、铜矿资源和铝土矿资源总保有储量分

别为463亿t、6243万t和22.7亿t，分别居世界第五、第七和第七位（伍新新，2011）；国土资源部最新预测，我国煤炭可采储量达2040亿t，而石油和天然气可采储量分别为212亿t和22万m^3。预计到2020年，石油、铁、煤炭的供需缺口依次可达2.54×10^8t、2.94×10^8t、9.85×10^8t。如果继续保持当前的经济、社会发展速度，国内绝大多数自然资源将会在2030年出现枯竭（周倩文和杨昊然，2011）。从包装物使用后的再生利用程度方面来看，我国每年生产的包装制品有80%在使用后被丢弃，由此造成大量的资源浪费。包装废弃物在重量和体积上分别占城市生活垃圾的15%和25%，随着社会经济的进一步发展，包装废弃物年增速达10%（郑湘明和晏绍康，2006）。

在我国包装工业生产中，塑料、金属和玻璃等产业都是电力能源的消耗大户。我国每生产1t成品玻璃需耗412.5kg标煤，耗纯碱155.3kg，玻璃包装制品万元产值综合能耗高达标煤3.3t。而2005年全国单位工业增加值的能耗只是2.59t标准煤/万元。如果根据我国玻璃包装万元产值综合能耗的标准计算，2005年我国玻璃包装工业能耗达355万t标煤，折合原煤为497万t，这基本上相当于一个大型煤矿（按国家统计局工业建设项目的划分标准，年产500万t原煤以上为大型煤矿）一年的产量。目前，我国每吨标准煤的产出效率只是美国的28.6%，欧盟的16.8%，日本的10.3%。如果同样生产107.68亿元产值的玻璃包装制品（2005年中国包装工业产值），美国只用不到101万t标准煤，欧盟为60万t标准煤，日本仅用36万t标准煤。我国相对这些国家浪费的能源数量分别为254万t、295万t和319万t标准煤，数量巨大。

据统计，我国每年的聚酯（PET）瓶子需求量高达300万t。而目前在我国，所有的PET瓶全部是从石油中提炼的原生PET原料制造而成。300万t的PET瓶子相当于消耗了超过1800万t的石油，这不仅仅是能源的巨大浪费，而且大量塑料瓶的使用，也造成了巨大的环境压力。

目前，我国包装工业的经济增长方式仍处于粗放型，资源消耗较大，是世界平均水平的2倍，美国的4.3倍，日本的11.5倍。2004年金属容器工业总产值280亿元，共消耗材料约150万t，平均每亿元产值耗材约0.54万t。同时金属包装又是一个能耗比重大的产业，铁、铝包装材料的耗电量（同一体积容器）铁为0.70kW·h，铝为3.00kW·h，能耗大于其他包装材料。再者，我国每年平均生产衬衫12亿件，其包装盒用纸量达24万t，这相当于砍掉了168万棵碗口粗的树。

可见，在这些资源的不断减少、枯竭，尤其是石油、天然气的不断减少，将会使我们人类的生存、发展面临着极其严峻的挑战。

1.2.2 包装废弃物资源的浪费巨大

按目前的包装废弃物回收水平计算，全国每年回收纸箱14万t，可节约生产同量纸所用的煤8万t、电4900万kW·h、木浆等23.8t、烧碱1.1万t；一年回收玻璃瓶10亿只，可节约生产同量玻璃瓶所需的煤4.9万t、电3850万t、石英4.9万t、纯碱1.57万t；回收各种铁桶4000万只，可节约钢材4.8万t，以上几项的总价值就达数亿元。据初步估计，每年全国固体废弃物所造成的经济损失及可利用而未利用的废弃资源价值达300亿元。以上海为例，上海市区有260万户家庭，假如每家每周平均购物3次，每次废弃5个塑料袋，一年将用去20亿个左右。上海每年生产月饼1000盒左右，即使不过度包装也要消耗掉400~600棵树径为10cm的树木，更何况过度包装（胡明秀，2004）。

2010年中国包装工业总产值突破了12 000亿元，占全年GDP总量的3.02%。而发达国家的这一比例通常不超过2%，这表明我国的包装用量严重过度，将浪费2000多万t的包装材料，资源浪费巨大（彭国勋，2011）。

1.2.3 包装废弃物的数量增长迅速

改革开放以来，伴随着我国经济的高速增长，包装工业发展迅猛，经历了从无到有、从小到大的发展历程，一举从20世纪80年代初国民经济40个主要行业的最后一位，跃升到2008年的第14位，包装工业总产值在社会总产值中的比例已由80年代初的0.4%上升到2008年的2.4%。1980年全国包装工业总产值只有72亿元，2008年高达6270亿元，增长了87倍，年均增长率高于19%（韩锦平，2009）。2010年我国包装工业总产值突破了12 000亿元，与1980年相比，增长了近167倍。

预计从2011年到2015年，总产值可望突破6000亿元，年平均增速约维持在16%的水平。以产品分类，我国纸包装制品产量到2015年可达3600万t，玻璃包装制品1550万t，塑料包装制品946万t，金属包装制品491万t（吴玉萍，2011b）。伴随着“大量生产—大量消费”的是大量废弃，同时，我国包装企业的粗放式经营使得资源利用效益低，并增大环境压力。

“十五”期间，全国城市生活垃圾年平均产生量为1.4亿t，达到无害化处理要求的不到10%。“十一五”初期，全国城市生活垃圾年平均产生量已接近1.6亿t，中国每年的包装材料消耗量为3000多万t，由此产生的包装废弃物约1600万t，占城市所有废弃物体积的25%，重量的15%，且每年约递增10%。截至2010年，中国的包装材料年消耗量已超过6000万t，由此产生的包装废弃物量多达3200万t。目前，我国包装废弃物仍以每年9%左右的速度增长，预计到2020年包装废弃物年总量将达到10 000亿t以上。包装废弃物的处理与利用已成为影响国民经济可持续发展的重要问题，严重制约包装行业自身的长远发展。

1.2.4 包装废弃物的回收利用率低

我国包装回收具有十分明显的中国特色，由于大量农村剩余劳动力涌入城市，凡是有部门愿意高价收购的包装，都能基本回收。例如，纸制品、聚酯瓶、啤酒瓶、两片罐的回收率就非常高。现在我国大中城市的垃圾中，仅剩下塑料袋等回收价格不高的包装废弃物，处理起来比较困难，造成的景观污染十分严重。

表1-6给出了2002年各国纸制品包装产量与废纸回收的数据。由表1-6可知，我国纸制品包装废弃物回收率最低为30.2%，德国最高为72.2%，我国比德国低42%，差距很大；纸制品包装废弃物利用率为47.0%，比美国、比利时高，但比墨西哥90.1%利用率低43.1%，同样差距也很大。

表1-6　2002年各国纸制品包装产量与废纸回收

国家与地区	回收量/万t	回收率/%	利用率/%	进口量/万t	出口量/万t
美国	4355.1	49.4	41.5	37.1	1037.7
墨西哥	228.2	41.2	90.1	135.6	0
德国	1371.0	72.2	65.0	182.0	349.2
法国	558.8	51.3	58.2	117.3	105.6
英国	593.5	47.7	74.2	4.2	136.7
比利时	146.1	47.9	35.3	70.1	174.0
日本	1769.2	57.4	53.5	21.4	146.6
中国	1331	30.2	47.0	642.0	0
中国台湾	285.3	61.6	88.0	101.4	0
韩国	599.8	73.5	74.6	138.9	6.4

数据来源：彭国勋，许晓光. 2005. 包装废弃物的回收. 包装工程，26（5）：10-13

表 1-7 给出了欧、美、日、中四个国家（地区）的塑料回收与处理数据。由表 1-7 可知，中国塑料包装废弃物回收率最低为 10%，西欧最高为 15%，两者相差 5%；中国填埋率最高，为 89%，日本填埋率最低，为 23%。

表 1-7　欧、美、日、中塑料包装废弃物回收与处理数据　（单位:%）

国家	回收率/%	焚烧率/%	填埋率/%
西欧	15	30	55
日本	13	64	23
美国	14	16	70
中国	10	1	89

数据来源：彭国勋，许晓光 . 2005. 包装废弃物的回收 . 包装工程，26（5）：10–13

表 1-8 是各国玻璃瓶的回收数据。由表 1-8 可知，中国废旧玻璃瓶的回收率为 20%，除比爱尔兰 8%、英国 13% 高以外，均比其他国家低，比最高国家荷兰废旧玻璃瓶回收率 62%，低 42%，相差很大。

表 1-8　各国玻璃瓶的回收数据

国家	生产量/万	回收量/万	回收率/%
奥地利	19. 3	8. 5	44
比利时	32. 6	12. 7	39
丹麦	10. 9	3. 5	32
法国	202. 0	64. 6	26
德国	344. 5	110. 2	37
英国	72. 9	23. 3	13
爱尔兰	8. 8	0. 7	8
意大利	152. 6	58. 0	38
荷兰	51. 6	32. 0	62
西班牙	118. 6	26. 1	22
瑞士	19. 8	14. 0	47
土耳其	12. 6	3. 4	27
中国	100. 0	20. 0	20

数据来源：彭国勋，许晓光 . 2005. 包装废弃物的回收 . 包装工程，26（5）：10–13

在中国每年产生的庞大包装废弃物中，只有纸箱、啤酒瓶和饮料瓶等废弃物回收率达到 90% 以上，其余大部分包装物的回收率还相当低，全部包装废弃物的回收率不到总产量的 20%（吴玉萍，2011a）。若总回收利用率按 25% 计算，每年至少白白浪费上千亿元的资源。同时，对本来可以进行再回收利用的商品包装当做垃圾处理，需要投入更多的资金、建更多的处理设施，无疑这会导致环卫处理成本上升以及增大处理工作的压力。

可见，我国在包装回收问题上，与国外先进国家还存在一定差距，原因不外是在政策、管理和技术三个方面。

1.3 包装废弃物与环境

包装行业的发展为经济建设做出了重大贡献，同时也给人类带来了严重的环境问题。由美国《包装》杂志的全国性民意测验结果知，绝大多数人认为包装带来的环境污染仅次于水质污染、海洋湖泊污染和空气污染，已处于第四位（李丽等，2005；马祖军和代颖，1999）。大量堆置的包装废弃物，在自然条件影响下，其中的一些有害成分会转入大气、水体和土壤中，参与生态系统的物质循环，有些物质还会在生物体内积蓄和富集，通过食物链影响到人体健康，因而具有潜在的、长期的危害性，图 1-4 列出了包装废弃物的污染途径（徐惠忠等，2004）。

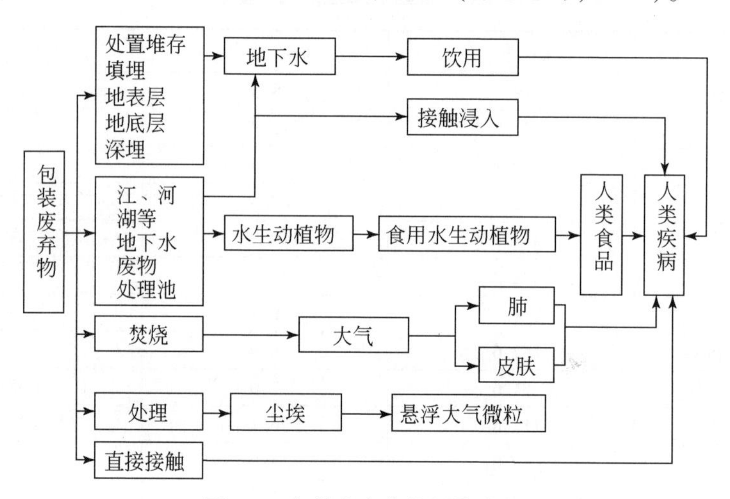

图 1-4 包装废弃物的污染途径

1.3.1 恶化环境

塑料包装制品大都含有聚氯乙烯（PVC）和丙烯腈（AN）等有害物质，当其燃烧时会产生氯化氢（HCl），这是导致酸雨的重要原因之一。目前，我国酸雨区已占国土面积 30%，华中酸雨地区酸雨频率高达 90% 以上。生产泡沫塑料过程中使用氯氟碳化合物（CFC）和氟利昂，会破坏大气中的臭氧层，导致紫外线过量照射，使温室效应加剧，破坏大气生态平衡。塑料包装垃圾不仅造成长期的视觉污染，而且长期堆放的垃圾为鼠类、蚊蝇、细菌提供了繁殖场所。塑料包装垃圾还会释放出多种有毒化学气体，如二恶英等（Mekay，2002；Yoneda et al.，2002）。日益增多和难以降解的“白色垃圾”，如不采取措施，将会成为范围很大的毒气源。

1.3.2　生产污染

塑料包装废弃物破坏土壤的生态平衡，使农作物减产。我国是农用地膜使用大国，每年使用量高达 80 万 ~ 90 万 t。调查表明，全国每年残存在田野、土壤、河沟中的塑料膜，至少占供应总量的 10%，现累计残存量已在 100 万 t 左右。它影响土壤微生物活动，阻碍植物吸收水分及根系生长，使耕地土质劣化，农作物减产。根据测算，当每 hm^2 农地残留塑料制品达到 58.47 kg 时，会使各类农作物减产，如表 1-9 所示。

表 1-9　塑料残存量（58.47 kg/ hm^2）**对农作物产量的影响**（单位:%）

农作物种类	减产量
玉米	11 ~ 23
小麦	9 ~ 16
水稻	9 ~ 14
大豆	5.5 ~ 9
蔬菜	14 ~ 59

数据来源：赵延伟，赵曜. 2003. 广州大学学报（自然科学版）. 2（6）：532-536

近年来，我国环境污染生态破坏造成的经济损失，每年高达 2000 亿元，其中生态破坏 1000 亿元，受“三废”和农药污染的耕地近 3 亿亩，因污染，粮食减产 128 亿 kg。

1.3.3　污染土地

包装废弃物不加以利用时，需占地堆放，堆积量越大，占地越多。据估算，每堆积 1 万 t 包装废弃物，约占地 1 亩。截至 2008 年，历年来堆存的垃圾量已高达 70 亿 t，侵占了约 6 亿多 m^3 的土地，由于可供填埋的土地越来越少，无法消纳如此众多的包装废弃物，造成目前我国数百座大小城市，已有 2/3 的城市被垃圾山包围。由于垃圾产生量增长的速度很快，城市垃圾占地的矛盾也日益突出。

我国不少城镇采用填埋法处理垃圾，而塑料垃圾体积大，难降解，不仅要占用大量的土地资源，而且还污染地下水，填埋了垃圾的土地不能生长庄稼和树木，将使大片土地失去使用价值，如果长期使用地膜而不采取有效措施，15 年后，不少耕地将颗粒无收，寸草不生。

1.3.4 污染水体

中国有七大水系，其中 42% 的水质超过Ⅲ类标准（不能做饮用水源）。全国有 36% 的城市河段为劣Ⅴ类水质，丧失了使用功能。大型淡水湖泊（水库）和城市湖泊水质普遍较差，75% 以上的湖泊富营养化加剧。而这些污染的元凶大多是包装用纸生产与包装印刷过程所排放的废液。在中国，纸包装占全部包装物 50% 左右，制浆造纸企业的废水排放量占全部工业废水排放量的 10%，有机污染物排放量约占 40%，造纸业已成为水污染较重的行业之一（张凤林等，1999）。由于包装废弃物的回收利用率低，大量的堆弃在城市的每个角落，随着雨水的冲刷使其中的大量污染物随着雨水流入河道，并且有许多包装废弃物被直接倾倒入河流、湖泊、海洋，导致水环境质量的下降，包装废弃物在填埋后也会对地下水造成污染。

1.3.5 污染空气

包装废弃物一般通过以下途径污染大气：一些易分解的包装废弃物在适宜的温度和湿度下被微生物分解，释放出有害气体；以细粒状存在的废渣和垃圾，会随风飘逸扩散到很远的地方，造成大气的粉尘污染；包装废弃物在运输和处理过程中产生有害气体和粉尘自燃会散发出大量的 SO_2、CO_2、NH_3 等气体。另外，采用焚烧法处理包装废弃物也会污染大气。

1.3.6 过度包装污染

过度包装导致资源的浪费。以纸包装业为例，常用的瓦楞纸主要分3层、5层和7层，发达国家使用3层瓦楞纸的占90%，而我国以5层为主，多耗材70%（程洁，2011）。如果改用3层瓦楞纸，就可以节约近一半的资源和能源。以风靡全国的月饼包装为例，月饼越做越小，包装越做越大，贵的只是越来越复杂、越来越豪华、越来越昂贵、越来越夸张的“外表”。资料表明，中国每年用于月饼盒包装的费用达25亿元之多；仅2004年中秋节后，广州丢弃的月饼盒可平铺2500个足球场。中国每年垃圾总量为60多亿t，其中废纸约为2亿t，将被抛弃的月饼盒暂且按废纸比例的千分之一计算，一年也有20万t。1t废纸相当于4m^3木材，20万t月饼盒要消耗80万m^3木材。

1.4 包装废弃物回收利用的意义

包装废弃物回收利用，对包装废弃物资源化利用进行有效管理，并施以配套政策，是贯彻落实科学发展观、转变经济发展方式、调整经济结构的内在要求，对于促进经济又好又快发展具有重大现实意义。

1.4.1 包装废弃物的回收利用有助于节约资源

由文献（熊志文，2011）知，每回收1t废包装纸可生产品质良好的再生纸850kg，节省木材3m^3，同时节水100m^3，节省化工原料300kg，节煤1.2t，节电600kW·h；每回收1t废玻璃瓶，可再生产2万个500g装的酒瓶，比利用新原料生产节约成本20%，可以节约石英砂720kg、纯碱250kg、长石粉60kg、煤炭10t、电400 kW·h。通过废塑料包装还原炼汽油、柴油的技术，每回收1t废塑料包装能生产出750L无铅汽油或柴油。每回收1t废易拉铝罐，可炼电解铝0.9t，可节约铝矾土0.42t、纯碱0.08t，电极材料0.06t，每小时可节省电能2万kW·h。此外，若按目前的回收水平计算，全国一年回收纸箱14万t，可节约生产同量纸的煤8万t，电4900万kW·h，木浆和稻草23.8t，烧碱1.1万t。包装废弃物资源化利用，将使废旧包装成为永不枯竭的“城市矿山”的主要部分，有利于形成资源循环利用体系。

1.4.2　包装废弃物的回收利用有助于节能减排

回收利用包装废弃物，有助于实现节能减排，降低能源消耗，其节约的能源量依其生产所耗的能量及所要回收的材料类别而定。表 1-10 为用天然原材料每生产 1kg 包装材料的能源消耗。

表 1-10　用天然资源生产 1kg 包装废弃物所需的总能量　（单位：MJ）

生产工序	电力		油燃料			其他燃料			总能量
	生产和传送能量	直接使用的能源	生产和传送能量	直接使用的能源	原料能量	生产和传送能量	直接使用的能源	原料能量	
低压聚乙烯树脂	7.28	2.76	7.08	36.82	49.95	0	0	0	104.35
PER 树脂	20.01	7.59	16.09	78.57	60.74	0	0	0	183
液态铝	124.9	63.91	9.89	49.00	31.12	1.25	14.64	0	297.7
马口铁	8.99	3.41	1.23	6.01	0	4.1	26.1	0	49.84
牛皮纸	16.9	6.41	4.03	19.67	0	0.05	16.63	17.89	81.53
封罐复合物	7.49	2.84	12.35	60.30	96.7	0	0	0	179.68
纸板	24.65	9.35	5.25	25.63	0	0.05	16.63	17.89	99.45
玻璃容器	3.45	1.31	1.77	8.63	0	0.61	5.93	0	21.7
清漆	16.2	6.15	20.6	100.58	151.54	6.23	73.38	0	374.69
纤维素薄膜	31.4	11.91	18.77	91.65	0	0.89	17.93	19.29	191.84
聚丙烯薄膜	37.38	11.18	11.21	51.71	55.28	0	0	0	172.76
收缩裹包薄膜	43.68	16.19	12.17	62.36	52.45	0	0	0	187.45

数据来源：中国包装联合会. 2008. 中国包装年鉴（2006～2007）. 北京：中国包装联合会

现列举几种常用包装材料回收利用与生产所耗能量的比值。

（1）包装用铝材的回收节能

铝质包装材料的回收是最有价值的，铝质包装材料回收利用可节约大量的能量。研究表明，回收铝材可以节约从铝土矿制造铝所用能量的 95%，即节能 267.93MJ/kg。

(2) 钢铁和玻璃包装材料的回收节能

钢铁和玻璃材料是包装用材中用量仅次于纸和塑料包装材料的材质品种。因其用量比重大，回收节能也很突出（佚名，2007）。研究表明，回收钢铁和玻璃废品将节约从原矿石和石英砂生产这两种产品所需要能量的50%左右，即分别节能24.92MJ/kg和10.85MJ/kg。

(3) 塑料包装材料的回收节能

塑料材质是发展和应用速度最快的包装材料，由于它的包装形态十分复杂，回收比例相对偏低。包装用后塑料废弃物的回收利用节约能源量取决于使用的回收方式。用塑料废料制成零件或包装容器，可节约从纯树脂制造塑料所需要能量的85%~96%。单纯把塑料废料烧掉虽然也可以节约能源，但回收和再利用节约的能源是焚烧法的两倍。例如，45.4kg的高密度聚乙烯（HDPE）的燃烧值为1.9万J，但回收和再利用可节约3.8万J的能量。

另外，使用废包装纸造纸比用原木纸浆可以减少75%的空气污染、53%的水污染、60%的用水及40%的能源消耗，并可减少废弃物排放量（熊志文，2011）。

1.4.3 包装废弃物的回收利用有助于改善环境

过度的包装消耗大量的资源，比如木材等，导致大量的森林被砍伐，最终导致地球生态系统退化。另外，由于大量的包装废弃物没有得到很好的回收和综合利用，这些废弃物已严重污染了中国的江河、湖泊、近海和农田，许多工业城市被“包围”在垃圾之中，尤其是“白色”污染更加严重。因此，减少包装废弃物的数量以及综合利用可以减少环境污染，保护生态环境。例如，利用包装废弃物进行生产与利用原生资源生产相比，可节能80%，减少污染70%，具有消耗低、污染物排放少的特点。以回收二片铝罐为例，重熔冶炼1t铝比用铝土矿生产铝节约95%的能源，回收1t铝可以节约4t铝矿石、400kg石油和焦炭，使排入大气中氟化物数量减少35kg。

据统计，当用废铁、废铝罐、废纸等处理再造成钢材、铝材、纸等时，所节约能源的比例、空气及污染降低的比例是相当惊人的，如表1-11所示。

表 1-11　能源节约比例及空气、水污染下降比例　　（单位：%）

项目＼品种	钢	铝	纸
能源节约比例	65	95～97	70～75
空气污染降低比例	85	95	74
水污染降低比例	75	97	35

数据来源：吴玉萍. 2011. 基于 EPR 的包装废弃物回收模式研究. 重庆理工大学硕士学位论文

此外，针对包装废弃物进行回收利用，还可以减少堆放在自然环境下的废弃物数量。

1.4.4　包装废弃物的回收利用有助于经济效益

按目前的回收水平计算，全国 1 年若回收纸箱 140 万 t，可节约生产同量纸的煤 8 万 t，电 4900 万 kW · h，木浆和稻草 23. 8 万 t，烧碱 1. 1 万 t；若一年回收玻璃瓶 10 亿只，可节约生产同量玻璃瓶所需的煤 4. 9 万 t，电 3850 万 kW · h，石英石 4. 9 万 t，纯碱 1. 57 万 t；若回收各种铁桶 4000 万只，可节约钢材 4. 8 万 t；若回收各类麻袋 3000 万只，可节约 22. 5 万 t 原麻；若回收 1 亿米包装布，可节约 1. 5 万 t 棉花，上述几项的总价值可达数亿元（客主期，2007）。利乐包装的成分是 75% 的纸、20% 的塑料和 5% 的铝箔，每 10 万 t 废弃利乐包可以提炼出 7 万 t 木浆、0. 5 万 t 铝箔，价值超过 3. 5 亿元人民币。因此，如果能最大限度地循环利用我国包装废弃物，产生的经济效益将是不可估量的。

1.4.5　包装废弃物的回收利用有助于社会效益

回收利用包装废弃物，有助于增加社会效益。首先，有助于企业塑造良好社会形象，增强竞争优势。一个企业在创造利润的同时，不能忘记对社会的责任。实施包装废弃物回收利用管理，体现的不仅仅是对所售出产品负责，同时也体现了对生态环境负责。这种责任感能够传达给消费者，在社会上树立良好企业形象。其次，由于不可再生资源的稀缺以及环境污染日益严重，制定了许多环境保护法规，为企业的环境行为规定了一个约束性标准。再者，针对包装废弃物回收而建立回收体系，能提供更多就业机会。例如，北京现有拾荒者 8 万多人，有专家预计，如积极发展城市矿产，直接经济效益至少为 11.2 亿元，可解决 10 万人的就业问题。

此外，每回收利用 1kg 废塑料，相当于减少使用 2～3kg 原油，减少或节约进口 1kg 塑料原料，减少固体废弃物填埋 0.53kg，使炼制乙烯时 CO_2 排放量减少 50%，SO_2 减少 80%（康牧熙，2010）。以废塑料为原料比从原油制造塑料减少约 45% 的污水排放和 60%～70% 的能耗。

地球资源是有限的，人类发展却是无限的。只要有商品存在，就会产生包装废弃物，这足以充分说明搞好包装废弃物的回收利用，是远见卓识的举措，它完全符合时代的要求，也顺应了当今世界共同治理全球生态环境的大潮。随着时间的推移，这项工作的意义将更为深远。

第 2 章　废弃物回收利用的理论基础

废弃物回收利用的理论基础，主要包括哲学基础、生态学基础、经济学基础、热力学基础、系统学基础和工业生态学基础等，它具有多学科理论相互融合的特性。以下分别从哲学、生态学、经济学、热力学、系统学和工业生态学等学科角度，介绍废弃物回收利用的理论基础。

2.1　哲学基础

物质变换理论、物质循环理论、物质再利用理论、否定之否定规律，从本质上来讲是统一的。它们主要阐述了人与自然之间的物质代谢以及能量流动，也体现了哲学理论在废弃物回收利用的理论基础。

2.1.1　物质变换理论

马克思的物质变换理论是在当时自然科学研究成果基础上提出的，物质变换理论具有生理学与生态学的意义。我们可以从三个方面来理解马克思的物质变换理论，即自然界的物质代谢、人与自然之间的物质变换和人类社会内部的物质变换（马克思，2004；马克思和恩格斯，1979）。

（1）自然界的物质代谢

自然界的物质代谢是马克思物质变换理论的第一种含义，即自然生态系统中的物质变换。马克思继承并发展了前人的物质变换概念，使之首先具备了生理学与生物学的意义。主要是指一切具有生命的物体，不论是微生物、植物、动物还是人类，为了使自身维持生命活动，不至灭亡，在体内进行物质的分解与合成，在体外与自然界进行物质、能量交换的代谢过程（李佳，2013）。大自然是一切生命的源泉，是所有生命存在的前提，它为生命体提供存活的物质资料，生命体摄取、消化吸收这些物质后，在体内产生让自己得以生存的营养与能量，并将排泄物排出，返回到大自然。自然又通过自我转化与净化能力，将排泄物分解利用，使之重新回归到自然（徐文越，2010；赵永华，2010）。在这过程中，没有任何物质的损失，是自然到自然的过程。这种自然的物质变换具有一定的客观规律性，不以人的意志为转移，它遵循大自然法则，按自然生命规律进行，任何人都不能逆规律而行。

(2) 人与自然之间的物质变换

人与自然之间的物质变换，是一种同化与异化并存的双向过程。它既包括了自然人从其周围的自然界获取和占有自然物质，并作用于自然物，使之成为满足人需要的各种物质资料，并具有使用价值的过程；同时还包括人类在自己的需求得以满足后，将生产排泄物（废弃物）、消费排泄物返回给自然界的过程。这种返还不是简单地向自然投放“垃圾”，它遵循“归还定律”，体现了对自然消耗的补偿，这个过程所返还给自然的物质应该是适于自然分解再利用的物质。在这个双向过程中，自然被人化了，人同时也被自然化了。也就是说，人在改变自然的同时，人自身的自然也会受到影响。这就是马克思所说的，“为了在对自身生活有用的形式上占有自然物质，人就使他身上的自然力——臂和腿、头和手运动起来，当他通过这种运动作用于他身外的自然并改变自然时，也就同时改变他自身的自然”（毛新，2012）。这是因为，人类经过同化的过程，将大自然具有的各类属性也吸收到人自身当中，并作为人的一部分存在着，使人得以不断地更新与发展。正如帕森斯所说“人类与自然的辩证关系——人改变自然的同时也在改变自己，是它自己的自然本质，自然产生了人，又给人提供生产有限的材料和环境力量”。人与自然之间的物质变换过程，还体现着对物质资料的生产和对物质资料的消费过程，人类就是通过持续的生产与消费，使自身的物质循环得以实现的（蔡陈聪和王艳，2010）。在这个过程中，存在着人类将被人化的自然物质排放回到大自然的情况，而这些打上了人的烙印的物质必然会对自然产生一定的影响，这种影响的后果是好是坏，就取决于人自身的活动对人与自然之间物质变换的调整与控制的情况。

(3) 社会的物质变换

社会的物质变换，具有经济学意义，是商品的交换流通过程。马克思在《资本论》中写到:“交换过程使商品从将其视为有非使用价值的人手里转到将其视为有作使用价值的人手里,就这一点说,这个过程是一种社会的物质变换。”人类在满足了最基础的生存需要后,根据马斯洛的需求层次理论,人们开始向往更好的生活条件,为了满足不同的需要,商品交换产生并变得频繁。在商品流通中,货币作为充当一般等价物的特殊商品出现,这使简单的物物交换,变为了商品—货币—商品的过程(王玉,2011)。以货币为中介的社会交换活动,不同于直接的物物交换,它不再受时间、地点的限制,可以随时随地进行。

在马克思物质变换理论所涵括的三个方面中,自然的物质代谢是所有物质变换的基础,它具有一定的自然规律性,是人不能改变的。人与自然间的物质变换过程使社会物质变换与自然物质代谢联系起来,而社会的物质变换又促进了人与自然之间的物质变换进程,三者总是相互依赖、相互制约的。格仑德曼指出“在马克思看来,自然不是似人的,它没有自身的目的,是人将目的施加于它,为了这样做,人必须尊敬自然规律”。自然的物质代谢,在非人为的情况下,不会打破原有的平衡。然而,当人与自然间的物质变换或社会的物质变换关系,有一方遭到了破坏就会影响到自然界的物质代谢平衡,协调的自然物质变换关系被打破后,就会使整个物质变换过程陷入困境。

2.1.2 物质循环理论

马克思的物质变换思想,揭示了生产过程中人与自然间物质变换的生态与生态经济关系。而马克思的物质循环理论则是揭示再生产过程中人与自然间物质变换的生态与生态经济关系,且两者是统一的。即自然生态系统的生态循环和社会经济系统的经济循环的统一。

马克思认为,整个自然界是一个有机联系的整体,自然界万物遵循着永恒循环和无限发展的规律——物质循环运动。物质以某种形式在一个系统中消失,而又以另一种形态出现在另一个系统中的反复利用的过程,我们称之为物质循环,它可以分为自然界的物质循环与社会经济的物质循环(王红征,2011)。马克思的物质循环理论主要考察了劳动再生产过程中人、自然与社会的关系,这与物质变换理论所揭示的人、自然和社会三者的辩证统一关系有着内在的联系,具有高度统一性。

物质存在的基本形式是运动,物质靠不断地运动变化使整个自然界都处于永续地循环当中。自然界的物质循环是自然本身作用的结果，它包括了生产者、消费者、分解者和环境四个要素，这四要素通过自然物质代谢的过程相联系，经过自然物质代谢持续不断地进行，形成了生物小循环。自然的物质循环还包括地质大循环，指的是生物循环、液态循环、气态循环和沉淀循环的辩证统一过程。在大循环的基础上实现生物小循环，完成物质与能量的转换与循环。在自然界的物质循环过程中，自然物质代谢与之并存且起着原动力的作用。自然界的物质代谢活动，在这里生命体担当着消费者的角色，从生产者那里获取资料，经过体内的同化与异化作用，将废物排出体外，分解者将废物进行分解，一部分返回环境当中，成为新的生产者，一部分参与到地质大循环当中。如果没有物质变换过程，就不会有“返还”的过程，那么自然终会走向枯竭，物质循环也就不能进行，正是自然物质代谢的过程使得自然界的循环不断往复进行。物质循环可以看作是由无数物质变换连接而成的环形回路，物质变换构成了物质的循环，自然界的物质循环过程究其本质就是自然的物质代谢过程，两者相互依存，相互统一。

马克思说：“不管生产过程的社会形式怎样，它必须是连续不断的，或者说，必须是周而复始地经过同样一些阶段。从经常的联系和它不断更新来看，同时也就是再生产过程。”社会的生产与再生产的连续进行，展现出了经济活动的循环运动。在社会的生产与再生产过程中，以满足人类需要的生产活动为起点，在经过交换、分配的中介后，最终实现对产品的消费。在这个过程中，交换、分配与消费又反作用于生产，当生产的产品不能满足于当下的交换、分配与消费时，就会促进与更新生产。社会经济活动就是通过生产、交换、分配、消费，使社会经济系统中的物质循环不停歇。从马克思物质变换理论来看，社会经济的循环过程和人与自然的物质变换过程是统一的，这是从两个方面来看待同一事物。在人类经济活动中，经过以劳动为中介的人与自然的物质变换过程，使从自然界获取的自然物质具有了人类的烙印，改变了其原有的形态，使其具备了满足人类需要的使用价值，即商品的生产过程。在经过交换与分配之后，那些对人类无用形式的物质，即生产废弃物，又返回了自然界，只是它们不再是自然原有的状态，而是生产或消费的排泄物。它们返回自然后，经过自然的同化吸收，再次成为自然的一部分，又一次为社会经济的循环提供资料，人与自然的物质变换就是这样连续往复进行的。

2.1.3 物质再利用理论

再利用是指将废弃物直接作为产品或经过修复、翻新、再创造后继续作为产品使用，或者将废物的全部或者部分作为其他产品的原料重新使用。马克思在其著作中不仅体现了再利用的思想，而且将再利用的思想和减量化的思想做出了区分。

马克思说："几乎所有消费品本身都可以作为消费的废物重新加入生产过程。""人工自然资源"是"自然资源"人工再生的一种形式。因此，"没有真正废弃物，只有放错地方的废弃资源"，这其实就是废弃物回收利用的主导思想。

马克思说："所谓的废料，几乎在每一种产业中都能起着重要的作用。"物质本身没有"废料"，它们实质就是自然资源，它们连续不断地参与社会经济系统的物质循环，往复不断地进入社会物质的再生产过程，从而使整个社会物质财富不断扩大和不断增值。众所周知，马克思在《资本论》中对资本的循环曾作过经典的表述，但极其抽象，它对一般的社会经济系统循环过程的研究提供了基本的原理。自然资源作为资本进入生产过程中反复利用，形成再生资源，以实现社会财富的增值，这就是一般社会经济系统中的自然资源循环运动。只不过一般社会经济系统中物质再利用的目的，不只是为了最大限度地追求剩余价值，更是为了最大限度地节约资源、减少污染，最大限度地满足人民日益增长的物质和文化需求，使社会、经济实现可持续地发展。

马克思在《资本论》的第三卷中强调要把"通过生产排泄物的再利用而造成的节约和由于废料的减少而造成的节约区别开来"。马克思曾指出在英格兰和爱尔兰的一些地方，很多农场主不太喜欢种植亚麻，其中一个非常值得注意的原因就是"靠水力推动的小型梳麻工厂在加工亚麻的时候留下了很多废料"，而马克思认为这些农场主的想法是不正确的。他认为这些废料虽然是加工亚麻时用不上的，但实际上这些废物具有很高的利用价值，直接废弃造成了极大的浪费，只要使用稍微先进一些的机器就可以完全避免这种浪费了。马克思还指出，不仅在亚麻加工方面通过机器的改良可以实现废料的再利用，在许多其他的领域也同样适用。例如，在英国非常兴盛的丝织业，通过改良机器也可以将看似完全废弃的材料制作成精美的丝织品。另外，马克思还认为，在机器大生产的过程中，以固定资本形式存在的劳动资料，如厂房、生产工具和机器设备等，可以被反复加以利用，在使用寿命内，使用的次数越多，其体现的价值也越大，这也正是资本家们在生产中竭力追求的，这同样体现了包装废弃物再利用的原则。

2.1.4 否定之否定规律

否定之否定规律是自然界、社会和思维发展的普遍规律，也是唯物辩证法的基本规律之一。它是指在事物发展过程中的每一阶段，都是对前一个阶段的否定，同时它又被后一个阶段所否定。经过否定之否定，事物的运动就表现为一个周期，往往重复出现旧的肯定阶段的某些特征、特性。这种周期性的螺旋式发展，是否定之否定规律的根本特点，也是区别于唯物辩证法其他规律的主要特点。否定之否定是回复性与前进性的统一，亦称“肯定否定规律”。否定之否定是事物发展的一般趋势，在这个过程中，事物不断地被扬弃，不断地变化、更新。否定之否定规律指明了事物发展的复杂性、曲折性、前进性，以最一般的形式总括了事物自身矛盾运动过程的全貌。

包装材料在第一次利用过程中，经过对原材料的提取、加工、生产之后进行使用、消耗到废弃，表现了第一次否定的过程，即包装废弃材料是对第一阶段原材料使用阶段的否定。之后包装废弃材料经过回收再利用又变成二次资源投入生产，即表现了第二次否定的阶段，使材料的循环利用表现为一个周期，呈现出螺旋式上升的循环发展趋势，充分体现了事物发展的否定之否定规律。

从哲学的视角来看，社会经济活动中的资源、能量和信息流动的本质是物质流动。物质流动是普遍联系的。人类需求的多样化，人类经济活动的拓展，以及科学技术的发展，使物质流动远远超出了自然生态系统自身物质流动的空间范围。在这种背景下，社会经济中的物质流动必然超出局地的范围，扩展到全球的层面，从而构成整个世界的物质流动链网。

2.2 生态学基础

生态学是当今世界发展最快的学科之一，也是废弃物回收利用的重要理论基础之一。1866 年，德国动物学家海克尔（Haeckel）首次对生态学进行了定义：生态学是研究生物与其环境相互关系的科学。生态系统是现代生态学研究的核心。

生态学理论尤其是生态系统的内容是废弃物回收利用重要的思想源泉。主要思想之一就是建立起模拟自然生态系统生产者、消费者和分解者的功能单元。同时，还反映了参与者之间建立的合作（共生）关系，以此实现资源的充分利用和污染的防治，这意味着参与者（企业）需要超越自身边界，与外部（其他企业）建立生态产业链（张连国，2007；张录强，2007）。模拟自然生态系统建立的社会经济系统，虽然其内部形成了资源循环利用和能量梯级利用的形式，但如同自然生态系统一样，社会经济系统也是开放系统，其同样需要与外部环境进行物质能量的交换。以下从四个方面介绍废弃物回收利用的生态学理论基础。

2.2.1 循环再生原理

物质循环、再生利用原理是生态学的基本原理。物质在自然界的生生不息、循环演进是大自然不停演化的基础。生态系统具有自我调节和自我修复能力，在受到外来干扰后，通过自我调节维持相对稳定的状态（山东理工大学广义循环经济研究课题组，2007）。在自然生态系统中，植物从环境中吸收无机物，利用太阳能，通过光合作用合成有机物，为其自身及其他生物的生存提供食物，它们是生态系统中的生产者。动物等异养生物不能进行光合作用，只能直接、间接地以生产者（主要指植物）为食，它们构成了生态系统中的消费者。地球上曾经生活过不计其数的生产者和消费者，而这些生物的枯枝落叶、尸体、排泄物等，并没有在地球上大量积累，这得益于生态系统中的另一类生物——分解者，分解者包括大量的微小生物（细菌、真菌等），它们将有机物分解成小分子的无机物，归还自然界，供生产者循环利用，如图 2-1 所示。

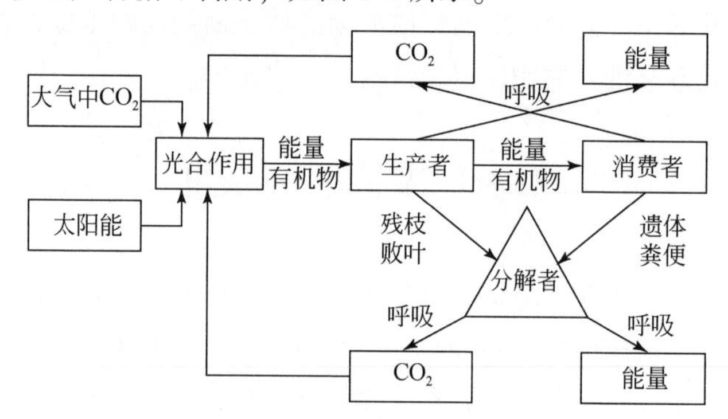

图 2-1　分解者在自然生态系统中的位置和作用

经过长期的自然演化，自然生态系统形成了完整的生产者、消费者、分解者结构，可以自我完成“生产—消费—分解—再生产”为特征的物质循环功能，生态系统对其自身状态能够进行有效调控，生物圈处于良性发展状态。在亿万年的地球进化过程中，物质循环、再生利用的自然规律，使地球这个资源和空间有限的环境孕育，并保障了地球生命的生生不息和持续、有序发展。物质循环、再生利用是自然资源与环境从有限到无限的生命法则。

与生态系统结构相类似，人类工业生产系统是由自然资源、上游企业、中游企业、下游企业、消费者、回收再利用企业构成的物质和能量流动形成的彼此关联、相互作用的统一整体，如图2-2所示。而废弃物回收利用产业在人类工业生产系统中的位置类似于生态系统中的“分解者”的地位。同样，废弃物回收利用产业和企业回收在加工产业都将人类生产生活中的废弃物变废为宝，使得资源得到循环利用，减少废弃物和污染排放，如果没有这些相关企业，城市废弃物将会堆满城市，自然资源将被加速消耗，经济发展也将停滞不前。

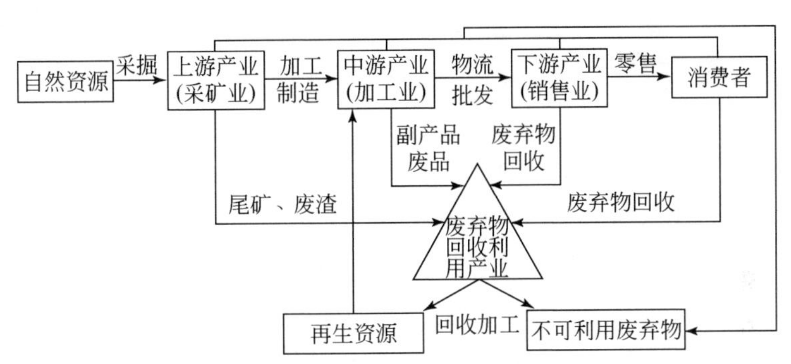

图2-2 废弃物回收利用产业在工业系统中的位置和作用

2.2.2 食物网理论

生态系统中营养物质的循环是通过生物之间食物关系建立起来的。生产者所固定的能量和物质，通过一系列的捕食和被捕食关系在生态系统中传递，这种存在于生物之间的以食物营养为中心的连锁关系称为食物链。在生态系统中，不同的食物链之间并不是孤立的。一种生物可能捕食多种不同的食物，而同一种生物又可能是多种生物的食物。这样，许多食物链互相交织而成的复杂网络关系称食物网。

在生态系统中，食物网体现了各种生物成分通过物质流动和能量传递而建立起来的错综复杂、普遍的相互联系，这种联系就像一个无形的网，把所有的生物都联系在一起，使它们彼此之间都有着某种直接或间接的关系。当其中任何一种因素发生变动时，都会有多种生物因素对其产生限制作用，进而促使系统尽快恢复稳定。因此，食物关系是生态系统中一种重要的调节机制。生态系统中的生物多样性越丰富，食物网越复杂，生态系统抵抗外力干扰的能力也就越强。在一个具有复杂食物网的生态系统中，一般不会由于一种生物的消失而引起整个生态系统的失调。但是，任何一种生物的灭绝都会在不同程度上使生态系统的稳定性有所下降。而当一个生态系统中的食物网变得十分简单时，任何外力或者随机事件都可能引起生态系统发生剧烈波动。

从物流和能流途径方面分析，自然生态系统中的物流和能流是通过食物网实现的。在这个食物网中，任何一种生物的废弃物都可以成为其他生物的食物，所有的物质和能量都应该得到高效地利用。

2.2.3 共生原理

共生是一种普遍的生态学现象。狭义的共生是指不同的物种共同生活在一起，对各方有利（互利共生）或只对其中一方有利（偏利共生），但对任何一方均无害。广义上的共生关系是指生态系统中的各种生物之间通过物质循环有机地联系起来，在一个需要共同维持、稳定、有利的环境中生活。这个地球生物共同生活的环境，就是全球最大的生态系统——生物圈。

平衡状态的自然生态系统是一个稳定高效的共生体系。在这个共生体系中没有真正的废物，每一种生物的废弃物都可以成为另外生物的食物。这样，通过复杂的食物链和食物网，共生体系中一切可利用的物质和能量都能得到充分、稳定和高效地利用。自20世纪末，应运而生的工业生态学强调尽可能实现工业体系内部物质的闭环循环，建立工业体系中不同工业流程和不同行业之间的共生和资源共享，为每一个生产企业的废弃物找到下游的“分解者”，建立工业生态系统的“食物链”和“食物网”，通过最大限度地打通内部物质的循环路径，建立企业或行业共生体内部物质循环的链条，实现资源节约、经济效益和环境保护的三赢。

宏观上，我们可以进一步在整个经济系统各功能单位内部（如企业内部）

以及各功能单位之间建立物质循环利用的网络关系，也即以“资源—生产—消费—再生资源”为特征的物质循环再生体系，提高资源效率，减少资源需求和废弃物的排放，实现经济发展与运行的低成本、高效益。这是在经济系统内部，通过能动地改造社会生产、生活方式，有组织地实现资源的循环和高效利用。

从本质上讲，自然、环境、资源、人口、经济与社会等要素之间存在着普遍的共生关系，构成了人与自然相互依存、共生的复合体系，即“社会—经济—自然”复合生态系统。共生体系的各个子系统之间相互作用、相互制约、相互依赖，构成一个复杂的网络系统。复合生态系统是一种特殊的人工生态系统，兼有自然和社会两方面的复杂属性。一方面，人类在经济活动中，以其特有的智慧，利用强大的科学手段，管理和改造自然，使自然为人类服务，促使人类文明持续发展和生活水平的不断提高。另一方面，人类一切改造和管理自然的活动，都要受到自然界的反馈约束和调节，不能违背自然生态系统的基本规律。

2.2.4　生态位原理

生态位就是生物在漫长的进化过程中形成的，在一定时间和空间拥有稳定的生存资源（食物、栖息地、温度、湿度、光照、气压、空气等），进而获得最大或比较大的生存优势的特定生态定位。生态位的形成减轻了不同物种之间恶性的竞争，有效地利用了自然资源，使不同物种都能够获得比较生存优势，这是自然界各种生物欣欣向荣、共同发展的原因所在。

家鱼共生混养的生产模式，就是生态位理论的应用实例。它们的生态位分别处于共生水体的不同层面，采食不同性质的食物。它们之间不但不会发生生存资源的竞争，而且提高了资源（空间、食物等）利用效率和生态系统的生产力。在复合生态系统中，生态位不仅仅适用于自然子系统中的生物，同样适用于社会、经济子系统中的功能和结构单元。人类社会活动的诸多领域均存在“生态位”定位问题，只有正确定位，才能形成自身特色，发挥比较优势，减少内耗和浪费，提高社会发展的整体效率和效益，促进社会良性与健康发展。

利用生态位理论可以帮助我们寻找社会与经济发展的机遇。在经济转型过程中，产业生态位易出现空缺外在化。例如，废弃物回收产业是传统经济体系中的弱势产业，而在循环经济体系下该产业已经成为新的经济增长点。据美国物质循环利用联合会公布的数字，20 世纪 90 年代中期，全美共有 5.6 万家企业涉及该行业，为美国人提供了110万个就业岗位，每年的毛销售额达到2360亿美元，该行业的规模已经与美国的汽车业相当。废弃物回收产业的兴起同样也可以为社会提供产业结构调整的机会。美国的新泽西州是一个没有铁矿和森林稀少的州，然而就是这个州却拥有8个钢厂、13个造纸厂，它们都依靠回收的钢铁和废纸维持生产，每年出售10亿美元的产品，为地方提供就业机会，又为国家增加了收入。

2.3 经济学基础

从经济学诞生之日起，资源配置、特别是稀缺资源配置就成为经济学的研究对象。在生态环境逐渐稀缺的条件下，经济学将研究的对象拓展到生态环境。由古典和新古典经济学，逐步延伸至资源经济学和生态经济学。

2.3.1 古典和新古典经济学

在古典经济学的起源阶段，以土地为代表的自然资源和劳动是经济学的研究对象。1776年，亚当·斯密在《国富论》中提出了国富就是生产的论断，强调经济首先应当注意生产发展。以《国富论》为代表的古典经济学派强调对生产要素投入的研究，并将劳动、土地资源看成是生产的基本要素，是生产的基本源泉；同时提出了要重视可再生资源的持续利用问题。另外，马尔萨斯的人口论，李嘉图的级差地租论，无不对资源的研究给予了足够的重视。

19世纪下半叶，随着大机器的使用和生产规模的不断扩大，生产出来的物质产品逐渐丰富起来，人们开始意识到需求对市场的影响，产生了新古典经济学理论。新古典经济理论主张建立生产和消费的平衡关系，保持供应和需求的平衡，使资源得到最优的配置。新古典主义学派重视资源的配置，重视需求和效用，但却忽略了对资源本身的研究。

2.3.2 资源经济学

资源经济学主要研究人类经济活动需求与资源供给之间的矛盾过程中，资源在当前和未来的配置及其实现问题规律的学科。资源经济学研究的根本任务是要在正确认识人与自然、资源与经济发展相互关系的基础上，阐明资源经济问题及其变化的客观规律，揭示有限资源优化配置的一般规律和实现途径，旨在协调资源利用与经济发展的关系，实现社会经济的可持续发展。从资源经济学的研究任务出发，资源经济学研究的主要内容包括资源利用与社会经济发展之间的关系、资源配置的基本原理、不同资源类型的配置理论与方法、资源价值核算与环境经济核算以及资源利用制度与管理。

根据物质与能量转换规律，企业生产过程中所消耗资源的物质和能量通常不可能全部转化到产品中去，即生产过程中不可避免地会产生非期望产出或称为废弃物包括污染物。废弃物是社会经济再生产过程中资源投入量与产品产出量在物质与能量上的差额，是生产过程中资源利用所产生的未转化为产品的那一部分剩余，即物料流失。如果大量废弃物排入环境，废弃物将随着时间的流逝而大量积存，带来严重的生态环境问题和自然资源的巨大浪费。从资源经济学的角度看，废弃物本身就是某种物质和能量的载体，是一种特殊形态的未利用资源，即特殊的“二次资源”。其中包含有用物质与有害物质两类，前者可以再开发再利用成为资源；后者则需经过改造和再资源化，才能再利用而成为资源。

资源经济学的研究领域涉及自然资源的存在、构成、发展和可持续利用。研究对象是客观经济规律在自然资源这一特殊领域内的反映以及自然资源与社会经济之间的相互关系及其发展规律，目的在于阐明自然资源对社会经济发展的重要作用，合理地利用自然资源，促进经济发展。资源经济学具有以最优耗竭理论、稀缺理论、产权理论、代际分配、核算理论和资源效率至上论为主要内容的基本原理。

2.3.3 生态经济学

生态经济学是生态学和经济学相互结合形成的一门新兴交叉学科（莱斯特·R·布朗，2002；张连国，2006）。生态经济学将整个地球视为统一的生态系统，经济系统是其中的一个开放的子系统。生态经济以人的全面发展为目标，兼顾经济、社会和生态环境的发展模式和发展理念，谋求经济效益、社会效益和生态效益三者的有机统一，经济发展、社会进步和生态环境优化三者的协调一致（刘贵清，2010；马传栋，2004；石田，2002）。因此，生态经济的全面性不仅体现着经济、社会及生态环境的协调，更为重要的是它符合人的全面发展的要求。

生态经济学以生态学原理为基础，经济学原理为主导，以人类经济活动为中心，围绕人类经济活动与自然生态之间相互发展的关系这个主题，研究生态系统和经济系统相互作用所形成的生态经济系统（尤飞和王传胜，2003；张建玲，2008）。生态经济学是研究社会物质资料生活和再生产运动过程中经济系统和生态系统之间的物质循环、能量流动、信息传递、价值转移和增值以及四者内在联系的一般规律及其应用的科学（吴迪，2013；吴玉萍和董锁成，2001）。生态经济所强调的就是要把经济系统与生态系统的多种组成要素联系起来进行综合考察与实施，经济社会与生态发展全面协调，达到生态经济的最优目标。

生态经济学的主要研究方法为价值方法、系统方法、情景分析方法以及社会评价方法。研究手段包括系统论、信息论、控制论、耗散结构论、协调论、突变论、电子计算机的系统工程等手段。

生态经济学的基本原理主要包括生态经济系统的平衡与效益原理，平衡原理包括平衡内涵、平衡特征、平衡标志及实现平衡的途径。生态经济系统的效益原理包括效益内涵、效益的表示方法、效益的评价、效益的指标体系及提高效益的途径。生态经济系统的调控原理，包括对物流、能流、价值流、信息流的调控目的、调控途径、调控切入点和调控对策。

生态经济学既研究生产要素及生态平衡对经济发展的促进和制约，又研究经济技术要素的运动作用对生态平衡的影响。如何实现生态系统与经济系统协调发展，达到生态与经济的平衡，实现生态经济效益，是生态经济学的核心问题。生态经济学的主要研究内容为：①研究生态系统与经济系统各自的基本特征及其组成的生态经济复合系统的一般特征；②研究生态经济系统的区域性结构问题；③研究生态经济系统的综合功能和整体运动问题；④研究人类对生态经济系统的科学管理问题；⑤研究生态经济学的发展历史及其实用问题。

2.4 热力学基础

自然资源领域里的许多原理，可以为废弃物回收利用提供科学指导。热力学第一定律说明了发展废弃物回收利用的可行性；热力学第二定律说明发展废弃物回收利用要投入资金。

2.4.1 热力学第一定律

19世纪，由于蒸汽机的广泛应用，热力学得以建立并逐渐发展。热力学是一门研究与冷热变化及热量传递有关现象的科学。1842 ~ 1848 年，由迈尔、焦耳、赫尔姆霍茨等学者建立了热力学第一定律。该定律指出：能量既不能被创造，也不能被消灭，只能从一种形式转化为另一种形式（刘长灏，2011）。因此热力学第一定律又被称为能量守恒和转换定律。

热力学第一定律描述了过程状态变化所遵循的物质和能量守恒。物质的生产与消费，实际上是为满足人类自身的生存与发展而进行的物质的物理与化学的转变过程，无论是生产还是消费，这些过程均遵循能量守恒定律和质量守恒定律。

不论在生产和消费过程中还是过程后，物质并没有消失，只是从“有用”的原料或产品变成了“无用”的废物或污染物进入环境。物质的“有用”和“无用”是相对的，随着新技术、新工艺的产生以及新的消费观念的形成，生产和消费过程中消耗的资源废物和排放到环境中的污染物越来越少，而原本“无用”的废物重新成为原材料进入生产和消费过程中，形成物质的循环利用系统。

与物质一样，能量在生产和消费过程中（后）也没有消失，只是在不同的系统之间传递或转移，或转变为其他形式的能量，最终大多以热量形式耗散到环境中，能量总值保持不变。在现有的技术条件下，能量的循环利用还做不到，但可以通过合理匹配、分级利用等提高资源的利用效率。

2.4.2 热力学第二定律

1850 ~ 1851 年，开尔文和克劳修斯建立了热力学第二定律，用来描述能量传递的方向，为热力学奠定了理论基础。该定律指出：热量不可能从低温物体传到高温物体而不引起其他变化，即热传导不可逆。它意味着能量形式只能从有用向无用、从有序向无序转化。熵是分子热运动无序程度的量度，分子热运动的无序度越高，熵值就越大。将热力学熵的概念推广，可以用广义的熵来描述分子热运动以外的其他物质、系统的混乱程度、无序度和不确定度等。

热力学第二定律是描述过程变化方向所遵循的规律。它所描述的熵增加原理，只能用于判断封闭系统中变化过程的方向。在现实生活中，系统通常是开放的系统，与环境有着密切的物质和能量交换。

在生产和消费过程中，物质被利用、能量对外做功，都是熵增过程。物质和能量被使用以后，在量上虽然保持不变，但质已经发生变化，无序度明显增加，物质和能量的可用程度降低。这些正熵被无限制地排放到与人类密切相关的生态环境中，引起生态环境无序度的增加，造成我们常说的环境污染问题。就一个封闭系统而言，持续发展是不可能的，最终“从可利用到不可利用，从有效到无效，从有秩序到无秩序”。社会经济系统就是要将原本被弃置的处于高熵状态的物质，重新转变到低熵状态加以利用。这一过程的实现必须要付出成本——负熵流。

2.5 系统学基础

2.5.1 系统内涵

现代科学的发展越来越表现出一种综合的趋势，系统论为科学发展中的综合奠定了理论基础。系统论是由美籍奥地利生物学家贝塔朗菲于 1925 年创立的，它是研究系统的模式、结构和规律的科学。系统是事物存在的普遍形式，系统论思想要求人们观察、研究事物时从一种孤立的、分散的理念转变为一种联系、整体的理念。

系统是由若干相互联系、相互作用的要素所构成的具有特定功能的有机整体。人类生活的地球由自然系统和社会系统组成。这两个系统不断地进行着物质和能量的交换。社会系统不断地从自然系统中索取空气、水、生物、矿产和能源等自然资源，同时向自然系统排放各种各样的废弃物。因此，在传统经济发展模式下，资源利用和废弃物排放是自然系统与社会系统运行并进行物质交换的形式。这种社会系统向自然系统单向的索取和排放，造成了两个系统发展的失衡，不仅破坏了自然系统发展的平衡，也进而影响了社会系统的平衡，最终受害的是人类自身。

系统方法是以对系统的基本认识为依据，通过运用系统科学、系统思维、系统理论、系统工程与系统分析等方法，来指导人们研究和处理科学技术问题的一种科学方法。任何一个系统都是通过其各个组成部分紧密联系、相互作用组成的一个整体，每个部分在系统中都有着特定的作用。而系统表现出的整体功能，则是各个组成部分在孤立状态下所没有的新质。运用系统方法研究对象，就是把研究的对象模拟成一个系统进行相关的研究，主要内容包括对系统进行定量的分析、建立符合系统的模型和对系统模型进行优化选择。通过从系统的整体出发，采用综合分析、分解协调、定性定量等研究方式，科学的处理好系统和组成部分之间的关系，从而使系统整体运行达到最优。

当前，在可持续发展模式下，废弃物的循环再生利用成为自然系统和社会系统进行物质交换的新形式，通过废弃物的回收循环，可以有效地促进自然系统和社会系统之间资源交换的效率，通过资源的循环再利用推进两个系统维持动态的、可持续的平衡。废弃材料的循环利用是废弃物循环利用中的一种，它充分体现了系统理论。

2.5.2　耗散结构

1977 年，比利时著名科学家普里高津成功地提出耗散结构理论，并荣获了诺贝尔奖。按照普里高津的理论，一个耗散结构的形成和维持至少需要四个条件：一是系统必须是开放系统，因为孤立系统和封闭系统都不可能产生耗散结构；二是系统必须处于远离平衡的非线性区，也就是说，耗散结构是一种“活”的有序化结构；三是系统中必须有某些非线性的动力学过程，如正负反馈机制等；四是系统通过结构、功能、涨落之间的相互作用而达到有序和谐。

从广义上讲，人类社会也是远离平衡的开放系统。生命系统需要新陈代谢，因而必定是开放系统，必然是远离平衡状态的。当然，作为一个物种本身，人的数量是绝对守恒的，即出生以后的人必定死亡后回归自然。生命系统、社会经济系统都是耗散结构，具有丰富的层次和结构。这些系统内部不断产生正熵，使系统朝着混乱的方向发展。为维持自身在空间上、时间上或功能上的有序状态，系统就要不断地从外界引入负熵流，即废弃物回收利用，进行新陈代谢过程。

传统的经济系统是物质的一次性通过，即资源—产品—废弃物的线型经济系统。无论是线型经济系统，还是循环型经济系统，都是开放的系统，大部分负熵流直接或间接地来源于太阳。但是，线型经济系统将自身净化过程同与之密切相关的自然生态系统分隔开来，经济系统的有序进化是以生态环境的退化为代价的，这反过来又会影响经济系统负熵流的有效摄入，加上系统自身规模的不断发展，导致熵增加。循环型经济系统则将视野扩大，同自然生态系统形成一个更大范围的开放系统，系统进化的途径是充分利用负熵流，减少自身的熵产，系统的进化以新边界以外的环境系统的熵增为代价。

2.6 工业生态学基础

工业生态学是一门为可持续发展服务的学科，是一门研究工业（或产业，下同）系统和自然生态系统之间的相互作用、相互关系的学科。工业生态学是一种工具。人们利用这种工具，通过精心策划，合理安排，可以在经济文化和技术不断进步和发展的情况下，使环境负荷保持在所希望的水平上。为此要把工业系统同它周围的环境协调起来，而不是把它看成孤立于环境之外的独立系统。这是一个系统的观点，它要求人们尽可能优化物质的整个循环系统，从原料到制成的材料、零部件、产品直到最后的废弃物，各个环节都要尽可能优化，优化的因素包括资源、能源、资金（陆钟武，2010）。

工业生态学是一门应用生态学，以研究提高工业过程中原料使用效率、降低废物排放为目的，研究工业系统及其与环境之间相互关系，是研究社会生产活动中自然资源从源、流到汇的全代谢过程、组织管理体制以及生产、消费、调控行为的动力学机制、控制论方法及其与生命支持系统相互关系的系统科学。生态概念框架在工业应用上的研究，主要是通过借鉴生态学理论和经验，与自然生态系统进行类比，探索建设生态化工业的框架，与环境的相互作用，以及系统结构、功能和自然环境之间的关系等。我国学者将生态学的原则概括为八个字："整体、协调、循环、再生"。工业生态学通过"供给链网"分析类似食物链网和物料平衡核算等方法分析系统结构变化，进行功能模拟和分析产业流输入流、产出流来研究工业生态系统的代谢机理和控制方法。工业生态学的思想包含了"从摇篮到坟墓"的全过程管理系统观，即在产品的整个生命周期内不应对环境和生态系统造成危害，产品生命周期包括原材料采掘、原材料生产、产品制造、产品使用以及产品用后处理（金涌等，2003）。系统分析是产业生态学的核心方法，在此基础上发展起来的工业代谢分析和生命周期评价是目前工业生态学中普遍使用的有效方法。工业生态学以生态学的理论观点考察工业代谢过程，亦即从取自环境到返回环境的物质转化全过程，研究工业活动和生态环境的相互关系，以研究调整、改进当前工业生态链结构的原则和方法，建立新的物质闭路循环，使工业生态系统与生物圈兼容并持久生存下去。

第 3 章　典型包装废弃物的物质代谢研究

针对典型包装废弃物开展物质代谢研究，找出当前我国典型包装废弃物的产生来源、数量，循环利用水平以及最终的处理处置情况、再生产品量等，并汇总得出典型包装废弃物的物质代谢状况，这对于定量化描述我国当前包装废弃物产生状况、循环利用状况和最终处理状况具有重要的现实意义，而且可为进一步有针对性地提出相关节能环保措施提供客观依据，对于提高包装废弃物的综合循环利用水平、节约资源、能源和保护环境、积极推进包装工业实现可持续发展具有重要的促进作用。

3.1　典型包装废弃物的界定及分析

3.1.1　我国包装工业概况

我国的包装工业经过近 30 年的发展，已经摆脱了原有生产技术落后、产品种类单一、产量低下的生产状况，逐渐发展为生产技术大幅提升、产品种类更加齐全、产业规模迅速扩大的工业门类，在国民经济中的作用日益显著。20 世纪 80 年代初期，我国包装工业总产值 72 亿元人民币，在我国国民经济 42 个主要行业中排名第 41 位。

随着改革开放的逐渐推进以及我国政府对包装工业的日益重视，近些年来，我国包装工业总产值以每年 18% 以上的速度增长，展示出强有力的发展劲头（曾欧和罗亚明，2008）。图 3-1 为 2002～2011 年中国包装工业总产值变化趋势。2011 年，我国包装工业总产值突破 13 000 亿元，同比增长 12%，已经发展为我国主要工业门类排行第 14 位的支柱型产业，较 20 世纪 80 年代初期排名上升了 27 位，中国已经成为世界上仅次于美国的第二大包装大国。在“十二五”规划纲要中，包装工业作为一个独立的行业体系列入国民经济和社会发展规划，表明我国包装行业将要进入快速发展的新时期，因此，我国的包装工业将会呈现更加喜人的发展前景。

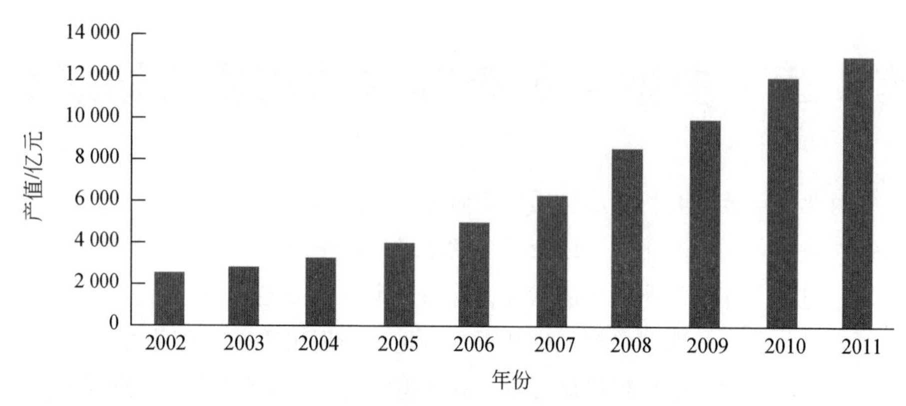

图 3-1　中国包装工业总产值变化趋势

数据来源：(1) 中国物流与采购联合会编 . 2010. 中国物流年鉴 2010. 北京：中国物资出版社 . (2) 张耀权 . 2009. 中国包装工业的现状及发展趋势 . 包装世界，(4)：6-8. (3) 蒋震宇，张春林 . 2011. 我国塑料制品包装行业"十一・五"期间发展情况及"十二・五"发展建议 . 塑料包装，21 (2)：1-7. (4) 中国包装印刷机械网 . 2012. 2011 年我国包装工业总产值约 1. 3 万亿元 [EB/OL]. http：//www. ppzhan. com/news/detail/24029. html [2012-5-28] .

3. 1. 2　典型包装废弃物的界定

根据实际情况，重点从包装材料的综合性能、各类包装材料的行业总产值以及该产值对整个包装工业总产值的贡献率大小等方面考虑，界定典型包装废弃物，对它们开展物质代谢研究。

3. 1. 2. 1　包装材料的综合性能比较

与其他几类包装材料相比，纸包装所需原料主要有木浆、废纸浆和非木浆(苇浆、竹浆、禾草浆等)，这些原料具有来源广、取之不尽、用之不竭而且原料价格成本较低等优点；而金属、玻璃和塑料等包装物所需原料主要有金属矿石、原油，这些材料属于不可再生的，其开采利用有一定的限度。从原料的来源广泛性、可持续性和成本因素三个方面来讲，纸包装比其他包装材料占有绝对优势。

塑料包装和纸包装相比，尽管塑料包装所需原料主要是不可再生性能源石油，但是无论是从定性还是定量的角度来看，塑料包装在同等条件下都表现出显著的优良性能。从定性的角度讲，以塑料袋和纸袋为例，由表3-1可知，塑料袋的生产过程以及对水和空气污染能耗方面都表现出比纸包装更优越的性能，这一优良性能为塑料袋的大量生产提供了可能。从定量的角度来讲，生产同等规格的包装物时，塑料包装在所需材料量、能耗量、废气排放量、化学需氧量（COD）、生物需氧量（BOD）等方面也具有显著的优势，具体数值详见表3-2和表3-3（各表中数据是以塑料材料为1的相对值）。表3-2为用聚烯烃和牛皮纸分别生产1000个包装袋时两者的能耗、耗材、废气排放情况等方面的比较。由表3-2可知，生产同等数目的牛皮纸包装袋COD是聚烯烃的32.80倍，而BOD更是聚烯烃的460倍。表3-3分别为生产同等规格食品托盘和同规格购物袋时纸和塑料的能耗值、重量值以及有害气体排放数值，这些数值进一步证明塑料包装的性能在一定情况下优于纸包装的事实，这也是目前我国塑料包装工业产值仅次于纸包装产值的重要原因。

表3-1　塑料袋与纸袋的比较

项目	纸袋	塑料袋	项目	纸袋	塑料袋
原料	树木	石油	填埋处理	易腐烂	不易腐烂
生产过程	严重	污染小或基本无	循环利用性能	好	好
水和空气污染			循环处理能耗	低	低
能耗	高	低			

数据来源：杨惠娣.2010.塑料回收与资源再利用.北京：中国轻工业出版社

表3-2　塑料和牛皮纸的比较

项目	聚烯烃	牛皮纸
材料	1.00	4.00
能量	1.00	2.31
废气排放	1.00	1.68
化学需氧（COD）	1.00	32.80
生物需氧（BOD）	1.00	460.00

数据来源：杨惠娣.2010.塑料回收与资源再利用.北京：中国轻工业出版社

表 3-3　塑料和纸所消耗的资源和排放废弃物比较

项目	同规格食品托盘		同规格购物袋	
	PE-E	纸	PE-HD	纸
能耗	1	3	1	4.6
重量	1	3	1	3.5
CO_2	1	3	1	4.8
NO_2	1	7.5	1	11.9
SO_2	1	1	1	2.8

数据来源：杨惠娣 . 2010. 塑料回收与资源再利用 . 北京：中国轻工业出版社

另外，如果以纸包装、塑料包装、金属包装和玻璃包装四大类包装材料同时相比，分别选取纸、塑料、金属铝和玻璃四大类包装材料生产 1L 容器所消耗的资源和排放的废弃物，如表 3-4 所示。由表 3-4 可知，同等条件下，以金属铝为原料时其耗水量最低；塑料和纸的耗能、固体废弃物排放量等指标均接近，但是以塑料为原料的耗能和固体废弃物排放量更小，在选取的四类材料中指标值最小。而且，塑料和纸的耗材量相同，均为最低值。可见，塑料和纸在四大类材料中也表现出优良的综合性能。

表 3-4　用不同材料生产 1L 的容器所消耗的资源和排放的废弃物比较

项目	塑料	铝	纸	玻璃
质量	1	1.71	1.00	17.14
材料使用方便	1	5.54	2.10	18.26
耗水	1	0.63	13.00	15.63
耗能	1	6.00	1.14	2.86
固体废弃物	1	11.82	1.09	32.64
临界量水	1	3.4	37.20	4.53
临界量气	1	4.07	2.15	6.30

数据来源：杨惠娣 . 2010. 塑料回收与资源再利用 . 北京：中国轻工业出版社

可见，综合考虑原料来源范围、原料的可持续性、原料的成本以及同等条件下所消耗的资源、能源和排放的废弃物这些综合性能，我们认为纸包装和塑料包装更加典型。因此，应选取纸包装废弃物和塑料包装废弃物为典型进行物质代谢研究。

3.1.2.2　各类包装材料的总产值

我国的包装工业从1982年按门类统计产值时就分为纸、塑料、金属、玻璃、印刷和机械六大类别。经过30多年的发展，各个门类工业产值均实现了飞跃性发展，特别是2000～2011年间包装工业各子门类产值增长幅度显著。图3-2为我国包装工业1982～2011年产值变化趋势。由图3-2可知，在2011年我国包装工业子门类中，按照产值由高到低排序依次为：纸包装、塑料包装、包装（装潢）印刷、金属包装、包装机械和玻璃包装。其中，纸包装由1982年的14.99亿元经过20年的发展增长至2001年的676亿元，2011年总产值达到4320亿元，年均递增21.57%；总产值由1982年的排名第四位上升至2011年的第一位，其中，1999年纸包装产值第一次超过塑料包装产值，之后纸包装产值一直稳居第一。塑料包装总产值由1982年的30.02亿元增长至2001年的595亿元，2011年塑料包装总产值达3930亿元，年均递增18.31%；总产值由1982年时排名第一位下降至2011年的第二位，呈现出平稳的发展趋势。金属包装由1982年的8.7亿元增长至2001年的125亿元，2011年金属包装总产值达790亿元，年均递增16.82%；总产值由1982年时排名第五位上升至2011年的第四位，呈现出平稳

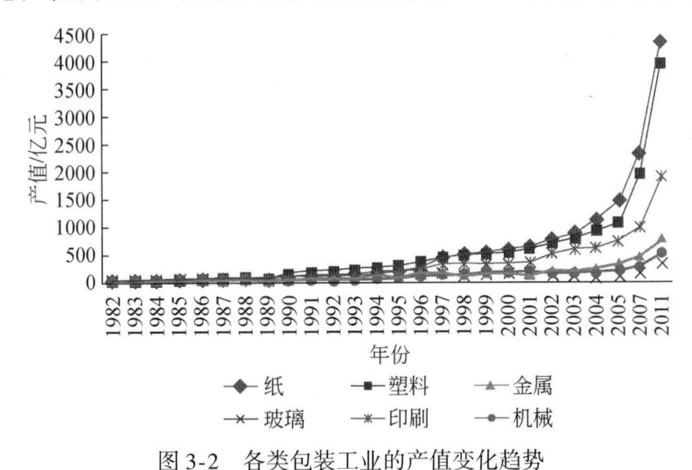

图3-2　各类包装工业的产值变化趋势

数据来源：（1）中国物流与采购联合会.2012.中国物流年鉴2012（上册）.北京：中国财富出版社.（2）张耀权.2009.中国包装工业的现状及发展趋势.包装世界，（4）：6-8.（3）中国包装技术协会.2003.中国包装年鉴（2002）.北京：印刷工业出版社.（4）中国包装联合会.2006.中国包装年鉴（2005）.北京：原子能出版社.（5）中国包装联合会.2008.中国包装年鉴（2006-2007）.北京：中国包装联合会

上升的发展趋势。玻璃包装总产值由 1982 年的 24.34 亿元增长为 2001 年的 152.89 亿元，2011 年实现总产值 330 亿元，年均递增 9.41%；总产值由 1982 年时排名第二位下降至 2011 年的第六位，产值增长速度低于同期其他门类。包装印刷业总产值由 1982 年的 15.75 亿元发展为 2001 年的 350 亿元，2011 年总产值达 1920 亿元，年均递增 18.01%；其产值在 1982 年、2001 年和 2011 年包装行业总产值中排名均为第三，没有出现明显的次序变化，呈现出平稳的增长态势。包装机械由 1982 年的 5.82 亿元发展为 2001 年的 195.5 亿，2011 年总产值为 510 亿元，年均递增 16.67%；总产值由 1982 年时排名第六位上升至 2011 年的第五位，增长趋势缓慢。

总之，自 2002 年开始，各门类产值逐渐形成纸包装、塑料包装、包装（装潢）印刷、金属包装、包装机械和玻璃包装由高到低的顺序，各门类在该排序中快速发展并呈现出以纸包装和塑料包装两大工业为龙头的发展趋势。

3.1.2.3 各类包装对包装工业的贡献率

从各类包装对整个包装工业总产值的贡献率来看，2000 ~ 2011 年各类包装对包装总产值的贡献率如图 3-3 所示。由图可知，纸包装、塑料包装和包装印刷

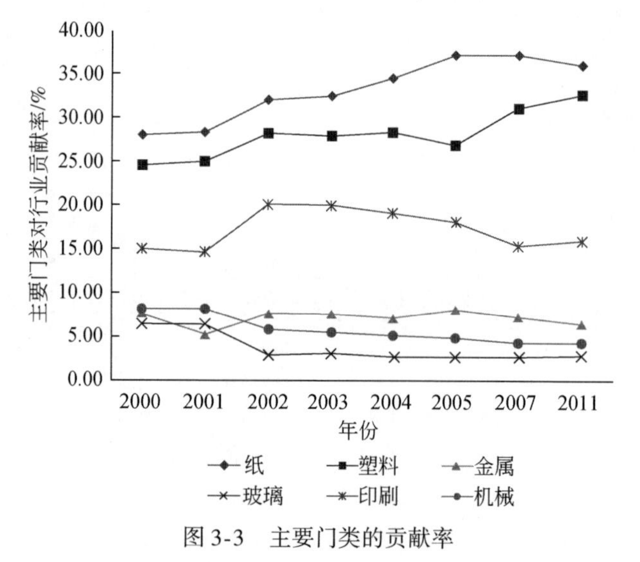

图 3-3 主要门类的贡献率

数据来源：(1) 中国包装技术协会. 2002. 中国包装年鉴 (2002). 北京：印刷工业出版社. (2) 中国包装联合会. 2006. 中国包装年鉴 (2005). 北京：原子能出版社. (3) 中国包装联合会. 2007. 中国包装年鉴 (2006-2007). 北京：中国包装联合会

是包装产值的三大主力军，2000年这三大类对包装工业总产值的贡献为67.8%，2002年时对行业总贡献率迅速增大至80.5%，截至2011年，三者对包装工业的总贡献率达到了84.7%。如果只考虑纸包装和塑料包装这两门类，2000、2002和2011年这三年中纸包装和塑料包装对行业的总产值贡献率依次为52.7%、60.4%和68.7%。另外，由图3-3可知，纸包装对产业的贡献率始终高于28%，塑料包装对产业的贡献率始终高于24%。可见，纸包装和塑料包装在包装工业总产值中占有重要地位，起到龙头带动作用，是典型的包装材料。

3.1.3 典型包装制品生产和消费量

3.1.3.1 典型包装制品产量

（1）纸包装产量

纸包装是典型的主导包装材料，以其原料来源广、成本低、废弃后易回收、无毒无害等诸多优点，一直是包装工业的主力军，其用量一般占包装工业35%～50%，即使在塑料制品日益广泛使用的情况下，纸和纸板都被作为一种备受重视的包装材料被广泛利用（杨玲和安美清，2011）。目前，我国纸和纸板的产量和消费量的统计情况，没有针对历年纸包装产量和消费量的系统性统计，但是据有关资料显示，我国纸包装产量占造纸总产量的比重约为56%，按照这个比例对我国包装纸和纸板的产量进行计算，结果如图3-4所示。由图3-4可知，用于包装的纸和纸板产量增长异常迅速，其产量从1996年的1456万t，增至2011年的5560.8万t，年均增长率达9.5%；2006～2011年，年均增长率达10.1%。因此，我国用于包装的纸和纸板的回收市场潜力巨大，具有重要经济价值。

（2）塑料包装产量

塑料用作包装材料是现代包装技术发展的重要标志，塑料包装材料能够取代传统包装材料在于其显著的优良特性。与纸、金属、玻璃等包装材料相比，塑料包装材料耐冲击、耐污染、防潮、防水性能优良，具有良好的耐酸、碱以及各类有机溶剂的性能。我国的塑料包装材料工业经过30多年的发展已形成了自己的体系，并快速发展为包装工业中的重要组成部分。从1980年总量19.1万t的规

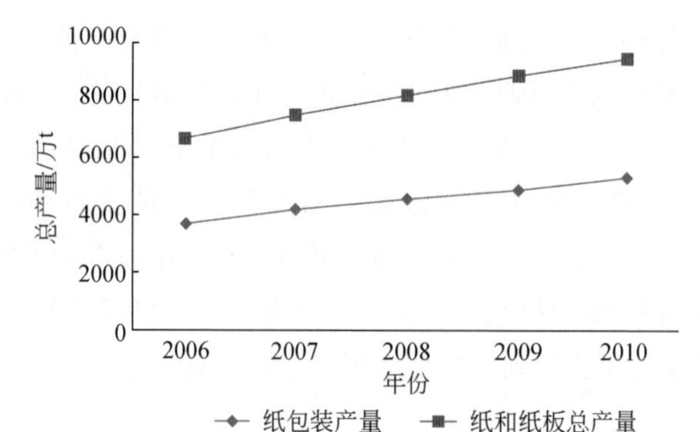

图 3-4　我国纸和纸板总产量及我国纸包装产量

数据来源：(1) 周炳炎，李丽，鞠红岩. 2010. 我国纸包装废物产生特性和回收状况研究. 再生资源与循环经济，3 (4)：32–35. (2) 中国造纸学会. 2013. 中国造纸年鉴 (2012). 北京：中国轻工业出版社.

模，发展至 2005 年时，年产量已经超过 800 万 t，其产量约占我国包装材料总产量的 30% 以上（李华等，2010）。2010 年我国塑料制品总产量为 5830. 4 万 t，而同期塑料包装主要产品产量为 1630. 2 万 t，占我国塑料制品总产量的 28%。2006 年至 2010 年我国塑料制品产量及塑料包装材料主要产品产量，如图 3-5 所示。由图 3-5 可见，塑料包装主要产品产量占同期塑料制品总产量的比例依次为 31. 6%、31. 8%、31. 4%、29. 7% 和 28. 0%。2010 年我国包装工业总产值和塑料包装主要产品产值分别为 12000 亿元和 2100 亿元，后者约占前者的 17. 5%。可见，塑料包装在我国包装工业中发展极其迅速，在我国包装工业中占有重要地位。

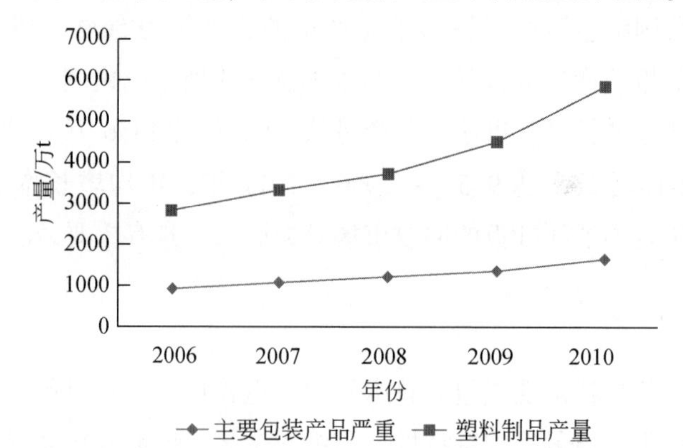

图 3-5　我国塑料制品产量及塑料包装材料主要产品产量

数据来源：(1) 钱桂敬. 2012. 中国塑料工业年鉴 (2011). 北京：中国石化出版社. (2) 蒋震宇，张春林. 2011. 我国塑料制品包装行业“十一·五”期间发展情况及“十二·五”发展建议. 塑料包装，21 (2)：1–7

3.1.3.2 典型包装材料生产和消费量

(1) 纸包装主要材料生产和消费量

包装用纸中较常见的三大类分别是白卡纸和白纸板、箱纸板以及瓦楞原纸，2006～2011 年纸包装主要材料生产、消费情况，如表 3-5 和 3-6 所示。其中，2006 年，这三类包装用纸的总产量和总消费量分别达 3220 万 t 和 3415 万 t，占同期纸包装总产量 3640 万 t 和总消费量 3696 万 t 的比例分别为 88.5% 和 92.4%。“十一五”期间，纸包装产量持续高速增长，2011 年三者总产量和总消费量分别达 5310 万 t 和 5386 万 t，占同期纸包装总产量 5561 万 t 和总消费量 5461 万 t 的比例均为 98.6%。

由表 3-5 和表 3-6 可知，白卡纸和白纸板、箱纸板以及瓦楞原纸三大类包装用纸在“十一五”期间的进出口量非常小，这三者历年的总消费量占“十一五”时期对应年份纸包装总消费量的比例依次为 92.4%、94.4%、96.5%、98.5% 和 99.1%，表明我国纸包装的主要消费市场在国内。所以，它们完成使用功能后主要在国内被废弃、回收并再生利用和处理处置。

表 3-5　纸包装主要材料的生产、消费情况　　（单位：万 t）

类型	年份	全国产量	进口量	出口量	消费量
白卡纸和白纸板	2006	940	73	41	972
	2007	1050	70	58	1062
	2008	1120	64	53	1131
	2009	1150	71	61	1160
	2010	1250	77	73	1254
	2011	1340	79	97	1322
箱纸板	2006	1150	114	14	1250
	2007	1360	103	25	1438
	2008	1530	88	13	1605
	2009	1730	86	5	1809
	2010	1880	80	14	1946
	2011	1990	93	10	2073

续表

类型	年份	全国产量	进口量	出口量	消费量
瓦楞原纸	2006	1130	71	8	1193
	2007	1340	53	39	1354
	2008	1520	45	13	1552
	2009	1715	46	3	1758
	2010	1870	24	5	1889
	2011	1980	17	6	1991

数据来源：（1）赵伟 . 2008. 2007 年国内造纸工业产销形势分析 . 造纸信息，（12）：10–16.（2）赵伟. 2009. 2008 年中国造纸工业产销情况分析 . 中华纸业，30（1）：6–13.（3）赵伟 . 2010. 2009 年中国造纸工业产销情况分析 . 造纸信息，（1）：33–40.（4）赵伟 . 2010. 2009 年中国造纸工业产销情况分析 . 中华纸业，31（23）：8–15.（5）赵伟 . 2011. 2010 年中国造纸工业产销情况分析 . 中华纸业，32（23）：8–14

表 3-6　主要纸包装材料生产、消费情况汇总　　（单位：万 t）

年份	总产量	总进口量	总出口量	总消费量
2006	3220	258	63	3415
2007	3750	226	122	3854
2008	4170	197	79	4288
2009	4595	203	69	4727
2010	5000	181	92	5089
2011	5310	189	113	5386

数据来源：（1）赵伟 . 2008. 2007 年国内造纸工业产销形势分析 . 造纸信息，（12）：10–16.（2）赵伟. 2009. 2008 年中国造纸工业产销情况分析 . 中华纸业，30（1）：6–13.（3）赵伟 . 2010. 2009 年中国造纸工业产销情况分析 . 造纸信息，（1）：33–40.（4）赵伟 . 2010. 2010 年中国造纸工业产销情况分析 . 中华纸业，31（23）：8–15.（5）赵伟 . 2011. 2011 年中国造纸工业产销情况分析 . 中华纸业，32（23）：8–14

（2）塑料包装主要材料生产和消费量

表 3-7 为国内合成树脂消费结构。由表 3-7 可知，国内合成树脂的最大消费领域是包装材料，2010 年包装材料消耗合成树脂量占国内合成树脂总量的 34%；此外，建筑材料领域也是国内合成树脂的另一重要领域，这两者的总消费量占合成树脂总量的 64%。因此，研究合成树脂的生产、进出口和消费情况也有助于了解塑料包装材料的消费情况。

表 3-7　国内合成树脂消费结构

消费结构	比例/%	
	2010 年	2012 年
建筑材料	30	31
包装材料	34	32
农业	9.2	9.8
家用电器	7.3	7.6
家庭用品	5.2	5.5
服装鞋帽	2.4	2.5
汽车工业	2.2	2.3
工矿配件	1.7	1.8
家具	2.9	3.1
玩具娱乐用品	3	3.1
医疗器械	1.1	1
其他	1	0.3
合计	100	100

数据来源：钱桂敬. 2012. 中国塑料工业年鉴（2011）. 北京：中国石化出版社

在 2006～2010 年，我国合成树脂量持续上升，主要材料生产、消费情况如表 3-8 所示。由表 3-8 可知，2006～2010 年我国合成树脂产量稳步增长，年均增长率达 15.44%，2010 年全国合成树脂产量为 4360.66 万 t，其中，PVC 产量在五大通用塑料中始终居于领先地位。总的来看，我国的合成树脂进口量要远大于出口量。因此，我国的合成树脂主要消费市场在国内。从表观消费量变化情况来看，2006～2010 年间表观消费量年均增长率达 10.53%，其中，2010 年我国合成树脂表观消费量达 7025.72 万 t，比 2009 年增长 20%，增长幅度创 2006～2010 五年之最。具体来说，PE 历年的表观消费量占当年我国合成树脂表观消费量的比重始终位居第一位，PP 和 PVC 表观消费量分别位居第二和第三位。

表 3-8　塑料包装主要材料生产、消费情况　　（单位：万 t）

类型	年份	全国产量	进口量	出口量	表观消费量
合成树脂合计	2006	2525.70	1917.46	272.86	4443.16
	2007	3073.55	2046.31	358.27	4761.56
	2008	3129.59	2086.89	329.52	4886.96
	2009	3687.03	2832.31	305.67	5833.95
	2010	4360.66	2930.48	264.68	7025.72

续表

类型	年份	全国产量	进口量	出口量	表观消费量
聚乙烯（PE）	2006	599.30	532.44	12.10	1119.64
	2007	692.47	505.14	12.47	1180.14
	2008	689.47	495.08	21.03	1163.52
	2009	812.85	806.62	21.74	1597.73
	2010	985.68	802.45	37.50	1750.63
高聚物聚丙烯（PP）	2006	584.20	294.47	2.62	878.67
	2007	712.65	307.01	3.11	1016.54
	2008	733.21	278.89	4.17	1007.93
	2009	812.85	416.25	4.48	1232.29
	2010	916.73	386.81	8.29	1295.25
聚苯乙烯（PS）	2006	174.70	119.85	18.84	287.78
	2007	205.68	121.41	30.80	307.25
	2008	206.10	106.63	32.34	288.89
	2009	210.00	110.74	27.47	300.81
	2010	230.00	115.20	35.83	310.23
聚氯乙烯（PVC）	2006	823.80	146.79	50.13	920.46
	2007	971.68	141.08	75.30	1037.46
	2008	881.64	114.85	65.16	931.33
	2009	915.52	197.19	27.85	1084.87
	2010	1130.03	153.05	27.52	1254.64
丙烯腈-丁二烯-苯乙烯共聚物（ABS）	2006	132.00	201.47	1.96	327.37
	2007	163.00	217.28	3.24	377.04
	2008	113.00	195.19	4.33	303.86
	2009	132.00	216.81	4.98	343.82
	2010	141.00	216.94	5.50	365.04

数据来源：钱桂敬.2012. 中国塑料工业年鉴（2011）. 北京：中国石化出版社

由上可见，纸包装和塑料包装这两大类在整个包装工业中扮演着举足轻重的作用，是包装工业的典型代表，也是包装工业实现增产增值的主要来源。但是，也必须注意到这两大类包装还是严重消耗资源且污染环境的主要根源。因此，加强纸包装和塑料包装制品从生产到废弃整个过程的科学管理是实现包装工业可持续发展的重要前提，尤其要加强典型包装制品废弃后的具体流量和流向的研究和监管，这对于提升我国包装废弃物回收利用水平，节约资源能源和保护环境具有重要的现实意义。

3.2 传统物质代谢框架构建和指标选取

包装工业的迅速发展使包装废弃物大量产生，纵观国内已有的研究成果，研究人员多集中在包装废弃物的回收方法、途径及现状，产生或回收特性及回收体系，资源化利用或管理政策、对策研究等，缺少对包装产品转化为包装废弃物后具体流量和流向的研究和有效调控，进而引起资源浪费严重和环境污染加剧等问题。

3.2.1 物质代谢分析的传统框架

物质代谢的研究需要借助适当的方法才能得以开展，经过多年的探索，研究人员发现物质流分析（material flow analysis，MFA）能够对特定空间和时间下物质的流动或储存予以系统性评价，能够将物质流动的来源、路径、中间过程以及最终的去向有效联系，能够通过比较总输入、储存和输出过程来控制简单的物质平衡，它为物质代谢分析的开展提供了强有力的方法支持，这种显著特征促使物质流分析在物质代谢研究中得到了广泛应用（毕军等，2009；陈伟强，2009；李刚，2004；Paul et al.，2004）。

根据研究对象，构建适宜的框架和指标是采用物质流分析法进行物质代谢研究的重要基础（戴铁军，2009；高会苗和戴铁军，2014b；卢伟，2010）。因此，合理的框架和指标成为物质代谢分析中不可或缺的组成部分。（高会苗和戴铁军，2014a）物质代谢随着物质流分析法逐渐发展成熟，已形成了较为固定的传统框架，如图3-6所示。

由图3-6可知，传统物质流分析框架分为物质输入端、经济系统和物质输出端三个模块。其中，物质输入端（第一模块）包含直接物质输入和隐藏流两个子模块。前者用来描述来自国外和国内的直接进入社会经济系统的自然物质，即进口资源量和国内资源量。进口资源量包括从其他国家进口的各类资源和产品，国内资源量又可以进一步细分为水、气体、生物物质和非生物物质四类。隐藏流（hidden flow，HF），也称生态包袱，被用于表示开采所需资源中必须开采但又未

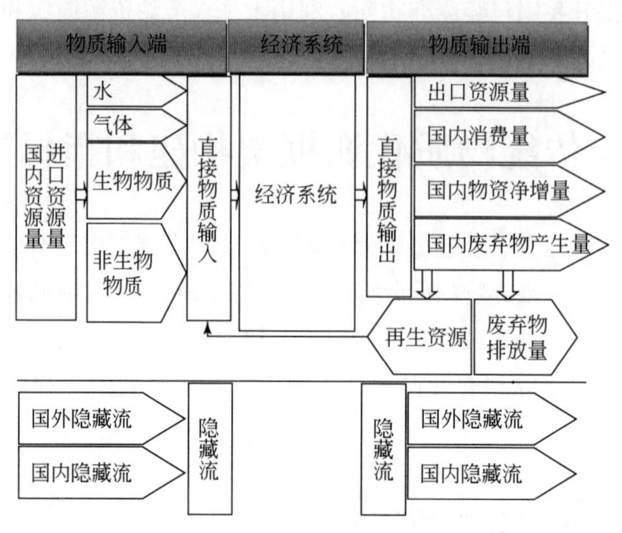

图 3-6　物质流分析的传统框架

能进入产品生产及流通到市场中的开采量，由于无论是国内资源还是进口资源，其获取过程都需要动用环境中大量的其他物质才可以实现。隐藏流又可以细分为国内隐藏流和国外隐藏流两个部分，前者被用于表示对本国环境产生的影响，后者虽然不对本国环境产生影响，但是影响进口国的环境。隐藏流常通过隐藏流系数来衡量。第二模块主要是社会经济系统，它连接着物质输入端和物质输出端，成为构成决定系统两端物质流量的重要枢纽。因此，经济系统是物质流分析框架中的核心模块。第三模块称为物质输出端，主要包括直接物质输出和隐藏流两个子模块。其中，直接物质输出具体包含出口资源量、国内消费量、国内物资净增量和国内废弃物产生量四个部分。出口资源量和国内消费量分别表征由国内输出到国外和本国内消费的资源和产品的数量；国内物资净增量主要是指新增的基础设施、建筑、交通运输工具等各类物资库存净增量；国内废弃物产生量则主要是指工业“三废”，即废气、废水和固体废弃物。值得一提的是，国内废弃物产生量并不是全部被直接排放入自然环境，它又可以进一步细分为再生资源量和废弃物排放量两部分。所以，最终直接被排入环境的国内废弃物产生量只是废弃物排放量这一部分，而再生资源作为物质输入端的特殊部分最终被投入经济系统。可见，物质输入端包含直接物质输入、隐藏流和再生资源输入三个子模块。值得注意的是，在先前的研究中，我国对废弃物再生利用的工作重视程度相对缺乏，表现在对废弃物产生量缺乏详细统计，并且回收再利用工作的重视程度非常薄弱，致使再生资源量在物质输入端的贡献非常小，在现实中表现为各类废弃物大量丢弃，废弃物造成的环境污染和资源浪费成为焦点。

3.2.2 物质代谢分析的典型指标

传统物质代谢分析的典型指标，包括输入指标、输出指标、消耗及平衡指标、强度及效率指标和综合指数，如表3-9所示。指标侧重点主要集中在以下几个方面：①表征物质输入端的原料开采、进口等物质输入指标；②表征物质输出端的产品输出、废弃物排放等物质输出指标；③表征经济系统内（或区域内）物质消耗、库存情况的物质消耗及平衡指标；④将上述个别关键指标与人口基数或者GDP相匹配得到的强度及效率指标；⑤表征经济增长与资源、能源消耗及由此引起的环境恶化三者之间关系的综合性指标等。

表3-9 物质代谢分析的典型指标

一级指标	二级指标	表达式
输入指标	直接物质输入量	直接物质输入量=国内物质开采量+进口量
	物质输入总量	物质输入总量=国内物质开采量+进口量+国内隐藏流
	国内物质总需求量	国内物质总需求量=国内物质开采量+国内隐藏流
	物质需求总量	物质需求总量=国内物质开采量+进口量+国内隐藏流+进口隐藏流
输出指标	国内物质总输出量	国内物质总输出量=国内物质输出量+国内隐藏流
	直接物质输出量	直接物质输出量=国内物质输出量+出口量
	物质输出总量	物质输出总量=国内物质输出量+出口量+国内隐藏流
消耗及平衡指标	物质库存净增量	物质库存净增量=物质需求总量-物质输出总量
	物质贸易平衡	物质贸易平衡=进口量-出口量
	国内物质消耗量	国内物质消耗量=国内物质开采量+进口量-出口量
强度及效率指标	物质消耗强度	物质消耗强度=国内物质消耗量÷人口基数或国内物质消耗量÷GDP
	环境效率	环境效率=废弃物产生总量÷GDP
	物质生产力	物质生产力=GDP÷（国内物质开采量+进口量-出口量）
综合指数	弹性系数	弹性系数=物质消耗（污染物排放）增速÷经济增速

3.2.3 物质代谢分析框架和指标的不足

3.2.3.1 物质代谢分析框架的不足

若将上述分析框架应用于包装废弃物的物质代谢分析，存在两点不足。

(1) 两者的侧重点不同

传统的物质代谢分析框架更侧重于物质从原料开采、进口、出口直至最终的产品输出、消费和报废的整个过程，而包装废弃物的物质代谢分析会更侧重于产品报废后的转化、流通和处理行为。

包装材料完成原有功能被废弃后，还要经过拾荒者的回收、运输、加工、再生利用、无害化处理等一系列过程，部分废弃包装材料被再利用或者资源化，作为产品再次返回经济系统，没有使用价值或者无法使其再生利用的则予以无害化处理。因此，从研究涉及的跨度来讲，传统物质流分析的框架其应用的侧重点更加宏观，更注重关注物质在整个生命周期中的具体演化。相对来讲，包装废弃物的物质代谢分析需要更加详细的分析框架，更注重包装材料被废弃后的转化、流通和处理行为，研究的领域更加细化，研究的跨度相对较小。所以，以传统物质流分析的框架从原料开采到废弃物排入自然环境的整个视角，分析包装废弃物的物质代谢是不科学的，分析过程显得过于粗糙且不彻底。

(2) 两者研究所具备的基础条件不对等

传统物质代谢分析框架的研究对象起点往往是从自然界开采或者进口的物质，这类物质是社会经济增长、企业获取利润、消费者获得服务满足的主要载体。所以，对于这类物质采用传统物质代谢分析框架的研究相对比较成熟，形成了稳定的研究框架和评价指标，对其具体流量有相对完善和权威的数据统计。而包装废弃物在这方面的研究还很缺乏，主要表现在缺少对包装废弃物物质代谢的关注和重视、缺少匹配的研究框架和指标、缺少研究所需要的完善、权威性的数据统计。因此，采用传统的物质代谢分析框架对包装废弃物进行物质代谢分析具有较低的可操作性。

3.2.3.2 物质代谢分析指标的不足

由表 3-9 可知，已有物质代谢分析的各项评价指标完全是根据传统物质流分析框架的基本构成设置的，具有很强的针对性，这些指标都与传统物质流分析框架中的组成内容相关。当研究的内容由开采物质或进口物质转变为包装废弃物时，继续使用原有的评价指标已不再合适。

以原有评价指标中的国内物质开采量和国内隐藏流为例，前者表示从国内自然界开采或获取的水、气体、生物和非生物物质，后者表示开采所需资源中必须开采但又未能进入产品生产及流通到市场中的开采量。但对包装废弃物进行物质代谢分析时，物质输入端是以社会经济系统中产生的包装废弃物为输入原料的，两者的物质输入来源和属性存在本质上的差异。另外，由于包装废弃物来源于社会经济系统中已有的废弃物，不存在“开采所需资源中必须开采但又未能进入产品生产及流通到市场中的开采量”，即没有隐藏流。

此外，由于以前缺乏对废弃物物质代谢分析的重视和研究，针对废弃物产生量及再生利用情况缺乏完善的、权威性的数据统计，致使传统物质流分析框架中的绝大多数指标概念都难以直接应用到废弃物的物质流分析框架中。因此，传统物质流分析框架中的指标对包装废弃物物质代谢分析已不再具有可行性，需予以改进。

3.3 包装废弃物的物质代谢框架和指标的改进

物质代谢思想为分析包装废弃物的具体流量和流向提供了理论指导，物质流分析作为其主要的分析方法为研究工作奠定了方法支持。以包装废弃物为研究对象，采用传统物质流分析框架和指标进行物质代谢分析时，存在诸多不足。因此，改进传统的物质流分析框架和指标，建立针对包装废弃物的物质代谢分析的框架和指标，有助于理清包装废弃物的具体流量和流向，有助于对包装废弃物的回收状况进行深入分析，有助于找出资源浪费、环境污染的根源，更有助于凭借物质代谢分析结果制定提高包装废弃物再生利用水平的环境管理政策。

3.3.1 改进的可行性分析

完整的物质代谢过程包含物质输入、物质循环和物质输出。在这样的代谢过程中，研究对象可以是原材料、产品、废弃产品、再生产品，甚至还可以是生产、加工过程中产生的废料，选取这些物质中的任何一种为研究对象都可以将其划分成物质输入、物质循环以及物质输出的三段式物质代谢过程。废弃物的物质代谢就是选取包装废弃物为研究对象，通过三段式的代谢过程对包装废弃物的具体流量和流向进行分析。

可见，包装废弃物的物质代谢是对整个物质代谢过程的进一步细化，是其中的一个子过程，它是对传统物质代谢环节中的特定流量和流向进行了进一步的延伸。因此，传统用于分析从原料开采到被人类废弃排入自然环境整个物质代谢过程的分析框架，可以在改进后用于废弃物的物质代谢分析。

3.3.2　改进遵循的原则

(1) 遵循质量守恒定律

与以往采用物质流分析框架研究物质代谢的载体相比，以包装废弃物为研究对象物质流分析涉及的研究区间也必然发生相应改变。以纸包装为例，如果选取纸包装这种材料为研究对象，在进行物质流分析时需要从纸生产的原料获取阶段到纸包装材料被废弃，并循环利用得到再生纸制品的整个研究区间都要予以追踪研究。但是，如果选取纸包装废弃物为研究对象，在其被废弃前的整个流动过程可以忽略，只需要考察它进入自然环境到被回收并循环利用得到再生纸制品整个过程，使研究的区间缩小。质量守恒定律是物质流分析的基本准则，该准则并不因为选取的研究对象发生改变而改变，也不会因为研究的范围发生变化而不再适用。因此，将传统物质流分析框架改进为适用于包装废弃物的物质代谢分析的研究框架时，质量守恒定律依然适用。

(2) 遵循并延伸循环经济的3R原则

物质流分析为促进循环经济的发展提供了有力的决策支持工具，废弃物是连接两者的重要桥梁。废弃物是物质流分析的重要载体，而物质流分析为推进循环经济、建设循环型社会提供了重要保障。此外，循环经济已有的理论研究成果、指标也在开展物质流分析的过程中找到了应用平台。因此，它们之间是一种相辅相成、互相促进的关系。

在传统物质流分析框架的基础上，废弃物的物质代谢分析框架可以引入循环经济的相应概念或指标，这主要是研究对象的独特性决定的。循环经济理论中 3R 原则（减量化、再利用和资源化）中，减量化原则侧重于从物质输入端来减少物料、能源的投入来达到既定的生产消费目的，再利用原则侧重于对废弃材料反复利用来产生经济效益，而资源化原则侧重于产品在完成使用功能后通过技术等手段使其重新被利用。将循环经济 3R 原则中的再利用原则和资源化原则引入废弃物的物质代谢的分析框架中，而且可进一步延伸得到再利用量、资源化量、再利用率、资源化率以及再生产品量等指标。

3.3.3　包装废弃物的物质代谢框架的构建

3.3.3.1　框架构建

通过对包装废弃物具体流向的梳理，结合物质代谢分析的基本思想，构建了包装废弃物的物质代谢分析框架，如图 3-7 所示（王仁祺和戴铁军，2013）。

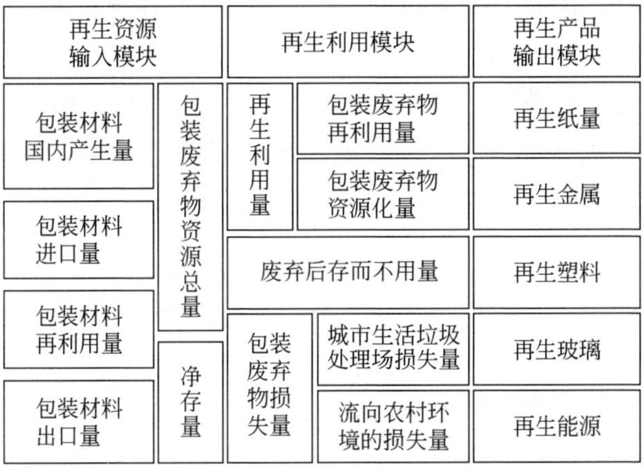

再生资源输入模块
包装材料国内产生量
包装材料进口量
包装材料再利用量
包装材料出口量
包装废弃物资源总量
净存量
再生利用模块
再生利用量
包装废弃物再利用量
包装废弃物资源化量
废弃后存而不用量
包装废弃物损失量
城市生活垃圾处理场损失量
流向农村环境的损失量
再生产品输出模块
再生纸量
再生金属
再生塑料
再生玻璃
再生能源

图 3-7　包装废弃物的物质流分析框架

3.3.3.2　框架解释

包装废弃物的物质代谢分析框架与传统物质流分析框架一样，由三大模块构成，为区别于传统物质流分析的模块命名，分别将三大模块称为再生资源输入模块、再生利用模块以及再生产品输出模块。再生资源输入模块表示再生资源初始质量，它由国内资源生产量、资源进口量、资源出口量及再利用量共四部分组成。具体到包装废弃物，即包装材料国内生产量、包装材料进口量、包装材料出口量、包装废弃物再利用量。上述四部分还可简单划分为净存量及国内资源总量两大部分。再生利用模块表示再生资源在该模块内的具体流量和流向，主要是资源再生利用量、废弃后存而不用量和总损失量。在再生利用模块，根据再生资源的不同流向分为再利用量和资源化量。在总损失量模块，按照城镇和农村的不同流向，分为城市生活垃圾处理场中损失量和农村环境中损失量两部分。具体到包装废弃物，分为包装废弃物再利用量、包装废弃物资源化量、包装废弃物存而不用量、包装废弃物损失量。再生物质输出模块记录再生产品和再生能源的输出数量和流向。按照包装材料的原料来分，包装废弃物主要分为纸包装废弃物、塑料包装废弃物、金属包装废弃物、玻璃包装废弃物和复合包装废弃物等。因此，再生产品输出模块主要表征再生纸、再生塑料、再生金属、再生玻璃和再生能源的输出量。

3.3.4 包装废弃物的物质代谢指标体系的构建

由于研究对象发生改变，原有的评价指标已不能直接利用。因此，需要同步调整和优化，将原有评价指标灵活调整。由于新指标紧密结合包装废弃物特点，表现出更强的实用性、针对性和操作性，如表 3-10 所示。

表 3-10 包装废弃物的物质流分析指标

大类	亚类	表达式
包装废弃物输入指标	包装废弃物输入量	包装废弃物输入量 = 包装废弃物产生量–包装材料消费总量–包装废弃物资源总量
	包装材料消费总量	包装材料消费总量 = 包装材料国内生产量+包装材料进口量+再利用量–包装材料出口量–净存量
包装废弃物再生利用指标	包装废弃物产生量	包装废弃物产生量 = 包装废弃物再生利用量+废弃后存而不用量+总损失量
	包装废弃物再生利用量	包装废弃物再生利用量 = 再利用量+资源化量
包装废弃物输出指标	再生模块输出量	再生模块输出量 = 再生产品量+再生能源量
	再生模块输出产值	再生模块输出产值 = 再生产品产值+再生能源产值

续表

大类	亚类	表达式
包装废弃物平衡指标	包装材料贸易平衡量	包装材料贸易平衡量=包装材料进口量-包装材料出口量
	包装废弃物存而不用量	包装废弃物存而不用量=包装废弃物产生量-包装废弃物再利用量-包装废弃物资源化量-包装废弃物总损失量
	包装废弃物总损失量	包装废弃物总损失量=城市生活垃圾处理场量+农村环境损失量
包装废弃物强度及效率指标	包装废弃物回收率	包装废弃物回收率=包装废弃物回收量÷包装废弃物产生量
	包装废弃物再利用率	包装废弃物再利用率=包装废弃物再利用量÷包装废弃物产生量
	包装废弃物资源化率	包装废弃物资源化率=包装废弃物资源化量÷包装废弃物产生量
	包装废弃物循环利用率	包装废弃物循环利用率=包装废弃物再生利用量÷包装废弃物产生量
	包装废弃物生产力	包装废弃物生产力=包装废弃物输出模块生产总值÷包装废弃物输入量
	包装废弃物产生强度	包装废弃物产生强度=包装废弃物产生量÷包装工业生产总值

表 3-10 中，再利用量、资源化量、再利用率、资源化率、再生利用量、循环利用率等指标的设置是分别根据循环经济的 3R 原则，即减量化（reduce）、再利用（reuse）、资源化（recycle）衍生而来，是对 3R 原则的继承和延伸。

经过改进的包装废弃物的物质流分析框架和指标体系与传统的物质流分析框架和指标相比，前者对废弃物的物质代谢状况具有更清晰的流量和流向指示，更有助于找出包装废弃物的损失去向和数量，进而为制定有针对性的废弃物管理及环境治理政策提供更加可靠的依据。

3.4　典型包装废弃物的物质代谢与成本收益组成分析

针对已经界定的典型包装废弃物，采用改进的物质流分析框架和指标对我国典型包装废弃物进行物质代谢分析，解析我国包装废弃物的物质代谢状况，为制定科学合理的包装废弃物管理措施提供理论支撑。

3.4.1 典型包装废弃物不同流量测算

3.4.1.1 纸包装废弃物不同流量测算

对于纸包装废弃物回收量的测算思路，借鉴中国环境科学研究院的纸包装回收率的计算方法，即根据纸包装废弃物的流向得出其回收情况。具体方法为：通过计算出流向城市生活垃圾填埋场及损失到农村环境中的包装废弃物数量之和，可得没有回收的纸包装废弃物总量。

（1）流向城市生活垃圾处理场量测算

城市生活垃圾中纸包装物平均含量为0.65%（为垃圾中废纸的1/10），2006～2010年，我国城市生活垃圾清运量分别为14 841.3万t、15 214.5万t、15 437.7万t、15 733.7万t和15 804.8万t。具体处理量，如表3-11所示。因此，2006～2010年，流向城市生活垃圾中的纸包装废弃物分别为96.5万t、98.9万t、100.3万t、102.3万t和102.7万t。

表3-11 我国城市生活垃圾清运量及处理情况 （单位：万t）

年份	地区	生活垃圾清运量	无害化处理量	卫生填埋	堆肥	焚烧	生活垃圾无害化处理率/%
2006	全国	14 841.3	7 872.6	6 408.2	288.2	1 137.6	52.2
2007	全国	15 214.5	9 437.7	7 632.7	250	1 435.1	62
2008	全国	15 437.7	10 306.6	8 424	174	1 569.7	66.8
2009	全国	15 733.7	11 232.3	8 898.6	178.8	2 022	71.4
2010	全国	15 804.8	12 317.8	9 598.3	180.8	2 316.7	77.9

数据来源：国家统计局官网（http：//www.stats.gov.cn/tjsj/ndsj/）2007～2011年资源和环境部分

（2）流向农村环境中损失量测算

北京市某小区一普通居民楼人均产生废纸量为3.41kg/月，其中纸包装废弃物为1.70kg/月（周炳炎等，2010d）。因此，损失到农村环境中的纸包装废弃物的数量，可以通过将农村居民的消费水平与城镇居民的消费水平进行换算，并借助上述已有的数据进行测算。

2006～2010年，我国城镇和农村居民消费水平以及我国城镇和乡村人口数及比重，如表3-12和表3-13所示。由表可知，2006～2010年，农村与城镇消费水平比例依次为：0.27、0.28、0.28、0.27和0.28，而同期农村居民总人数73 160万人、71 496万人、70 399万人、68 938万人和67 113万人。考虑到农村人口中一部分进城务工，因此农村人口中应该减去这一数量的流动人员。统计资料显示外出务工的农民工人数约为1.19亿（陈婧，2012）。假定2006～2010年，外出进城务工人员保持该数值不变，则实际生活在农村的居民人数依次为6.13亿人、5.96亿人、5.85亿人、5.70亿人和5.52亿人。

表3-12 我国城镇和农村居民消费水平

年份	全国居民/元	农村居民/元	城镇居民/元	农村与城镇消费水平比例
2006	6 111	2 848	10 359	0.27
2007	7 081	3 265	11 855	0.28
2008	8 183	3 756	13 526	0.28
2009	9 098	4 021	15 025	0.27
2010	9 968	4 455	15 907	0.28

数据来源：国家统计局官网（http：//www.stats.gov.cn/tjsj/ndsj/）2007～2011年国民经济核算部分

表3-13 我国城镇和乡村人口数及比重

年份	城镇		乡村	
	人口数/万人	比例/%	人口数/万人	比例/%
2006	58 288	44.34	73 160	55.66
2007	60 633	45.89	71 496	54.11
2008	62 403	46.99	70 399	53.01
2009	64 512	48.34	68 938	51.66
2010	66 978	49.95	67 113	50.05

数据来源：国家统计局官网（http：//www.stats.gov.cn/tjsj/ndsj/）2007～2011年人口部分

此外，由于我国农村地区的生活废弃物回收状况相对落后，很多地区甚至没有对废弃物进行回收，假定不具备回收条件以及没有回收能力导致所损失的包装废弃物为50%。则可利用式3-1对损失到农村环境中的纸包装废弃物进行计算：

$$Q_i = (PR_i - PG_i) \times (RC_i/TC_i) \times \omega \times TPWM \times 12 \times 10\,000/1\,000 \qquad (3\text{-}1)$$

式中，Q_i为第i年农村环境中包装废弃物损失量（万t）；PR_i为第i年农村居民总人数；PG_i为第i年进城务工的农村居民总人数，假定该值不变，故PG_i恒等于

1.19 亿；ω 为农村地区不具备回收条件以及没有回收能力导致所损失的包装废弃物百分比，假定该值恒等于50%；RC_i/TC_i 为我国农村居民消费和城镇居民消费比例，其中，RC_i：第 i 年农村居民消费水平，TC_i：第 i 年城镇居民消费水平；TPWM 为城镇居民人均月产生包装废弃物质量。

将表3-12 和表3-13 中各年数据依次代入式（3-1），计算结果如表3-14 所示。

表 3-14　农村环境中纸包装废弃物损失量

年份	2006	2007	2008	2009	2010
纸包装废弃物损失量/万 t	168.8	170.2	167.1	157.0	157.7

将2006～2010 年流向城市生活垃圾填埋场的纸包装废弃物处理量与农村环境中纸包装废弃物损失量分别汇总并求和，结果如表3-15 所示。

表 3-15　我国纸包装废弃物的损失情况

年份	城市生活垃圾填埋场中纸包装量/万 t	农村环境中纸包装废弃物损失量/万 t	没有回收的纸包装废弃物量/万 t	国内纸包装产生量/万 t	未回收量占产生量百分比/%
2006	96.5	168.8	265.3	3640	7.3
2007	98.9	170.2	269.1	4116	6.5
2008	100.3	167.1	267.4	4469	6.0
2009	102.3	157.0	259.3	4838	5.4
2010	102.7	157.7	260.4	5191	5.0

由表3-15 可知，2006～2010 年我国没有回收的纸包装废弃物量依次为265.3 万 t、269.1 万 t、267.4 万 t、259.3 万 t 和260.4 万 t，没有回收的纸包装废弃物量在2007 年后呈缓慢下降趋势，说明我国纸包装废弃物的回收利用情况逐渐好转。我国损失的纸包装废弃物的最终处理处置主要方式是填埋、简易处理及堆放，对不易分离处理的纸包装废弃物采取焚化方式处置，三者的比例依次约为60%、25%和15%。

（3）纸包装废弃物总资源量测算

由表3-15 可知，2006～2010 年纸包装废弃物国内产生量依次为3640 万 t、4116 万 t、4469 万 t、4838 万 t 和5191 万 t。而2006～2010 年我国进口的三大类纸包装总量依次为258万t、226万t、197万t、203万t和181万t（表3-6）。因此，根据进口量与包装废弃物国内生产量的总和可得包装废弃物国内资源量依次为3898万t、4342万t、4666万t、5041万t和5372万t。

（4）纸包装废弃物再利用量测算

清华大学研究人员对2005年我国纸包装废弃物的相关研究表明，纸包装废弃物的主要流向体现在四个方面，即再利用、回收制浆、处理处置和废弃后存而不用，各流向的分配比例为再利用量占26.3%、回收制浆量占42.5%、最终处置量占8.6%、废弃后存而不用量占22.6%（卢伟，2010）。最终处置量可等同于我们研究中流向城市生活垃圾处理场的损失量和农村环境中损失量的加和。由表3-15可知，2006～2010年这两者的损失量之和占同期纸包装废弃物总资源量的比例依次为6.8%、6.2%、5.7%、5.1%和4.8%。2006年总损失量占当年纸包装资源量的比例6.8%与上述研究结论中2005年的最终处置量8.6%接近，且将该值与上述五组数据按照年份先后进行排列可知，该比例呈现出由大到小的规律性变化，即从2005～2010年，我国纸包废弃物的最终处理量占总资源量的比例逐渐减小，即通过最终处置方式处理的纸包装废弃物越来越少，间接说明通过再生利用等方式处理的纸包装废弃物越来越多。这种变化趋势符合当前我国对纸包装废弃物回收再生的重视程度越来越高的现实。

随着我国包装立法的逐渐完善以及循环经济等理念的相继提出，我国纸包装废弃物的再利用量和回收制浆量必然同步提升。在上述研究结论基础上，假定通过再利用方式处理的纸包装废弃物量占当年纸包装废弃物总资源量的比例年递增量为1.5%。据此，可以推算出2006～2010年我国再利用的纸包装废弃物量依次为1083.6万t、1272.2万t、1437.1万t、1628.2万t和1815.7万t。

（5）纸包装废弃物资源化量测算

纸包装废弃物的回收制浆属于材料级别的循环利用，是典型的资源化处理方式。因此，由该法处理的纸包装废弃物量即为纸包装废弃物的资源化量。在清华大学已有研究结论（即通过2005年回收制浆方式处理的纸包装废弃物的量是纸包装废弃物总量的42.5%）的基础上，假定2006～2010年，通过回收制浆方式处理的纸包装废弃物量占当年总资源量的比例年递增量为1.0%。通过回收制浆方式处理的纸包装废弃物质量依次为1695.6万t、1932.2万t、2123.0万t、

2344.1 万 t 和 2551.7 万 t。2006～2010 年我国废纸的回收率依次为 34.29%、37.93%、39.42%、42.9% 和 43.78%，同期纸包装废弃物回收制浆的比例为 43.5%、44.5%、45.5%、46.5%、47.5%。可见，我国纸包装废弃物的回收水平略高于同期我国废纸的回收率。

（6）纸包装净存量测算

纸包装净存量，即国内纸包装生产量、进口量与再利用的纸包装量之和，减去纸包装出口量与纸包装废弃物总资源量两者之和。据此计算可得，2006～2010 年的纸包装净存量依次为 390 万 t、704 万 t、884 万 t、1117 万 t 和 1333 万 t。

（7）再生纸产量测算

我国回收制浆的纸包装废弃物量依次为 1695.6 万 t、1932.2 万 t、2123.0 万 t、2344.1 万 t 和 2551.7 万 t。已知 1t 废纸可生产 0.8t 再生纸，根据 2006～2010 年回收制浆的纸包装废弃物的质量，即可换算得到历年生产的再生纸的量。根据废纸与再生纸的换算关系，可计算得到 2006～2010 年我国再生纸生产量分别为 1356.5 万 t、1545.8 万 t、1698.4 万 t、1875.3 万 t 和 2041.4 万 t。

（8）纸包装废弃物存而不用量测算

纸包装消费后的主要去向除了流向城市生活垃圾填埋场、农村环境、进行再利用和回收制浆外，还有一部分虽然失去原有价值，但是仍然在日常生活领域储存下来。结合上述各类已得数据，可计算出 2006～2010 年废弃后存而不用的纸包装材料量依次为 853.4 万 t、868.5 万 t、838.4 万 t、809.4 万 t 和 744.2 万 t。将清华大学研究人员 2005 年的研究结论与本文的研究结论按照年份先后的排序可知，废弃后存而不用占总量的比例依次为 22.6%、21.9%、20.0%、18.0%、16.1% 和 13.9%（卢伟，2010）。可见，以上所得结论与已有研究成果吻合，废弃后存而不用的纸包装废弃物量呈现明显地减小趋势，间接说明我国纸包装废弃物再生利用的水平在提高。

3.4.1.2 塑料包装废弃物不同流量测算

（1）流向城市生活垃圾处理场量测算

研究表明，我国塑料包装废弃物约占生活垃圾的比例为 5%～10%（湿重），烘干质量约为湿重的55%，我们以塑料包装废弃物占生活垃圾的比例均值7.5%为测算值（周炳炎等，2010）。根据表3-11可知，2006~2010年我国城市生活垃圾清运量分别为14 841.3万t、15 214.5万t、15 437.7万t、15 733.7万t和15 804.8万t，则流向我国城市生活垃圾填埋场中的塑料包装废弃物的干重量依次为612.2万t、627.6万t、636.8万t、649.0万t和651.9万t。

(2) 流向农村环境中损失量测算

研究表明，居民人均产生废塑料0.5kg/月（湿重），塑料包装废弃物约占废塑料量的62%，将以上结果换算为塑料包装废弃物干重为0.17kg/月。采用纸包装农村环境损失量的测算方法和测算表达式，将上述各数据依次代入，计算结果如表3-16所示。

表3-16 农村环境中塑料包装废弃物损失量 （单位：万t）

年份	2006	2007	2008	2009	2010
塑料包装废弃物损失量	16.9	17.0	16.7	15.7	15.8

我国塑料包装废弃物的总损失量即为流失到城市生活垃圾填埋场中的处理量及农村环境中损失量的加和，将上述数据进行相加得2006~2010年我国塑料包装废弃物的总损失量依次为629.1万t、644.6万t、653.5万t、664.7万t和667.7万t，这些损失的塑料包装废弃物最终处理处置方式包括填埋、焚烧以及散失到自然环境中。广州市每年产生的2550t聚苯乙烯快餐盒废弃物中，通过填埋、焚烧方式处理的量以及散落量所占比例依次为60%、10%和30%。实际上该塑料废弃物的处理处置方式及比例也代表了当前我国塑料包装废弃物的处理情况。我们采用上述比例依次对2006~2010年我国塑料包装废弃物不同处理处置方式的量进行折算，具体结果如图3-20~图3-24所示。

(3) 塑料包装回收量测算

塑料包装废弃物量约占回收废塑料量的62%。因此，我国塑料包装废弃物的回收量可以通过回收废塑料的量进行测算。由中国塑料工业年鉴知，2006~2010年我国废塑料回收量分别为700万t、820万t、900万t、1000万t和1060万t。因此，可根据已有统计数据计算出2006~2010年我国塑料包装废弃物的回收量分别为434.0万t、508.4万t、558.0万t、620.0万t和657.2万t。

将2006~2010年流向城市生活垃圾填埋场的塑料包装废弃物处理量、农村环境中塑料包装废弃物损失量及回收利用的塑料包装废弃物量分别汇总，结果如表3-17所示。

表3-17　我国塑料包装废弃物的损失及回收情况

年份	城市生活垃圾填埋场中塑料包装量/万t	农村环境中塑料包装废弃物损失量/万t	没有回收的塑料包装废弃物量/万t	塑料包装材料主要产品产量/万t	未回收量占产量百分比/%	回收利用的塑料包装废弃物量/万t	回收量占产量百分比/%
2006	612.2	16.9	629.1	885.34	71.1	434.0	49.0
2007	627.6	17.0	644.6	1049.55	61.4	508.4	48.4
2008	636.8	16.7	653.5	1165.89	56.1	558.0	47.9
2009	649.0	15.7	664.7	1331.5	49.9	620.0	46.6
2010	651.9	15.8	667.7	1630.2	41.0	657.2	40.3

由表3-17可知，2006~2008年未回收塑料包装废弃物量与回收利用的塑料包装废弃物量之和大于当年统计的塑料包装材料产量。出现该现象的原因主要有以下几点：第一，统计的塑料包装材料的产量只是主要塑料包装产品的量，并没有包含所有塑料包装材料的质量；第二，统计的塑料包装材料的产量并没有包含家庭作坊式工厂以及小规模型塑料包装材料生产企业的产量；第三，该产量没有包括随产品进口的塑料包装量。

(4) 废弃后存而不用量测算

我国塑料包装废弃物的主要去向包括废弃后存而不用、处理处置和进行回收再生利用三种。2005年废弃后存而不用的塑料包装废弃物量占当年塑料包装废弃物资源量的4.1%。据此，通过计算上述三种流向的包装废弃物之和，可得当年塑料包装废弃物资源总量。城市生活垃圾填埋场中塑料包装废弃物的处理量及损失到农村环境中的塑料包装废弃物量之和，可看作是处理处置量。其计算公式为

$$M_{i\mathrm{SWU}} = \frac{K_i \times M_{i\mathrm{DAR}}}{100 - K_i} \tag{3-2}$$

式中，$M_{i\mathrm{SWU}}$为第i年塑料包装废弃后存而不用量；$M_{i\mathrm{DAR}}$为第i年塑料包装废弃物

处理处置量与回收量之和；K_i为第i年存而不用量占当年塑料资源量的比例。

在2005年已有研究结论$K_{2005}=4.1$的基础上，随着废弃物回收利用量的增加，我们认为2006~2010年K值年递减为0.3，即K_{2006}至K_{2010}依次为3.8、3.5、3.2、2.9和2.6。此外，$M_{i\mathrm{DAR}}$可通过将2006~2010年塑料包装废弃物处理处置量与回收量相加而得，即$M_{2006\mathrm{DAR}}=1063.1$万t、$M_{2007\mathrm{DAR}}=1153.0$万t、$M_{2008\mathrm{DAR}}=1211.5$万t、$M_{2009\mathrm{DAR}}=1284.7$万t、$M_{2010\mathrm{DAR}}=1324.9$万t。利用式（3-2）计算可得，$M_{2006\mathrm{SWU}}=42.0$万t、$M_{2007\mathrm{SWU}}=41.8$万t、$M_{2008\mathrm{SWU}}=40.0$万t、$M_{2009\mathrm{SWU}}=38.4$万t、$M_{2010\mathrm{SWU}}=35.4$万t。

（5）塑料包装废弃物总资源量测算

将废弃后存而不用量、处理处置量和回收再生利用量相加可得，2006~2010年我国实际塑料包装废弃物资源总量依次为1105.1万t、1194.8万t、1251.5万t、1323.1万t和1360.3万t。

（6）再利用量测算

塑料包装中有部分物品，如大包装盒、周转箱等被回收后通过简单清洁、消毒和修理等步骤后便可再利用，这些物品主要集中在塑料包装产品种类里的包装容器部分。塑料包装产品中软包装膜、编织制品、包装容器、泡沫包装材料和包装片材是最主要的五大类，其中，包装容器在2005~2010年的产量依次为157.00万t、130.00万t、166.30万t、173.09万t、210.00万t和252.00万t，占同期国内主要包装产品产量的比重依次为20.2%、14.7%、15.8%、14.8%、15.8%和15.5%，这说明包装容器在我国塑料包装主要产品中所占比重相对较小且历年产量变化基本稳定。可见，在我国塑料包装废弃物中，通过再利用方式处理的塑料废弃物量只占较小比重。

通过计算当年回收并能够再利用的包装容器，可得塑料包装废弃物的再利用量。2005~2010年我国塑料包装废弃物的回收率依次为40%、39.3%、42.6%、44.6%、46.9%和48.3%，其中2005年塑料包装回收率40%为文献研究值（卢伟，2010），与我们研究结论较好吻合。此外，尽管大型包装容器只是包装容器总量的一部分，但是由于其体积和质量大，易于再生利用，在综合考虑塑料包装废弃物再生利用意识、技术水平等因素的基础上，我们认为2005年塑料包装容器再利用率为45%，之后随着国家逐渐提倡和加强废弃物的再生利用，再利用率每年以2.5%的增量提升。依据塑料包装废弃物回收率及再利用率，可得2005～2010年我国再利用的塑料包装废弃物量依次为28.3万t、24.3万t、35.4万t、40.5万t、54.1万t和70.0万t。

（7）资源化处理量测算

包装用塑料多为热塑性塑料，其特点是能够多次进行熔融成型加工而特性基本能保持不变，表3-8列出了常见塑料的生产、进出口及消费情况。尽管由这几类塑料材料生产的典型塑料包装制品废弃后的处理处置方式不尽相同，但研究结果表明，对于回收的塑料包装废弃物除了再利用这种方法进行直接利用外，资源化处理是另外一种非常重要的方法。2006～2010年我国塑料包装废弃物的回收量分别为434.0万t、508.4万t、558.0万t、620.0万t和657.2万t，再利用量为24.3万t、35.4万t、40.5万t、54.1万t和70.0万t。因此，2006～2010年通过资源化处理的塑料包装废弃物量依次为409.7万t、473.0万t、517.5万t、565.9万t和587.2万t。可见，我国塑料包装废弃物的再生利用主要以资源化方式为主，主要是由可再利用的塑料包装废弃物在总产品中所占比重较小决定的。

（8）再生树脂量测算

塑料包装废弃物资源化的方式主要包括物理再生造粒、化学处理再生利用和能量回收再生利用三种。通过物理再生造粒方法处理的量占塑料包装废弃物综合利用量的90%，而通过化学处理再生利用和能量回收再生的塑料包装废弃物总量只占10%。可见，我国回收的塑料包装废弃物主要是通过再生造粒的方式予以再生利用，这种方式属于材料级的物料循环利用。因此，可根据上述比例关系，分别计算出塑料包装废弃物的资源化量。

通过资源化处理的塑料包装废弃物量依次为409.7万t、473.0万t、517.5万t、565.9万t和587.2万t，采用废塑料生产合成树脂加工损失率为10.3%。因此，按废塑料与再生树脂的换算关系和塑料包装废弃物在不同处理方式中的分配比例，可计算2006～2010年我国通过物理再生造粒方式处理的塑料包装废弃物量分别为368.7万t、425.7万t、465.8万t、509.3万t和528.5万t，通过化学处理再生利用和能量回收再生利用方式处理的塑料包装废弃物总量分别为41.0万t、47.3万t、51.8万t、56.6万t和58.7万t，如果通过物理再生造粒方式处理的塑料包装废弃物全部用于生产合成树脂，那么所得合成树脂量依次为 330. 8 万 t、381. 9 万 t、417. 8 万 t、456. 9 万 t 和 474. 0 万 t。

(9) 净存量测算

包装材料中常用的四大热塑性制品分别是 PE、PS、PP、PVC，其所占比例依次为 65%、10%、9%、6%，其他 10%（金声琅和曹利江，2008）。可见，PE、PS、PP、PVC 四大类制品占到整个塑料包装材料用量的 90%。基于此，主要考察这四大类塑料制品的进出口情况。此外，2010 年和 2012 年包装材料消耗合成树脂量占国内合成树脂总量的比例分别为 34% 和 32%，考虑到“十一五”期间其他年份中包装工业对合成树脂的消耗量，取上述四大热塑性制品历年合成树脂总量的 30% 为包装材料总用量，据此可得历年塑料包装制品进口量及出口量。根据进出口量、再利用量、生产量、塑料包装废弃物资源量及净存量的相互关系，计算得 2006 ~ 2010 年塑料包装物的净存量依次为 111. 5 万 t、164. 9 万 t、211. 5 万 t、483. 6 万 t 和 728. 7 万 t。

3. 4. 2　典型包装废弃物的物质代谢分析

3. 4. 2. 1　物质代谢分析的相关说明

以改进的物质流分析基本框架为基础，对典型包装废弃物的物质代谢进行分析。改进的物质流分析框架在表征废弃物后续流量和流向方面具有更强的实用性，但是鉴于当前我国对废弃物特定流向的流量缺乏详细统计，所以结合改进的物质流分析框架，只选取可获得对应数据的指标来表征我国包装废弃物的物质代谢状况。纸包装、塑料包装废弃物报废后再生利用的方式有很多，经过特定的方法或工艺可获得多种再生产品，不可能对每种再生产品的量进行研究。所以，再生产品输出端的产品种类只以再生纸和再生树脂为准，其产量分别根据 1t 废纸可生产 0. 8t 再生纸以及废塑料生产合成树脂加工损失率为 10. 3% 换算而得。纸包装、塑料包装材料历年的生产量、进口量、出口量和消费量的数据来源于文献（赵伟，2008、2009、2010、2011、2012；中国造纸学会编，2012；蒋震宇和张春林，2011），其他数据由 3. 4. 1 节测算所得。

3.4.2.2 纸包装废弃物的物质代谢分析

以改进的物质流分析框架为基础，利用纸包装废弃物各个流向的测算数据，绘制出我国纸包装废弃物在2006~2010年的物质代谢分析图，如图3-8~图3-12所示。

用于评价包装废弃物的物质代谢水平的绝大多数指标已列于上述纸包装废弃物的物质代谢分析框架中，只有包装废弃物平衡指标和包装废弃物强度指标还未予以明确显示。因此，需对2006年物质代谢分析中尚未显示的指标予以计算。由图3-8可知，2006年主要纸包装材料进口量258万t，主要纸包装材料出口量63万t。所以，主要纸包装材料贸易平衡量为195万t；纸包装废弃物回收制浆量1695.6万t，再生利用量2779.3万t，再利用量1083.6万t，包装废弃物产生量3898万t，包装工业生产总值为6000亿元，则回收率至少为43.5%，循环利用率为71.3%，再利用率为27.8%，纸包装废弃物产生强度为6497t/亿元。

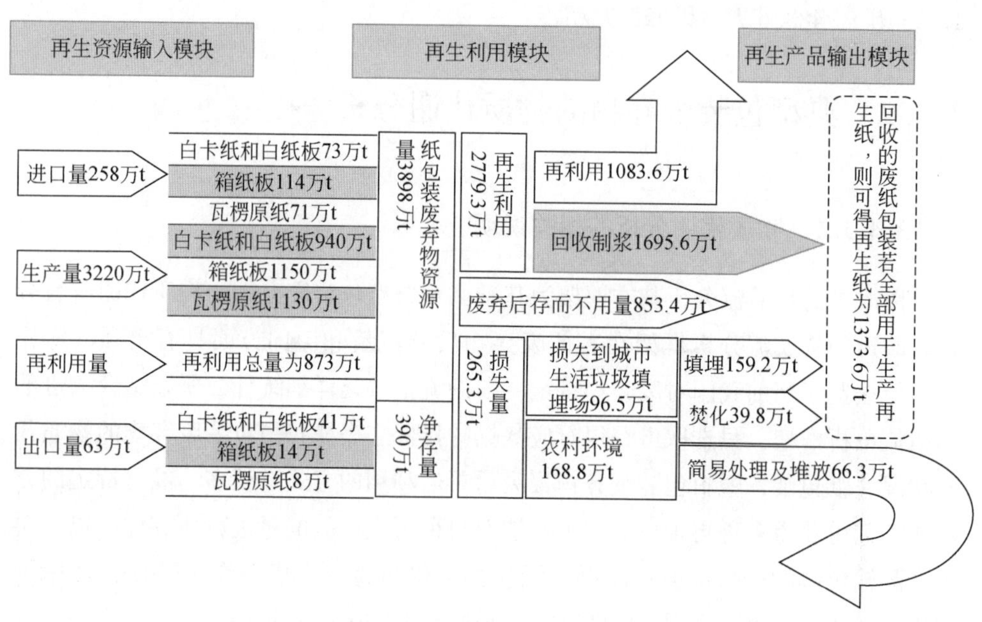

图3-8 2006年我国纸包装废弃物的物质代谢

由图3-9可知，2007年主要纸包装材料进口量226万t，主要纸包装材料出口量122万t，主要纸包装材料贸易平衡量为104万t。纸包装废弃物回收制浆量1932.2万t，再生利用量3204.4万t，再利用量1272.2万t，包装废弃物产生量

4342 万 t，包装工业生产总值为 6262.03 亿元，则回收率为 44.5%，循环利用率为 73.8%，再利用率为 29.3%，纸包装废弃物产生强度为 6934t/亿元，该数值与 2006 年数值相比偏大，主要原因是 2007 年我国包装工业总产值增速小于当年纸包装废弃物增速。

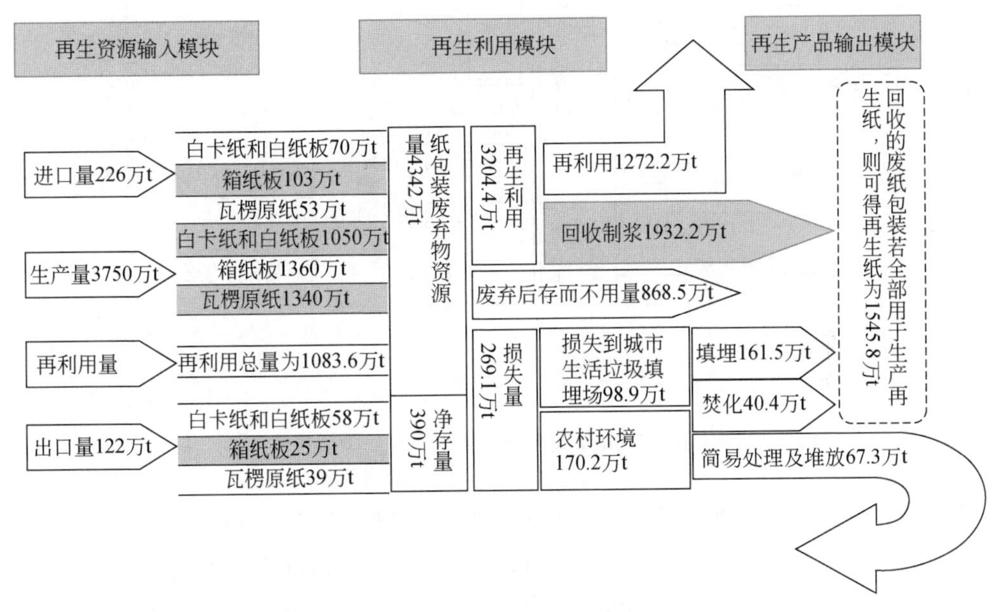

图 3-9 2007 年我国纸包装废弃物的物质代谢

由图 3-10 可知，2008 年主要纸包装材料进口量 197 万 t，主要纸包装材料出口量 79 万 t，主要纸包装材料贸易平衡量为 118 万 t。纸包装废弃物回收制浆量为 2123 万 t，再生利用量 3560.2 万 t，再利用量 1437.1 万 t，包装废弃物产生量 4666 万 t，包装工业生产总值为 8600 亿元，则回收率为 45.5%，循环利用率为 76.3%，再利用率为 30.8%，纸包装废弃物产生强度为 5426t/亿元，该数值与 2007 年数值相比出现大幅下降，也小于 2006 年同类数值。主要原因是 2008 年我国包装工业总产值比 2007 年有较大幅度增长，增长率达 37.3%，远大于同期包装废弃物增长幅度，说明我国从 2008 年开始，纸包装废弃物产生强度开始大幅下降。

由图 3-11 可知，2009 年主要纸包装材料进口量 203 万 t，主要纸包装材料出口量 69 万 t，主要纸包装材料贸易平衡量为 134 万 t。纸包装废弃物回收制浆量为 2344.1 万 t，再生利用量 3972.3 万 t，再利用量 1628.2 万 t，包装废弃物产生

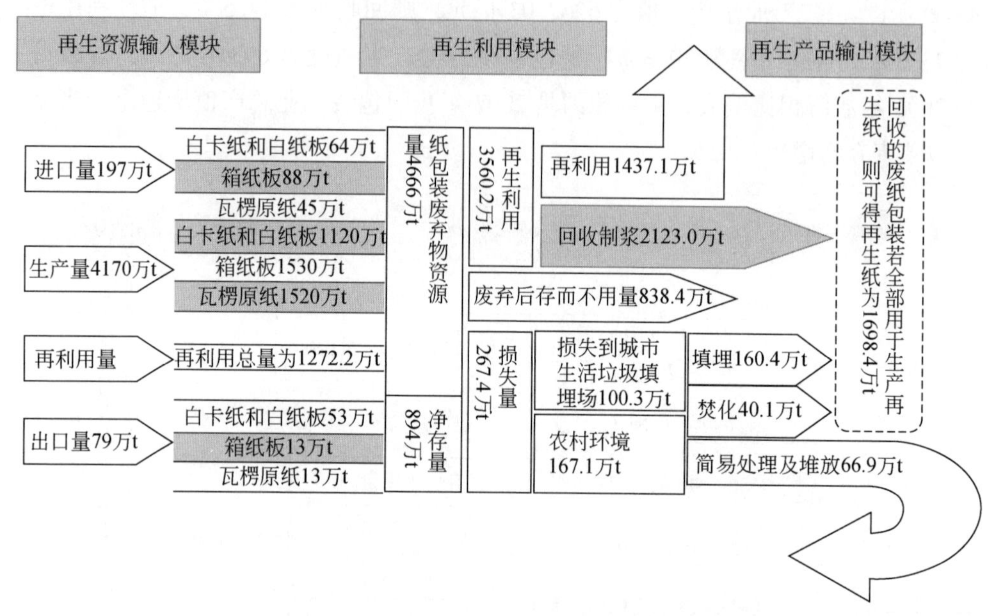

图 3-10　2008 年我国纸包装废弃物的物质代谢

量 5041 万 t，包装工业生产总值为 10 000 亿元，则回收率为 46.5%，循环利用率为 78.8%，再利用率为 32.3%，纸包装废弃物产生强度为 5041t/亿元，该数值与 2007、2008 年数值相比均偏小。说明我国从 2008 年开始，纸包装废弃物产生强度连续两年保持下降态势。

由图 3-12 可知，2010 年，主要纸包装材料进口量 181 万 t，主要纸包装材料出口量 92 万 t，主要纸包装材料贸易平衡量为 89 万 t。纸包装废弃物回收制浆量为 2551.7 万 t，再生利用量 4367.4 万 t，再利用量 1815.7 万 t，包装废弃物产生量 5372 万 t，包装工业生产总值为 12 000 亿元，则回收率为 47.5%，循环利用率为 81.3%，再利用率为 33.8%，纸包装废弃物产生强度为 4477t/亿元，该数值与 2007、2008、2009 年数值相比均偏小。说明我国从 2008 年开始，纸包装废弃物产生强度连续三年保持下降态势。

在上述分析的基础上，分别对纸包装废弃物回收制浆量、再生利用量、包装废弃物产生量、回收率、循环利用率、再利用率和纸包装废弃物产生强度几个代谢指标进行分析。

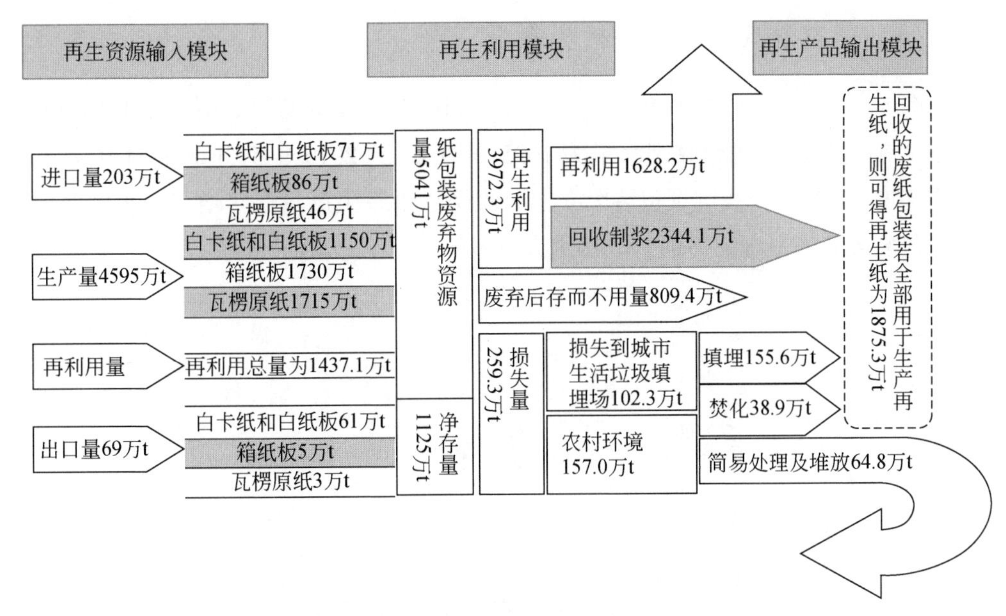

图 3-11　2009 年我国纸包装废弃物的物质代谢

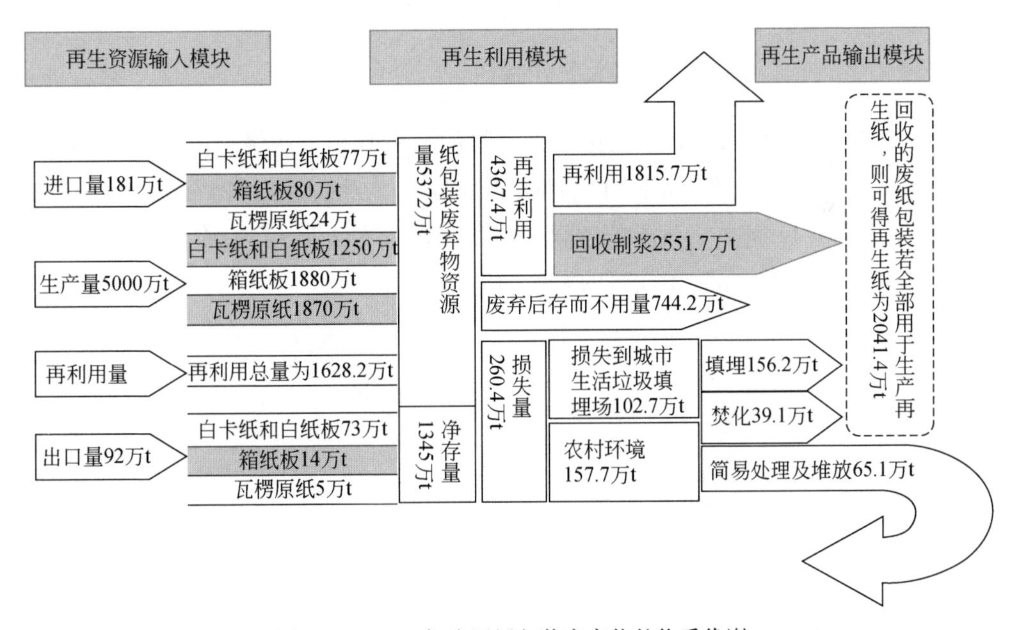

图 3-12　2010 年我国纸包装废弃物的物质代谢

(1) 纸包装废弃物回收制浆量

图3-13为2006~2010年纸包装废弃物回收制浆量的情况。由图3-13可知，2006年纸包装废弃物回收制浆量为1695.6万t，到2010年上升至2551.7万t，年均递增10.77%，我国纸包装废弃物回收用于纸浆生产量逐年增多。表明我国在纸包装废弃物资源化方面，取得重大进步。

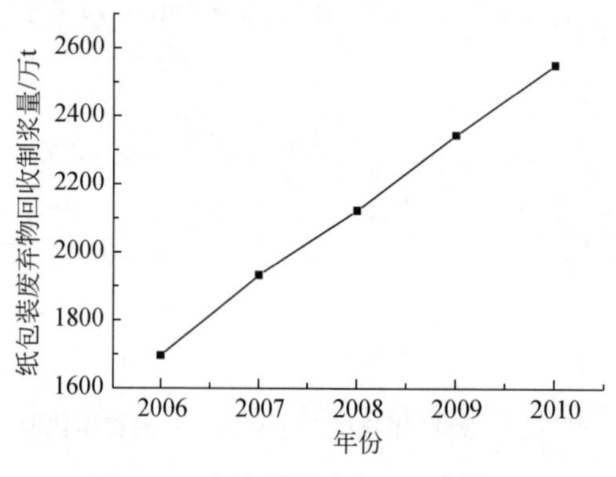

图3-13 纸包装废弃物回收制浆量

(2) 纸包装废弃物的再生利用量

图3-14为2006~2010年纸包装废弃物的再生利用量的情况。由图3-14可知，2006年我国纸包装废弃物再生利用量为2779.3万t，到2010年增至4367.4万t，年均递增11.98%，增长幅度较大。表明我国纸包装废弃物的再利用量和资源化量在逐年递增，呈现出较好的发展趋势。

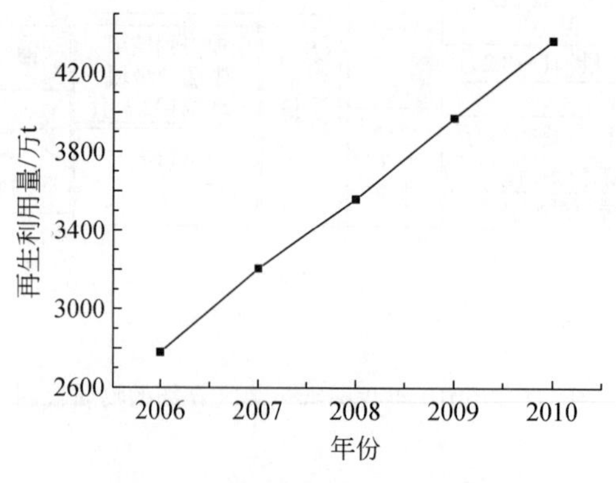

图3-14 纸包装废弃物再生利用量

(3) 包装废弃物的产生量

图3-15为2006~2010年纸包装废弃物的产生量情况。由图3-15可知，2006年我国纸包装废弃物的产生量为3898万t，增加到2010年的5372万t，年均递增8.36%，包装废弃物的产生量较大。主要原因是我国纸包装产品量在逐年增加。

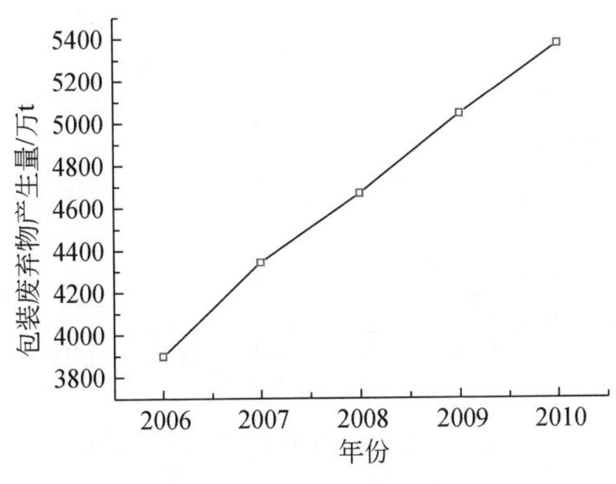

图3-15 纸包装废弃物产生量

(4) 纸包装废弃物的回收率

图3-16为纸包装废弃物的回收率。由图3-16可知，2006年我国纸包装废弃物的回收率为43.5%，到2010年增至47.5%，年均增幅较小2.22%。表明我国纸包装废弃物的回收还有较大的空间。

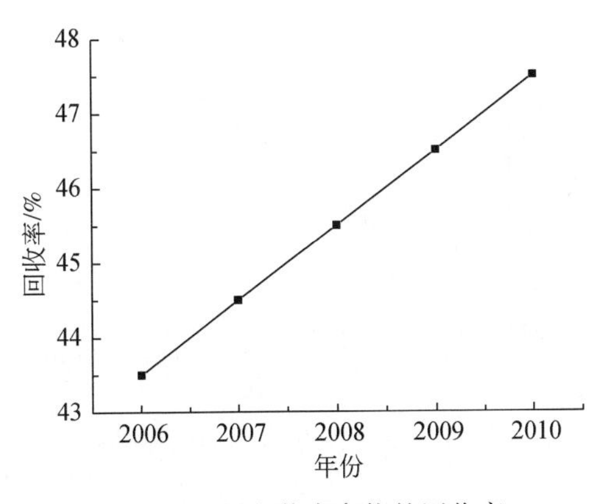

图3-16 纸包装废弃物的回收率

(5) 纸包装废弃物的循环利用率

图3-17为纸包装废弃物的循环利用率。由图3-17可知，2006年纸包装废弃物的循环利用率为71.3%，到2010年增至81.3%，年均递增3.34%。虽然增幅较小，但纸包装废弃物的循环利用率已达到较高水平。

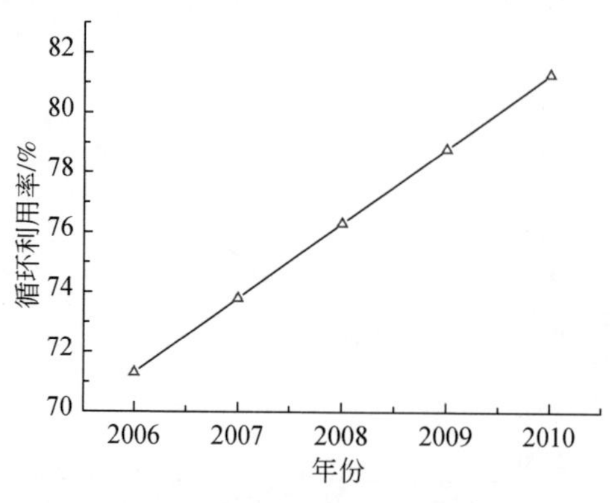

图3-17　纸包装废弃物的循环利用率

(6) 纸包装废弃物的再利用率

图3-18为纸包装废弃物的循环利用率。由图3-18可知，2006年纸包装废弃物的再利用率为27.8%，到2010年上升至33.8%，年均递增5.01%。纸包装废弃物的再利用率有待进一步提高。

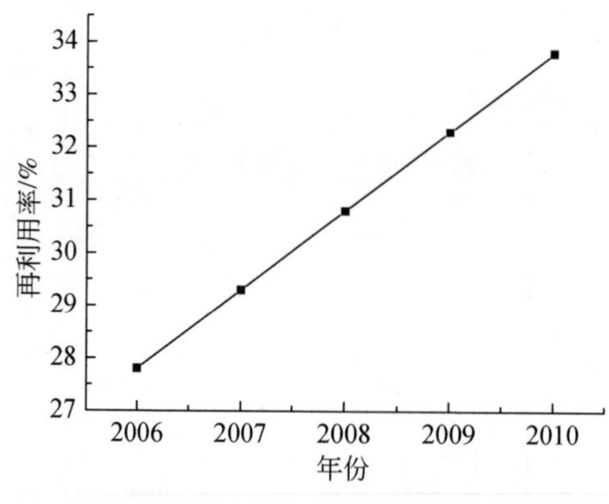

图3-18　纸包装废弃物的再利用率

(7) 纸包装废弃物的产生强度

图3-19为纸包装废弃物的产生强度。由图3-19可知，2006年纸包装废弃物的产生强度为6497t/亿元，2007年上升至6934t/亿元，随后逐年下降至2010年的4477t/亿元，年均下降8.33%，下降幅度较大。表明我国纸包装工业单位工业生产总值的纸包装废弃物的产生量在逐年下降，纸包装工业的资源效率在提高。

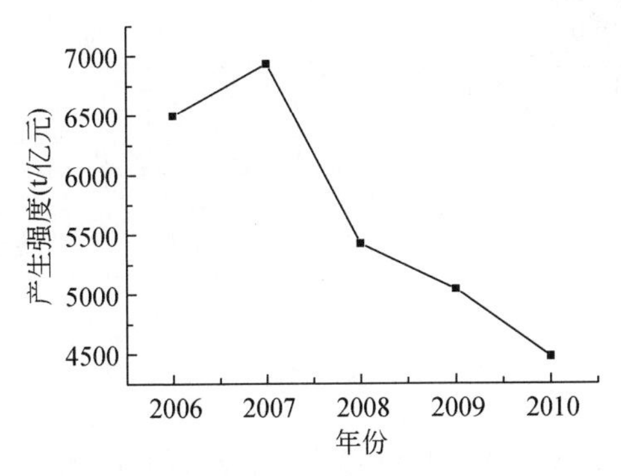

图3-19 纸包装废弃物的产生强度

3.4.2.3 塑料包装废弃物的物质代谢分析

2006~2010年塑料包装废弃物的物质代谢分析，如图3-20~图3-24。

由图3-20~图3-24可得如下结论：

1）我国塑料包装的进口量始终远大于出口量，所以我国在2006~2010年塑料包装的主要消费市场在国内。

2）塑料包装材料国内主要产品产量由2006年的885.34万t增长至2010年的1324.9万t，年均增速为16.02%，增长速度较大。

3）塑料包装材料主要产品中软包装膜历年产量稳居第一，编制制品及包装容器分别保持第二、第三位，2006~2010年这三者的重量占塑料包装材料主要产品产量的比重依次为90.4%、90.9%、91.0%、90.6%和91.6%，平均比重为90.9%。

4）2006~2010年塑料包装废弃物的回收率依次为39.3%、42.6%、44.6%、46.9%、48.3%，呈现明显的上升趋势。可见，没有回收的塑料包装废弃物的量占当年包装制品消费量的比重正逐渐减少。

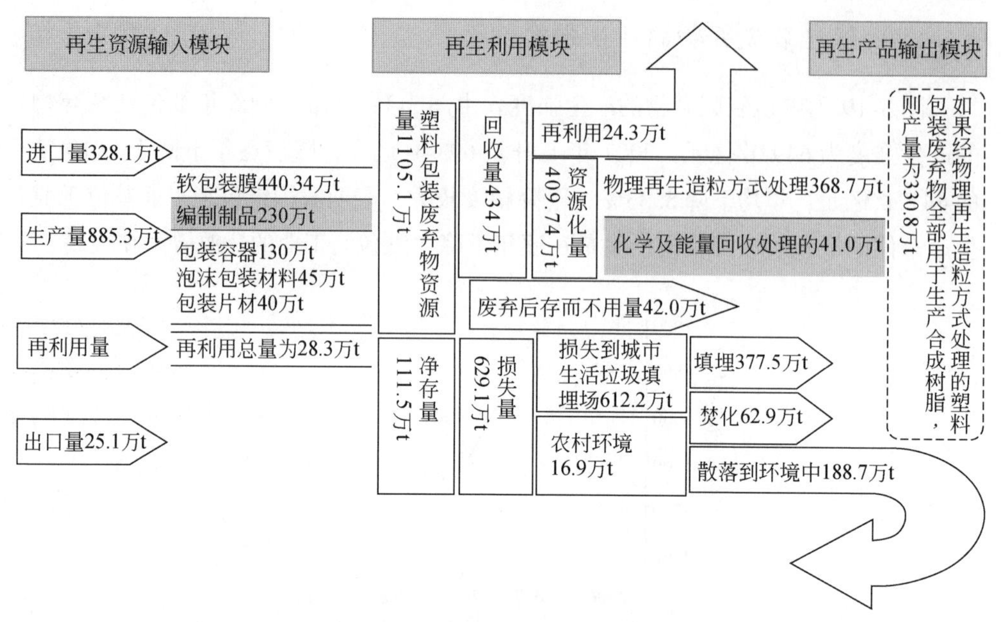

图 3-20　2006 年我国塑料包装废弃物的物质代谢

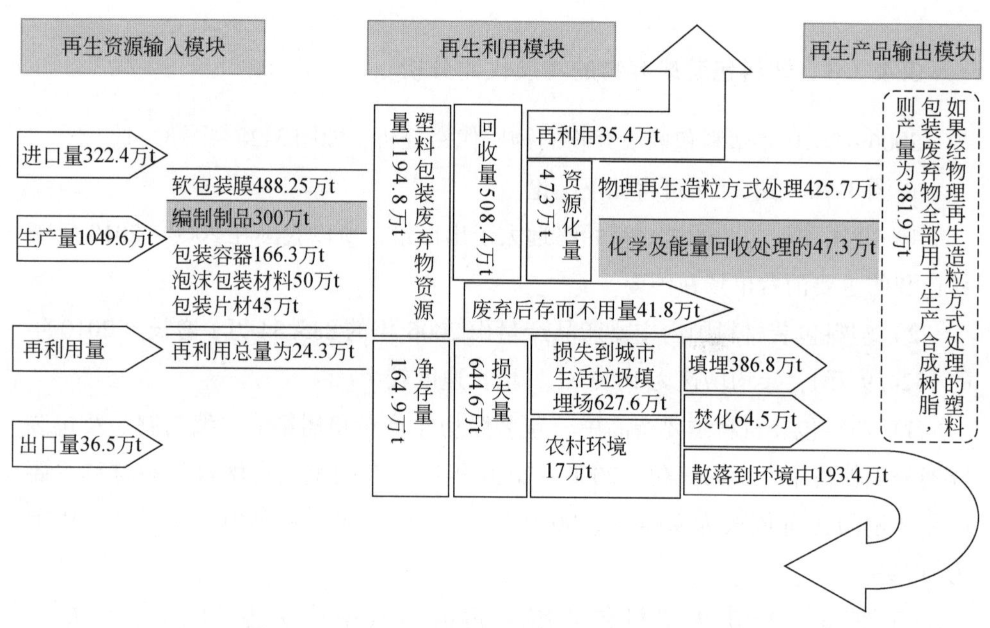

图 3-21　2007 年我国塑料包装废弃物的物质代谢

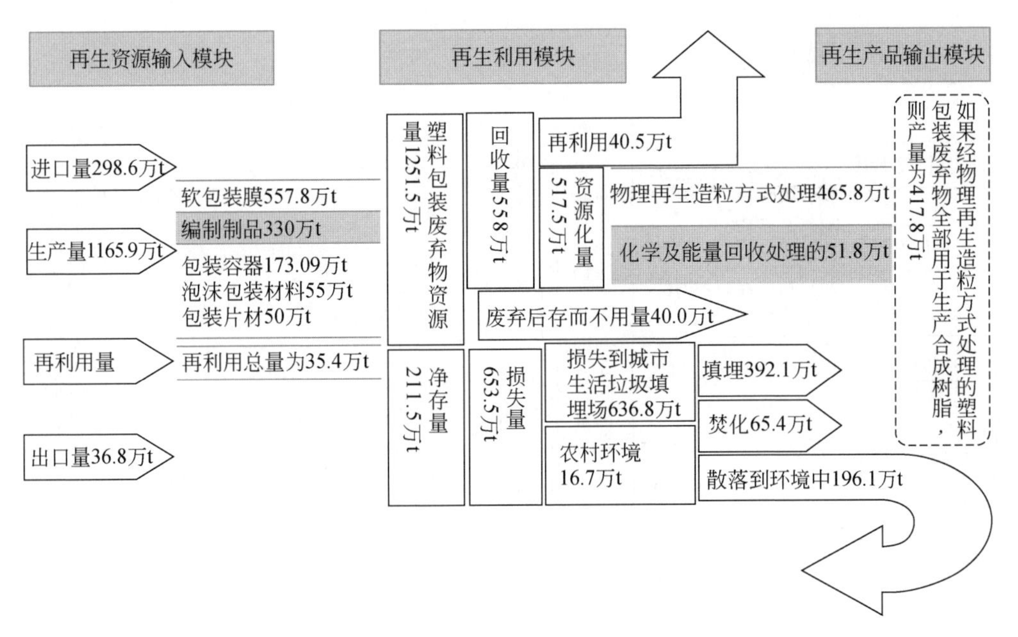

图 3-22　2008 年我国塑料包装废弃物的物质代谢

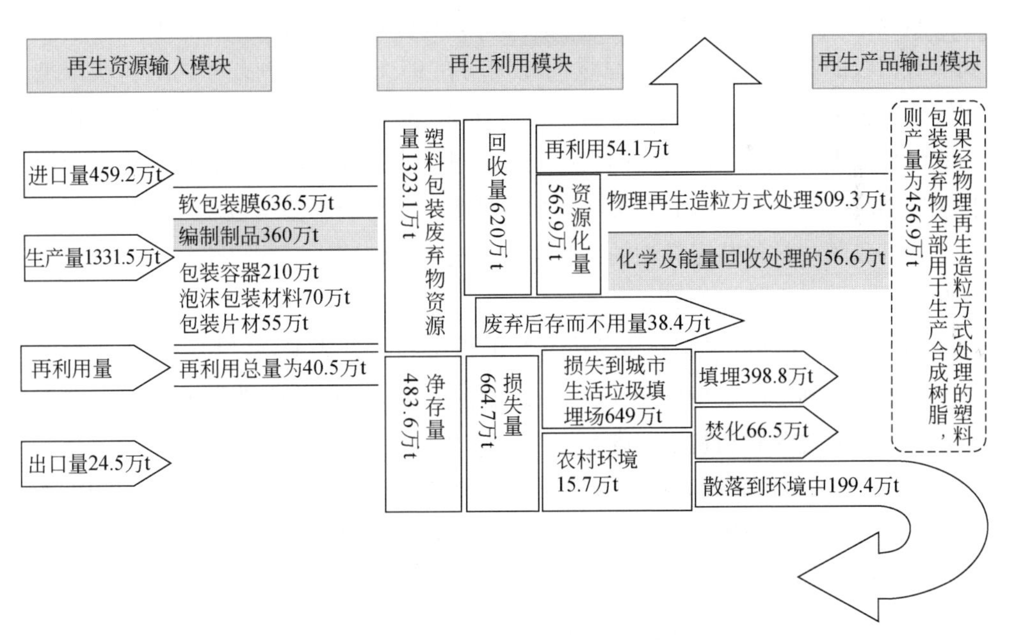

图 3-23　2009 年我国塑料包装废弃物的物质代谢

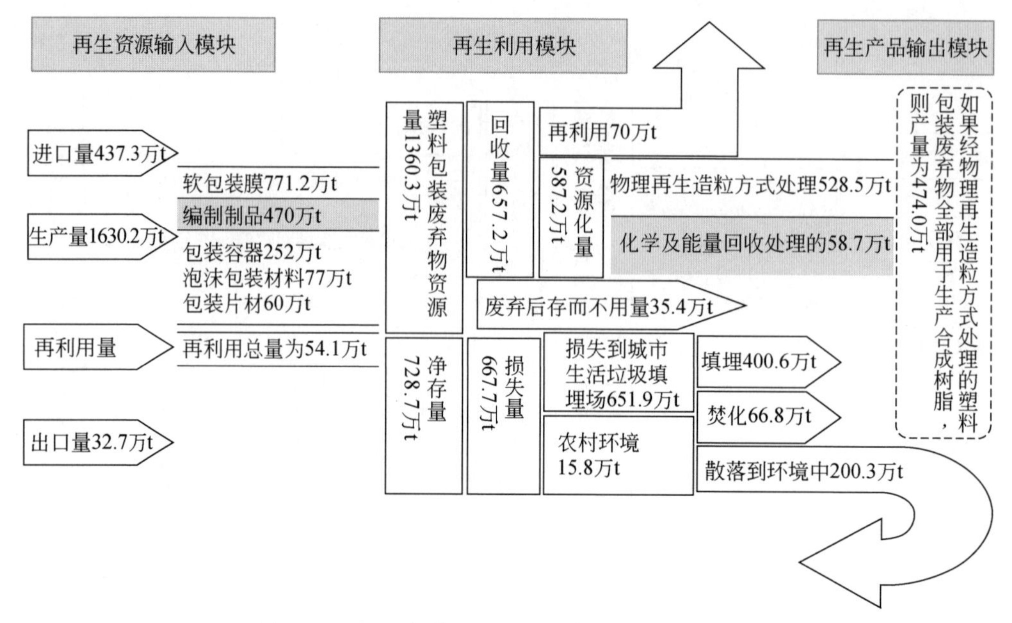

图 3-24　2010 年我国塑料包装废弃物的物质代谢

5）城市生活垃圾填埋场是我国塑料包装废物的主要流向场所，其损失量占到没有回收的塑料包装废弃物总量的比例均在 97% 以上。一方面说明，城市是我国塑料包装制品的主要消费市场；另一方面，也说明城市中塑料包装废弃物的回收潜力巨大。特别是随着我国城市化率的进一步提高，城市必将成为更大的塑料包装制品消费区域。因此，关注和加强城市生活垃圾中塑料包装废弃物的回收对于提升我国塑料包装废弃物的回收率、促进塑料包装废弃物再生利用、节约资源和保护环境具有重大意义。

6）我国对于回收的塑料包装废弃物的再生利用方式主要以物理再生造粒为主，处理量占到总回收量的 90%。加强化学处理和能量回收处理方面的先进技术、工艺研究是今后塑料包装废弃物再生利用的重要努力方向。

7）我国塑料包装废弃物的再生利用主要以资源化方式为主，2006 ~ 2010 年塑料包装废弃物的资源化率依次为 37.1%、39.6%、41.4%、42.8% 和 43.2%，增长幅度较小。

8）2006 ~ 2010 年塑料包装废弃物产生强度依次为 1842t/亿元、1908t/亿元、1455t/亿元、1323t/亿元和 1134t/亿元，年均下降 10.88%，下降幅度较大。可见，我国塑料包装废弃物产生强度逐渐降低，符合我国当前大力推行清洁生产、循环经济等理念及立法的现实。

3.4.3 物质代谢的成本收益组成分析

包装工业的高速发展促使包装废弃物大量产生，对包装废弃物进行回收、再利用、资源化等工作已成为保证包装工业可持续发展的根本举措（Hicks et al.，2005）。企业是实施包装废弃物再生利用的主体，企业是否愿意对包装废弃物进行再生利用的决定因素是废弃物再生的投入成本要小于再生产品所创造的经济效益（刘凌轩等，2009；楼波和蔡睿贤，2006；袁兴中等，1998）。基于此，开展包装废弃物再生利用的成本收益分析，可以有效指出影响包装废弃物再生利用企业从事废弃物资源化工作中的成本因素和获利来源，为进一步优化该类企业运营模式、降低运营成本、提高盈利水平、促进包装废弃物资源化企业，乃至所有从事再生资源类工作的企业可持续发展提供理论指导（王仁祺和戴铁军，2013；吴淑芳，2010；朱权和廖秋敏，2008）。

3.4.3.1 成本组成分析

包装废弃物回收利用的成本，主要有七个部分组成。

（1）回收支付成本

包装废弃物在我们日常生活中无处不在，食品袋、饮料瓶、饮料罐等都是其典型物质，消费者使用完后往往直接丢弃于垃圾箱或者与生活垃圾一起倾倒至废弃物堆积地，有些甚至被随意丢弃至公共环境中。无论是在垃圾箱、废弃物堆积地还是公共环境，这些场所都决定了包装废弃物的回收具有无偿性，即回收人员不需要支付消费者任何报酬即可随意免费筛捡，这种回收现象多集中在城市街道垃圾箱、公共服务场所和垃圾处理厂等（王琼，2007）。我国从事废弃物回收的人员中有相当数量是属于无回收支付成本的。

包装类废弃物虽然已失去原有包装、运输和保护商品等功能，但是其回收并不意味着都是免费的，特别是类似于纸箱、酒瓶、金属罐等包装产品的回收在某些场所或区域需要回收人员向消费者或者这些废弃产品的拥有者支付一定的货币才可以购买，这类性质的回收多发生在小型零售商店、各类超市及绝大多数农村地区和部分城镇区域等，这种情况下回收包装类废弃物往往需要支付成本。支付成本的高低受到多重因素的影响，产品的原料种类（塑料、金属、纸、玻璃）、单价和数量（或质量）是最重要的三个因素。回收支付成本为

$$X_{\mathrm{RPC}} = \sum (Q_{1i} \cdot P_{1i}) \tag{3-3}$$

式中，X_{RPC}为包装废弃物的回收支付成本；Q_{1i}为需要支付费用才可以回收的包装废弃物 i 的数量；P_{1i}为回收单位包装废弃物 i 需支付的费用。

（2）回收运输成本

我国地域辽阔，消费者遍布全国56个民族，这也决定了包装废弃物的产生具有广泛、随机的特性，这种性质为集中回收包装废弃物增加了难度。所以，依靠企业去收集这些废弃物显然回收成本大且效率低下。因此，拾荒工作者成为连接企业和消费者的重要枢纽，构成了我国废弃物回收的中坚力量。我国的拾荒者大体可分为两类：一类是专业拾荒者，他们完全以回收废弃物获利为主要生活来源。这类拾荒者具有废弃物堆积的临时场所，具备对废弃物进行简单分类、打包的基本能力和素养，拥有从事废弃物运输的基本交通工具，具有固定的收集和加工处理废弃物的意向单位；另一类是业余拾荒者，这类拾荒人员多半是在日常生活之余捡取废弃物，从事废弃物的回收并不是他们的主业。由于属于非专业拾荒工作者，他们不具备大面积堆积废弃物的基本场所，捡取的废弃物种类和数量也有很大的局限性，他们不具有专业从事废弃物运输的基本交通工具，通常情况下，将收集的废弃物会转售给专业拾荒者，由专业拾荒者统一运输管理（陈绪芳，2007）。所以，他们通常不与废弃物收集和加工单位发生直接联系。可见，我国包装废弃物的回收运输成本主要是通过专业拾荒者在收购环节和运输至加工处理企业的过程中产生的。影响回收运输成本的主要因素有运输距离、运输的产品种类数。回收运输成本为

$$X_{\mathrm{RTC}} = \sum (Q_{2i} \cdot P_{2i}) \tag{3-4}$$

式中，X_{RTC}为包装废弃物的回收运输成本；Q_{2i}为回收的包装废弃物 i 的数量；P_{2i}为运输单位包装废弃物 i 所花费的运输成本。

（3）检测分类成本

检测分类成本是包装废弃物回收总成本中重要的一项，具体可以分为检测成本和分类成本。所谓检测成本就是对回收的包装废弃物进行质量、性能的检测或

测试发生的费用。检测的目的在于检测出危险品、性能不合格的产品或者检测原料材质不相同的产品，为后续进一步分类和加工利用奠定基础。包装产品广泛应用于日常生活中的方方面面，包括农药、医药、饮食、餐饮等领域，很多农药和医药类产品的外包装使用完后成为包装废弃物被丢弃，经回收人员收集后往往会与其他包装产品混合，如果不对其进行严格检测会产生一定的安全隐患。通过检测可以发现性能已经难以满足再生利用条件的不合格产品，以便提前与其他产品分离或考虑通过其他途径利用。因此，对包装废弃物进行检测意义重大。

分类成本主要是为促进后续拆解、分离等工作的顺利开展，对回收的包装废弃物依据一定的标准进行分类所产生的成本。分类是继检测之后的另一重要工作，是后续处理的重要保障。分类的标准往往是根据产品原料的种类、废弃物质量等级等因素开展的。由于在运输环节之前，拾荒者已经对废弃物进行了简单分类。所以，此时的分类工作相对容易些，分类依据更侧重于产品的性能质量。

检测和分类工作中，其简单的操作可以通过工作人员完成，但是较复杂和精确的工作必须依靠检测、分类仪器才可以顺利完成，购买这类仪器就会产生仪器成本费用，具体包括检测成本和分类成本。检测分类成本为

$$X_{\mathrm{DCC}} = \sum (P_{3i} \cdot Q_{3i} + P_{4i} \cdot Q_{4i}) \tag{3-5}$$

式中，X_{DCC}为包装废弃物的检测分类成本；P_{3i}为对单位包装废弃物 i 进行检测的成本；Q_{3i}为进行检测的包装废弃物 i 的数量；P_{4i}为对单位包装废弃物 i 进行分类的成本；Q_{4i}为进行分类的包装废弃物 i 的数量。

(4) 拆卸分离成本

拆卸分离成本是对包装废弃物按照拆卸目的和要求对其进行局部或整体的拆卸和分离所产生的成本费用。拆卸分离的目的按照具体情况可分为两类：

第一类是对回收的包装废弃物进行原料分离，将具有特定性能的材质分开。通常包装容器并不是只有一种原材料组成，以废铝包装容器为例，其通常或多或少含有废纸、废塑料膜和少量尘土，此时就需要通过一定的物理或化学方法使其有效分离，较常见的分离方法有风选法、浮选法、磁选法、焙烧法等。通过这些分离方法可以获得特定的材质，使其分别资源化再利用。

第二类是通过拆卸分离的操作获得特定零部件，这种情况只是将获得的特定零部件进行再生利用或转售，其他材质则予以适当处理处置。由于受到企业再生利用的技术、资金等因素的影响，他们往往会只关注通过再生利用或者转售等途

径能够产生高额经济效益的主要材料和零部件。所以，通过拆解分离，获得关键零部件是他们的最终目的。

拆卸分离成本的高低受到多因素的影响，主要会受到拆卸分离目的影响，目的不同，拆卸分离采用的方法不同，成本也不同。由上可见，第一类的分离要求要高于第二类，其分离效果更彻底，所以第一种情况产生的成本更高。在同等目的下，采用的分离方法不同，成本也不同。拆卸分离成本主要包括人工费用、机械配置和维修费用、能耗费用等。拆卸分离成本为

$$X_{RSC} = \sum (P_{5i} \cdot Q_{5i}) \tag{3-6}$$

式中，X_{RSC}为对包装废弃物进行拆卸分离产生的总成本；P_{5i}为对单位包装废弃物i进行拆卸分离所需的平均成本；Q_{5i}为需要进行拆卸分离的包装废弃物i的数量。

(5) 再利用处理成本

企业运营的核心是获得经济效益最大化。所以，通过低成本处理，使废弃材料转化为与新包装产品功能相当的材料是最佳选择。通过对具有再利用价值的废弃材料进行清洗、消毒或对受损零部件及配件予以修复或替换改善其使用特性是降低成本的一类重要方法。部分包装废弃物经过检测、分离后发现其整体性能良好，基本可以通过简单处理满足原有使用效果。所谓的简单处理即对包装废弃物(如废弃塑料容器等) 进行清洗、消毒、烘干等处理程序后再次予以使用，或者对有缺陷的零部件和配件通过替换和修复使其尺寸、色彩、形状和性能恢复至新部件水平或接近于新部件水平，将经过处理的包装材料直接再利用，而不必转化为原料重新生产加工，在简单处理的过程中就会产生再利用修复成本。有些操作直接可以通过工作人员完成，比如简单清洗、替换，而有些操作需要机器辅助才可以完成。所以，再利用修复成本主要涉及人工作业成本、机械成本、能耗成本及零部件或配件的生产、购置成本。再利用修复成本为

$$X_{RRC} = \sum (P_{6i} \cdot Q_{6i}) \tag{3-7}$$

式中，X_{RRC}为对包装废弃物进行再利用修复所产生的总成本；P_{6i}为对单位包装废弃物i进行再利用修复需要的成本；Q_{6i}为进行再利用修复的包装废弃物i的总量。

(6) 资源化生产成本

包装废弃物中通过修复或替换受损部件或配件而被再利用的只是其中的一部

分，还有一部分废弃材料已失去再利用价值。但是，仍可以通过一定的技术手段用于生产相应新产品的基本原料，使原有废料重新投入生产制造的过程中，此时产生的成本即为资源化生产成本。这类工艺的显著优点在于可以大幅度减少原生矿产资源的开采及投入，避免对环境的大面积干扰，缩短生产周期，节约资源和能源、促进资源的循环利用。资源化生产成本主要分为前期处理成本和后期生产加工成本两大类。资源化生产成本为

$$X_{\mathrm{RCP}} = \sum (P_{7i} \cdot Q_{7i}) \tag{3-8}$$

式中，X_{RCP}为对包装废弃物进行资源化生产所需的总成本；P_{7i}为对每单位重量的包装废弃物i进行资源化生产时所需的成本；Q_{7i}为可进行资源化生产的包装废弃物i的总量。

(7) 环境保护成本

加强环境保护已经成为我国日益重视的发展问题，党的十八大报告中也进一步提出注重生态文明、建设美丽中国，实现中华民族永续发展的宏伟目标，再生资源加工型企业正面临着前所未有的发展机遇，同时也肩负着资源循环利用、保护环境的重要职责。这类企业与原生矿产加工型企业区别主要是前者以废弃材料为处理和加工的对象，废弃物数量极其庞大。该特征也决定了以下两种情况都会导致再生资源加工型企业面临更高的环境保护成本：一方面，如果该类企业再生利用技术薄弱或只注重经济效益显著的局部零部件的再生利用；另一方面，即使该类企业拥有先进的再生利用技术，有些废弃物也已经彻底失去循环利用的价值，没有对其再生利用的必要。这两种情况都会使再生资源加工型企业比原生矿产加工型企业面临更大数量的废弃物。因此，也意味着需要更高的环境保护成本，主要包括焚烧处置费、填埋处置费、处理不当引致的污染处罚费等。环境保护成本为

$$X_{\mathrm{EPC}} = \sum (P_{8i} \cdot W_{8i} + P_{9i} \cdot W_{9i} + \mathrm{EPF}_a) \tag{3-9}$$

式中，X_{EPC}为处理处置包装废弃物产生的环境保护总成本；P_{8i}为焚烧单位质量包装废弃物i产生的费用；W_{8i}为进行焚烧的包装废弃物i的质量；P_{9i}为填埋单位质量包装废弃物i产生的费用；W_{9i}为进行填埋的包装废弃物i的质量；EPF_a为因包装废弃物处理不当引致的污染处罚费。

3.4.3.2 收益组成分析

包装废弃物再生利用的收益在很大程度上取决于其所投入的成本。在回收支付成本、运输成本、检测分类成本、拆卸分离成本、再利用修复成本、资源化生产成本和环境保护成本中，前四种成本是后续再生加工的基础。但是，对企业来讲并不会产生直接的经济效益。相对来讲，后三种成本虽需投入，但也是企业获利、社会受益的真正来源。

(1) 再利用收益

通过对包装废弃物（如废弃的塑料包装容器等）进行清洗、消毒、烘干等简易处理或者对经过检测、分类等步骤处理的包装废弃物进行受损零部件、配件的替换和修复使其性能和外观达到或接近新产品而产生的收益。再利用修复或替换产生的收益主要包括两个方面：

1）由于只需以较低的成本对包装废弃物的受损部位进行修复和替换，原料的其他部件并没有花费生产成本。所以，相对于重新加工生产全新的物品，再利用性修复或替换成本很低，减少了原生资源的开采、购买、运输和加工费用。

2）通过修复和替换受损部件得到产品的生产周期要远短于生产全新产品所需时间，在相同条件下，能够生产出更多数量的产品。因此，可获得更高的经济效益。再利用修复收益为

$$X_{\mathrm{RUB}} = \sum (P_{10i} \cdot Q_{10i} + P_{11i} \cdot Q_{11i} + P_{12i} \cdot Q_{12i}) \tag{3-10}$$

式中，X_{RUB}为对包装废弃物进行再利用修复产生的总收益；P_{10i}为将修复的包装物 i 进行再次出售产生的收入；Q_{10i}为通过修复而得以再利用的包装物 i 的总量；P_{11i}为将可再利用的包装废弃物部件 i 进行出售产生的收入；Q_{11i}为可再利用的包装废弃物部件 i 的总量；P_{12i}为将可再利用的包装废弃物零部件 i 作为中间产品投入生产时节约的原料费用；Q_{12i}为可再利用的包装废弃物零部件 i 作为中间产品投入生产的总量。

(2) 资源化生产收益

包装废弃物中不具备再利用价值的产品可以再次投入到资源化工艺中转变为生产原材料，这种循环属于废弃材料的二次循环利用。由于投入到生产工艺的是成品材料，故可以极大地减少原生材料的开采、购买、运输及加工费用，原料成

本费降低是这类企业获益的重要来源之一。此外，通过对包装废弃物进行处理，以其为原料生产新的产品，可以获得这些再生材料所产生的销售收入。在对废弃物资源化过程中，还有一类废弃物既不能再利用，也不能资源化，这时可根据材料的特性选择合适的资源化途径，通过焚烧产生热能并进一步用于发电是较常见的一种方法。该资源化途径将彻底失去再生利用价值的废弃物变废为宝，创造出可观的经济价值。与此同时，还可以降低填埋处理处置费用。资源化生产收益可表示为

$$X_{\mathrm{RCB}} = \sum \left(P_{13i} \cdot W_{13i} + P_{14i} \cdot W_{14i} + \frac{C_{15i} \cdot W_{15i} \cdot P_{15j}}{E_{15j}} \right) \tag{3-11}$$

式中，X_{RCB}为对包装废弃物进行资源化产生的总收益；P_{13i}为以再生材料 i 为原料进行产品生产时所节约的原料成本费；W_{13i}为用于产品生产的再生材料 i 的总量；P_{14i}为每单位再生材料 i 销售时产生的收入；W_{14i}为用于销售的再生材料 i 的总量；P_{15j}为每单位重量燃料 j 的市场售价；W_{15i}为通过焚烧产生热能的包装废弃物 i 的总重量；C_{15i}为焚烧单位重量的包装废弃物 i 产生的能量；E_{15j}为产生单位能量需焚烧的燃料 j 的重量。

（3）环境保护效益

环境保护效益可从两个角度分别阐述。一方面，通过对废弃物的规范管理，使所收集的废弃物分别得以再利用、资源化以及无害化处理处置，这种规范的废弃物管理行为可以降低先前因忽视废弃物管理而被有关部门处罚的费用，规避损失实际也是一种间接获益的表现。另一方面，对废弃物进行再生利用，激发了拾荒者的积极性，有效地减少了残存在日常生活环境中的废弃物数量，能够极大地节约资源和保护环境，使生活环境明显改善，社会公众都能间接从中受益。前者的收益可以通过节省处罚费用的数量来衡量，而后者的收益可以通过选定区域的社会公众改善环境所花费的总成本来间接衡量。环境保护效益可表示为

$$X_{\mathrm{EPB}} = \mathrm{EPF}_b + C_{\mathrm{EPC}} \cdot \sum \left(\sum Q_{6i} + \sum Q_{7i} + W_{15i} \right) \tag{3-12}$$

式中，X_{EPB}为对包装废弃物进行再生利用产生的环保总效益；EPF_b为节省的包装废弃物因违规堆积、排放而产生的处罚费；C_{EPC}为因再生利用而节省的单位重量包装废弃物处理处置所需的成本；Q_{6i}为进行再利用修复的包装废弃物 i 的总量；Q_{7i}为可进行资源化生产的包装废弃物 i 的总量；W_{15i}为通过焚烧产生热能的包装废弃物 i 的总重量。

3.4.3.3 包装废弃物的回收利用成本–收益分析式

综上所述，包装废弃物回收利用的成本–收益分析式，可表示为

$$\begin{aligned}
\mathrm{PRTB} &= (X_{\mathrm{RUB}} + X_{\mathrm{RCB}} + X_{\mathrm{EPB}}) - (X_{\mathrm{RPC}} + X_{\mathrm{RTC}} + X_{\mathrm{DCC}} + X_{\mathrm{RSC}} + X_{\mathrm{RRC}} + X_{\mathrm{RCP}} + X_{\mathrm{EPC}}) \\
&= \Big(\sum (P_{10i} \cdot Q_{10i} + P_{11i} \cdot Q_{11i} + P_{12i} \cdot Q_{12i}) + \sum (P_{13i} \cdot W_{13i} + P_{14i} \cdot W_{14i} \\
&\quad + \frac{C_{15i} \cdot W_{15i} \cdot P_{15j}}{E_{15j}}) + \mathrm{EPF}_b + C_{\mathrm{EPC}} \cdot \sum (\sum Q_{6i} + \sum Q_{7i} + W_{15i})\Big) \\
&\quad - \Big(\sum Q_{1i} \cdot P_{1i} + \sum Q_{2i} \cdot P_{2i} + \sum (P_{3i} \cdot Q_{3i} + P_{4i} \cdot Q_{4i}) + \sum P_{5i} \cdot Q_{5i} \\
&\quad + \sum P_{6i} \cdot Q_{6i} + \sum P_{7i} \cdot Q_{7i} + \sum (P_{8i} \cdot W_{8i} + P_{9i} \cdot W_{9i} + \mathrm{EPF}_a)\Big)
\end{aligned} \tag{3-13}$$

式中，X_{RUB}为对包装废弃物进行再利用修复产生的总收益；X_{RCB}为对包装废弃物进行资源化产生的总收益；X_{EPB}为对包装废弃物进行再生利用产生的环保总效益；X_{RPC}为包装废弃物的回收支付成本；X_{RTC}为包装废弃物的回收运输成本；X_{DCC}为包装废弃物的检测分类成本；X_{RSC}为对包装废弃物进行拆卸分离产生的总成本；X_{RRC}为对包装废弃物进行再利用修复所产生的总成本；X_{RCP}为对包装废弃物进行资源化生产所需的总成本；X_{EPC}为处理处置包装废弃物产生的环境保护总成本。

第4章　包装废弃物的回收与处理技术流程

4.1　包装废弃物工艺技术流程概述

包装废弃物回收就是将使用后的包装或包装材料，在即将或已进入废物箱或垃圾场时进行收集的一切活动。包装废弃物回收后，为了使之得到利用、变成有价值的再生材料或再生包装，必须在回收后或利用加工前进行处理。将这种处理称为包装的回收处理，或称回收包装废弃物的处理技术。

按包装废弃物回收处理技术分类，有物理加工利用、化学加工利用和能量加工利用；按资源再利用方式分类，有复用、再生利用和资源转型三种技术。目前，各种包装回收利用中，多采用复用和再利用，而对资源转型的方式，就用得较少。当然，不是所有的包装废弃物都能再利用或再生利用的，有些不能作为资源再利用的，可将其转换为能源加以利用。

通常，包装废弃物的回收处理工艺技术主要包括分选、清洗、分离、干燥、破碎和压实等技术，其工艺技术流程图，如图4-1所示（李仲谨，1998；World Bank，2000）。包装废弃物的回收处理技术，一般也称作前处理技术，技术效率高且经济的前处理及设备是包装废弃物回收利用的关键。下面具体介绍包装废弃物回收处理各工序的技术。

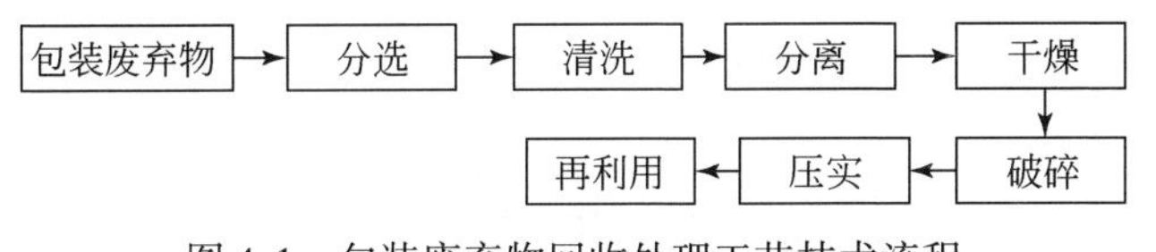

图4-1　包装废弃物回收处理工艺技术流程

4.2　分选技术

包装废弃物是“放错了地方的资源”，包装废弃物的价值很大程度上取决于它的混合或分类的程度。在混合存放倾倒的过程中，虽然居民节省了处置时间和存放空间，但是降低了垃圾的价值。与此相反，包装废弃物分类收集则易产生价值。它的混合程度与价值之间通常呈倒数关系，这是包装废弃物的一个重要特性。分选属于中间过程减量化，但它主要是为后续的末端减量化做好准备。它的混合程度越大，其价值就越小。因此，对包装废弃物进行减量化，分选是一个必不可少的步骤。

分选是指将回收来的包装废弃物按其品质、类别所进行的挑选。具体的分选方式按其复用要求进行。分选的目的是将各种有用资源采用人工或机械的办法分门别类地分离开来，回用于不同的生产中。分选的方法很多，其中手工捡选法是各国最早采用的方法，适用于包装废弃物产源地、收集站、处理中心、转运站或处置场。到目前为止，不管是在发达国家，还是在发展中国家，人工分拣法都没有取消，但大多集中在转运站或处理中心的废物传送带两边进行人工分选。人工分选废物的种类与数量取决于收购市场的条件。

4.2.1 分选类别

分选类别有多种，主要是按材质、结构和复用用途进行分选。具体如下：

(1) 材质分选

将回收的包装废弃物按其材料性质分选，图 4-2 为材质分选的主要内容。

通常，纸包装废弃物又可分选成天然纤维纸、人造纤维纸和复合纸。复合材料是十分难以分选的，而最多的复合材料可很好判别并分选出来的有铝塑复合材料与纸塑复合材料。而木质类与陶瓷类分选的价值不大。这是因为这两种材料在回收后复用再作包装的可能性很小。

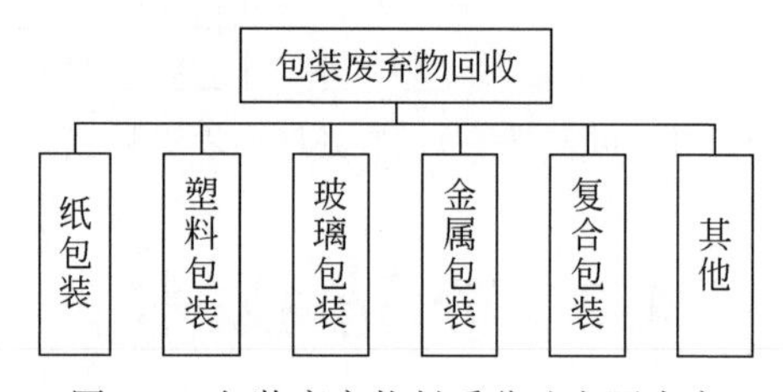

图 4-2　包装废弃物材质分选主要内容

(2) 结构分选

按回收包装的具体结构分选称为结构分选，也可称为按外形结构分选。结构分选内容，如图4-3所示。值得注意的是，一般包装罐的回收很少再作原包装产品的包装，而只是作为原料回收。

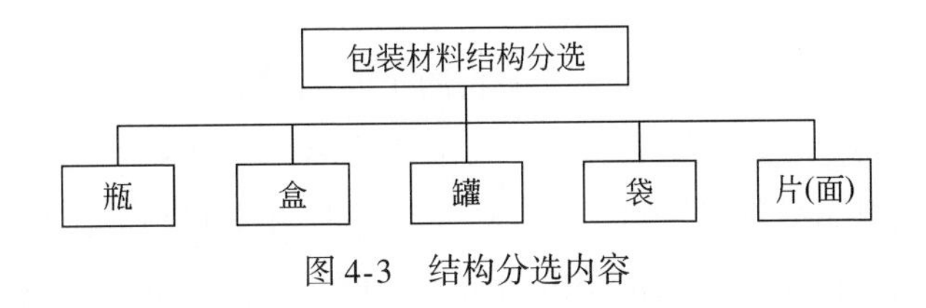

图4-3 结构分选内容

(3) 复用用途分选

复用用途分选，是目前回收成型包装容器的主要分选方式。首先将那些对人体有害和无害的加以分选。例如，化学品与食品包装就必须严格挑选，又如啤酒瓶、饮料瓶、调味品包装瓶等都是以复用用途分类作为依据。

4.2.2 分选方法

包装制品与包装材料多种多样，要想很准确的分选，有一定的难度。特别是从材质上去详细分选出不同材质的包装与包装材料，就是件十分困难的事。现将几种包装废弃物分选方法加以分析。包装废弃物分选方法有四种，如图4-4所示。

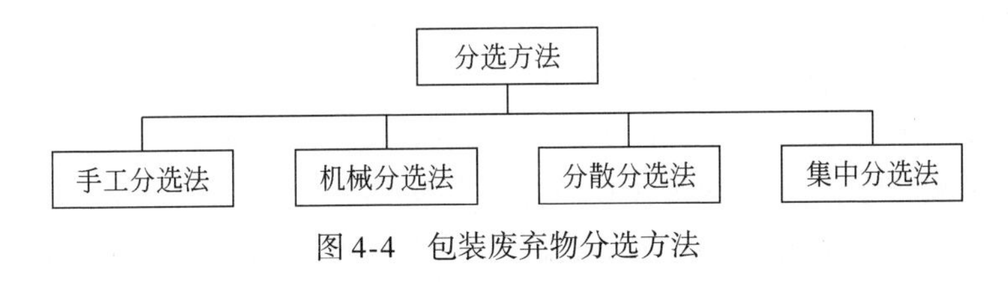

图4-4 包装废弃物分选方法

(1) 手工分选法

手工分选是最简单的、历史最悠久和最直观的方法，也是必不可少的方法。

可以说自从人类进入文明社会以来，“捡拾破烂”就是社会包装废弃物的分选者，他们一直承担了包装废弃物回收利用中的分选工序。

对于包装废弃物的手工分选，其分选者能较好地将不同包装和包装材料按复用或其他使用要求进行分选，他们也须对包装知识有一定的了解。例如，包装材料的基本类别，包装的基本用途等。有的是在包装的标识上得知的，有的是从商品销售中感知的，有的是从日常的学习中学到的。

手工分选中最难把握的是同一类材料的不同品种的区分。现以塑料包装材料为例分析，对塑料包装材料进行分选，主要依据有以下两点：①根据包装上的文字说明或包装塑料制品标识进行分类。一般制造厂在塑料高分子材料制品出厂前均印上标识，尤其在先进国家标识更为常见。例如，美国SPI工业协会制定塑料标示代码，如图4-5所示。分选者根据标识可将塑料高分子材料分选出来。②凭经验。已知物品包装什么材料制造，按物品来进行分类，如饮料瓶大多用PET制造。以上两种手段都有一定的局限性（Hoyle，1997）。对于无标识的塑料高分子材料，一般是很难识别分开的。而根据物品依照经验进行分类，有时也会出差错，因为各厂家会用不同的材料制造相同的产品包装，但在一般情况下可识别。

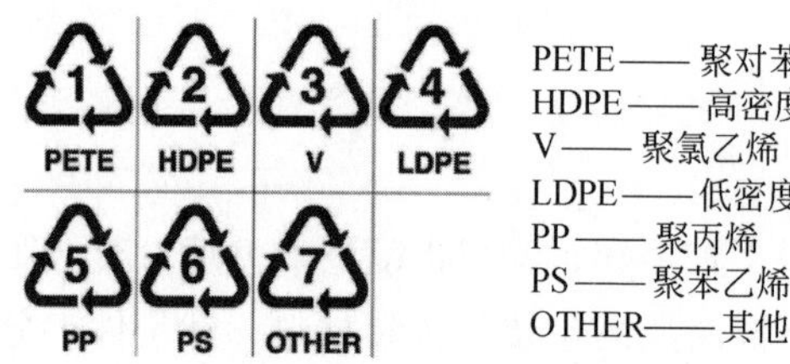

图4-5　美国SPI工业协会塑料容器材料代码

（2）机械分选法

机械分选法是用机械自动将混合在一起的各种不同包装容器与包装废弃物进行分选。机械分选法所用的机械设备相当于机器人，具有识别系统和“拾起”机构。整个分选过程是将从各地回收来的混合包装废弃物，送进输送带上，在不停地输送中，装在输送线上的机器人（或机器手等）将要分选出的几种包装或包装材料推出。在输送带上按不同包装材料设定不同的识别和推出工位，当一批包装废弃物在输送线上输送，便可自动将其要分选的各种包装材料按要求分选完。

机械分选是一种自动化程度很高的智能型分选法，在发达国家已得到很好应用，在美国、德国等应用较多。

（3）分散分选法

分散分选法是在包装废弃物在回收过程中，或在被收集之前，由各个回收点或流动的回收（收购）点所进行的分选，将分选难度提前解决。很多废品收购站在收购之前向提供包装废弃物的个人或企业提出分选要求，将包装与包装材料按类别和品种、品质分门别类的分选好，然后统一收购。

分散分选法很多是由人工进行手工分选的，而有些企业或大型公司包装废弃物产品量多的也可用半机械化加人工分选。

（4）集中分选法

集中分选是在各大型废品收集场或垃圾场所进行的分选。有人工手工分选和机械分选等多种分选方法。集中分选多为机械式分选。在所用到的集中分选设备中，有能将金属与非金属分选出来的磁式分选机、能将纸塑与玻璃等分离出来的抛物式风力分选机等。

4.3　清洗技术

包装废弃物的清洗可分成型材清洗和碎材清洗两种方式。

4.3.1　型材清洗

型材清洗是将回收来的塑料、金属、玻璃及复合材料等包装材料不进行破碎、保持成块形状的清洗。如包装塑料带、塑料片等板状片材的清洗，饮料瓶（塑料、玻璃）、纸塑复合袋等的清洗都属于型材清洗。

4.3.2　碎材清洗

碎材清洗主要是将几种包装材料混合物在未进行详细分选前，将其破碎，将其泥土、沙粒及其他脏物（夹杂物）去除所进行的清洗。

一般包装废弃物回收分选后的清洗，都是分别按刚性或柔性材料分类破碎进行，而型材的清洗大部分用手工或水池搅拌清洗即可。只有对要进行再循环使用或做原料制造的包装废料才进行清洗，而作为燃料或填埋的废料是不用清洗的。

现着重分析塑料包装废弃物的清洗方法。塑料包装材料在丢弃前，总夹杂有各种杂物、砂粒、泥土和油污污垢。它一般作为原料再复用，总是先进行破碎。因此，这种材料是除型材的复用外，其余的那是破碎后清洗做原料使用。

通常，塑料废弃物经破碎后，要进行预洗，以除去污物（加砂子、未洗净的金属、玻璃等），避免在随后的处理，如造粒过程中，损坏切割刀刃或机械设备。之后加入含水洗涤剂进行湿磨，一边粉碎一边洗涤，进一步洗净。湿磨可防止因摩擦热引起的降解。洗涤剂的浓度、混合操作的能力、水温、洗涤时间等都会对洗涤效果产生影响。第二次洗涤的水可作为其他批次第一次洗涤用水，通常在第二阶段要除去标签纸，并分离开，洗涤后再进行干燥。

来自容器的油腻物质会在洗涤过程中发生乳化。因此，使用再生水前要除去乳化层、油及污染物，沉积在槽中的污染物质、材料随后进行分离。分离可采用旋转式分离器，将材料分成重组分（如 PE，PS 及其他）和轻组分（如 OE，PP）分离后的物质进行脱水，脱水之后进行加热干燥。脱水一般采用离心脱水，与洗衣机脱水原理一样。作为清洗方法，超声波清洗效果较好，这种方法可以减少传统方法水洗时难以除掉的细微黏附物，得到清洁度很好的碎片。

4.4 分离技术

按包装材料的几大类来进行分离，在前面的分选中便可实现；对于某一类包装材料的某种材料就较难通过分选办法解决了，只能通过将其破碎后用相应的物理和化学等技术加以分离，尤其是从塑料大类包装材料中将聚乙烯、聚丙烯等单一材料分离出来显得特别重要。主要因为多种塑料的混合在制造包装时不能很好相容而影响包装性能，再有就是在利用混合聚合物制造包装时不能满足制膜、流延、发泡等工艺要求。

通常，从包装材料的—大类材料中分离出单一材料来，最难的是塑料。现将塑料包装材料的分离技术加以分析，其分离技术主要有七种（边炳鑫，2005），如图 4-6 所示。

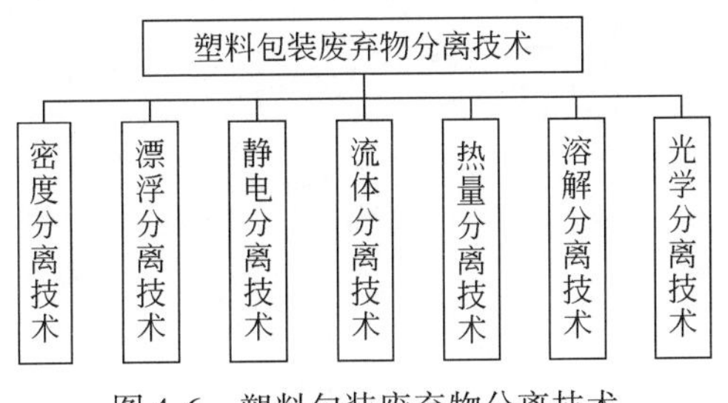

图 4-6 塑料包装废弃物分离技术

4.4.1 密度分离技术

对于塑料包装材料，一般先进行破碎再分离出不同的单一材料。具体的过程就是将混合的塑料包装破碎后，置于特定的液体中，不同材质密度不同，而利用不同密度物质会处于液体中不同高度位置，从而达到分离，此法又称为比重法。但比重法受物料形状和大小的影响，特别是塑料表面不易被水润湿，会带着气泡而浮于水表面。因此，有时用表面活性剂做预处理，使塑料充分润湿。另一方面，也可利用塑料粒子对液体的“润湿”差别来加以分离。比重法可适用于密度相差较大的废材料，如铝箔塑料复合材料和不同塑料的分离。但此法易受废弃物粒径、形状、表面污浊程度、表面改性和相互凝聚等因素的影响。

4.4.2 漂浮分离技术

漂浮分离是利用塑料表面的化学性质不同，有选择地加以处理，使其具有疏水性或亲水性，然后进行分离（Gisela et al.，2000；Günther et al.，1993；Sisson，1992；Sumio and Hiroshi，1975；Valdez and Wilson，1979）。漂浮分离法需用表面活性剂，适用于密度相差小的塑料，它利用了表面活性剂对塑料浸润性不一样的特点，如图 4-7 所示。水质素磺酸钠与单宁酸的等量混合物对 PP 浸润性差，而对 PVC 效果较好。因此，常用水质素磺酸钠与单宁酸的等量混合物作塑料润湿剂。漂浮分离过程，如图 4-8 所示。

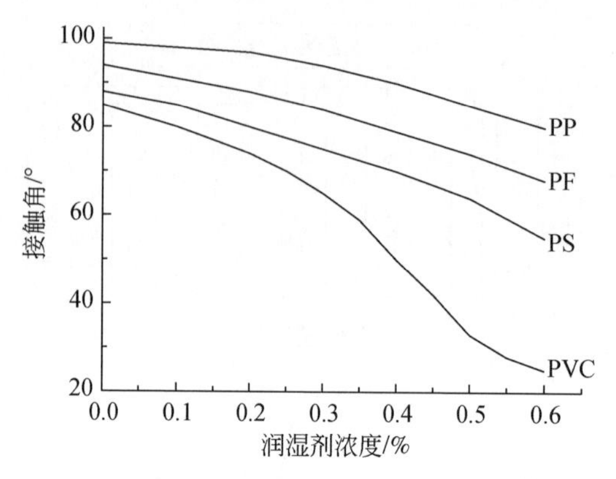

图 4-7　润湿剂对不同塑料的浸润作用

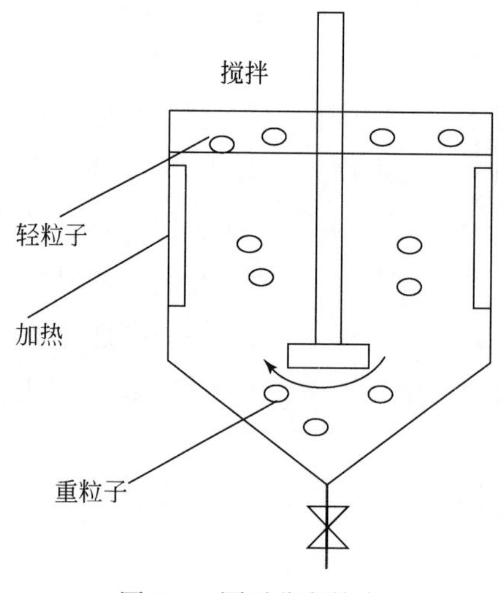

图 4-8　漂浮分离技术

4.4.3　静电分离技术

塑料包装材料在静电感应后具有不同的带电特性。根据物质不同的导电性、热电效应及带电特性差异，可将不同的废塑料包装材料分开。

静电分离技术实际上就是将粉碎的废旧高分子材料加上高压电使之带电，再利用电极对高分子材料的静电感应产生的吸附力进行筛选（Inculet and Castle, 1991）。这种处理要求高分子材料干燥，温度控制较严，所以成本较高。静电分离的原理，如图4-9所示。这种方法用于铝箔和聚苯乙烯、PVV和PS、橡胶与纤维纸、合成革与胶卷等的分离。温度、粒径和质量对分离效果会有影响。

除了用电场进行分离外，还可用磁场。这种方法是把比重法和磁场结合起来，具体是利用直径10nm左右的磁铁矿等强磁性粉状物，用表面活性剂处理制成胶状颗粒，然后在水和煤油等介质中形成稳定分散的磁性流体。将这些流体加入到能变换磁场强度的槽中，受磁力作用会使介质的浮力发生变化，从而将混合的废塑料材料按密度不同加以分离。这种分离技术可广泛用于金属与塑料复合的包装废料碎后分离。

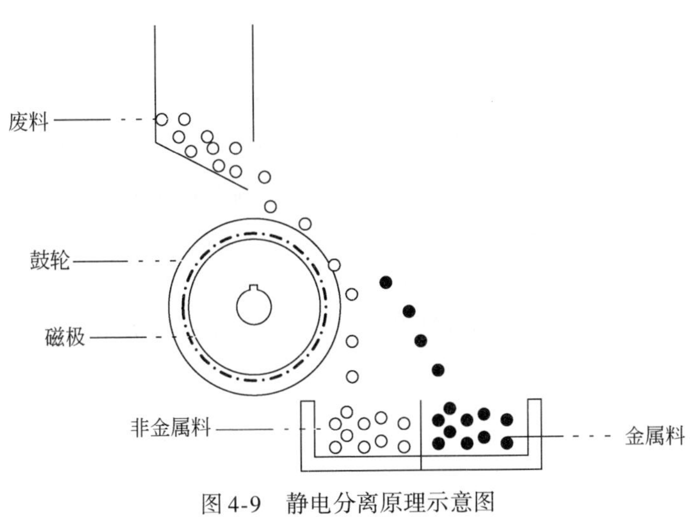

图4-9　静电分离原理示意图

4.4.4　流体分离技术

流体分离技术是利用碎后的各种塑料包装材料的不同密度和气流作用而实现分离的。该技术原理是在筛选时，将粉碎后的塑料从上方投入，从横向或纵向输入空气，利用塑料的自身（密度）差异及对空气阻力的不同而实现分离（张仲燕等，1994；Pasccoe and Hou，1999；Shen et al.，2001；Shibata et al.，1996；Singh，1998），其分离装置模型，如图4-10所示。除密度外，塑料颗粒的大小和形状也会影响分离效果，此法用于密度相差较大的塑料包装废料的分离，如金属与塑料、塑料与泡沫材料的分离等（邹盛欧，1994）。对密度差小的物质或材料的分离效果较差，尤其同一种塑料品种会因添加剂种类及用量不同等原因导致密度不同，结果分离也往往会有困难（Zhang Shanli and Forssberg Eric，1997）。

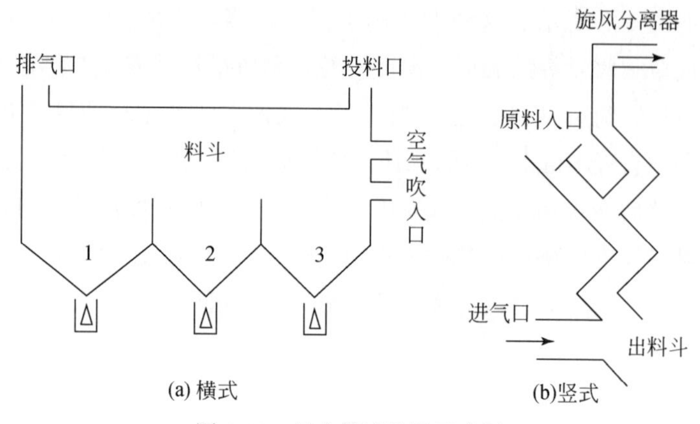

图 4-10　风力筛选装置示意图

除了通过风力来分离外，也可利用液体介质（如水等）进行分离。根据塑料材料对水亲和性的不同及其密度差别，通过水流等机械力作用将塑料材料在水中分散成旋流，密度大的在下方，密度小的在上方，从而加以分离（吴瑾光，1994）。除亲水性、密度差异外，形状大小也会影响分离效果（Stahll et al.，1997）。此法适合于分离多种塑料材料的复合材料、多种高分子混合物，如图 4-11 所示。

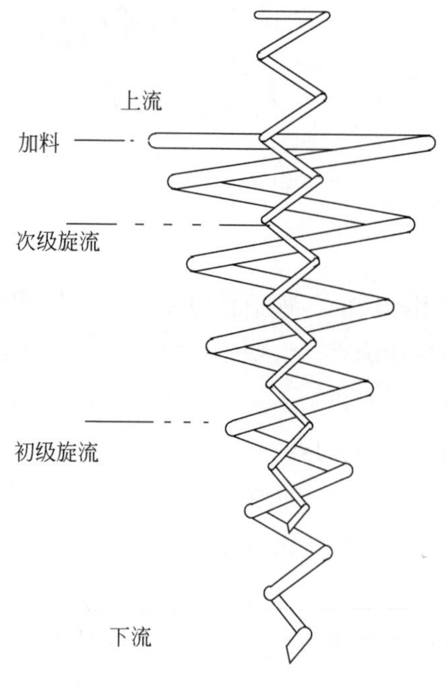

图 4-11　旋流分离器示意图

4.4.5 热量分离技术

通常，热量分离技术主要有两类，分别是冷分离技术和热分离技术，具体如下：

（1）冷分离

各种塑料材料具有不同的玻璃化温度。利用塑料材料不同的脆化温度，将废塑料材料混合物分阶段逐级冷却，如第一级冷到-40℃，第二级冷到-80℃，第三级冷到-120℃。具体过程控制是利用液化气体（如液氮）气化时吸热来冷却物料，冷到一个阶段就将混合物料送入粉碎机进行一次粉碎，然后进行分离，再混合物料粉碎分离。美国 UC（联碳公司的对流式低温粉碎）系统，可适应于废弃包装塑料等高分子材料的分离。低温与常温粉碎具有节能、噪音小，处理量大等优点。低温粉碎分离包装塑料的装置简图，如图 4-12 所示。

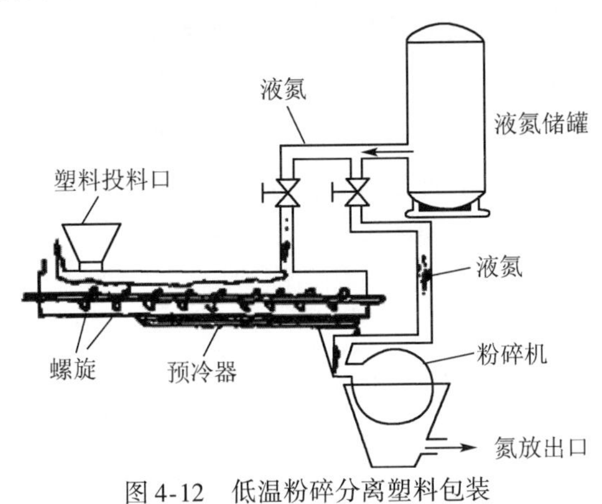

图 4-12　低温粉碎分离塑料包装

（2）热分离

热分离是热熔分离，它对废弃包装塑料的分离是利用其不同品种材料对热敏感程度的差异来实现分离的。这些热敏感差异是指热收缩、热软化或热熔化等所需温度差。

热分离技术只适用于热熔性塑料包装材料的分离。对热固性塑料材料却不适应。热熔性温差越大越好，如 PE 和 PET 热熔温度相差很大，加热时 PE 无软化，通过控制温度并借助过滤网可将聚合物分离开来，也适用于纸与塑料复合材料的分离。但对熔点或软化点相近的聚合物分离就有困难。

4.4.6 溶解分离技术

溶解分离技术是利用废弃包装塑料中不同高分子材料在溶剂中的溶解性和溶解度的差异来实现分离的。废弃塑料中不同的高分子材料在溶剂中的差异较大。具体的溶解分离方法有以下两种。

（1）采用不同的溶剂

不同的废弃包装塑料有不同的溶剂、利用不同溶剂可将它们有选择地萃取出来。

（2）采用同一种溶剂，使用不同的温度

不同废弃包装塑料溶解度随温度改变，在不同温度下可将它们萃取出来。这种方法也适用于提取增塑剂、填充剂、颜料等，当然需要用适当的化学试剂加以处理。利用这种方法，可将复合包装，如铝箔与其他高分子复合物、高分子与纸材复合物等分离开来。通过溶解分离法，可得到较纯的高分子材料。典型塑料包装废弃物的溶解分离法可采用如图 4-13 的工艺流程。

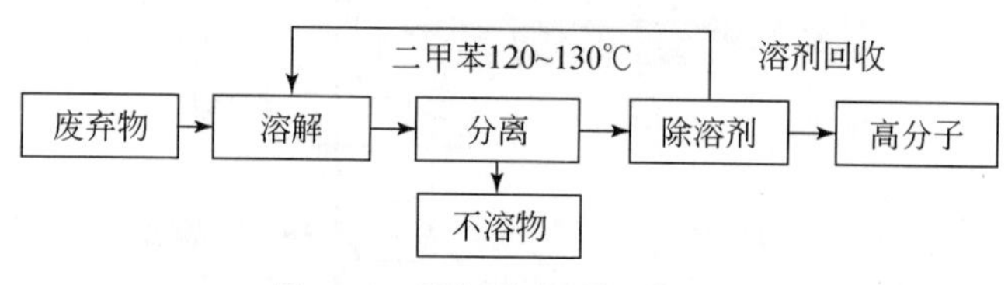

图 4-13　溶解分离法工艺流程

利用溶解分离的包装废弃物可以是高分子与高分子的混合物或复合包装，也可以是高分子与纸、金属、无机物等的混合物或复合物。例如，PE—纸、PE—金属（用作乳制品的盒子、茶具等），也有 PE、PET、尼龙 6、EVA、玻璃纸等复合或多层复合而成的包装用薄膜材料。分离用的溶剂可采用四氢呋喃（THF）、二甲苯等溶剂。

4.4.7 光学分离技术

光学分离技术主要包括：普通光学分离、X光检测分离和红外光谱检测分离。

(1) 普通光学分离

对于带有各种颜色或透明性不同的废塑料，可以通过光学方法来加以分离。让光通过聚合物，测定透过或反射光的强度，可以分离出无色透明、半透明、不透明的塑料容器。例如，无色透明PET、绿色PET、半透明HDPE和不透明HDPE，均能被分离开来。美国Rutgers大学塑料循环中心（CPRP）的光学系统就利用光电发射二极管探测器来辨别容器的颜色，敏感器检测透过光的强度变化，传递信息给控制器，控制转换机械装置进行分离。该系统有一系列检测和分离操作步骤，首先分离透明无色的容器，接着是有颜色的容器，再是半透明的，最后是不透明的容器（大井英节，2001；Guern et al.，2000）。

目前，许多以颜色分离为主的分离装置已开发出来，如UK-Build Sortex机器、Partek's颜色分离技术等。利用物质表面光反射特性的不同来分离物料，或把透明的粒子、片料从黑色的原料中分离出来，或把黑色的料从淡颜色的料中分离出来，或分离不同颜色的原料。首先确定一种标准颜色，让含有标准颜色粒子的混合物加入到光学箱中，在粒子下落过程中，当照射到和标准色不同的物质粒子时，改变了光电放大管的输出电压并经增幅控制，瞬时地喷射压缩空气而改变异色粒子的下落方向，这样就能将异色粒子分离开来。

CPRR可利用容器的编号来分离，像超市中使用的条码阅读器那样，对不同编号的容器加以分离，但首先要求生产容器的厂家需对容器加以编号，如采用美国SPI编号系统。

(2) X光检测分离

美国得克萨斯州的Asoma乙烯基塑料瓶分选器公司与CPRR合作，开发出X光辐射传感装置，用来扫描和识别PVC瓶。瓶子通过检测器，发现含有氯原子的瓶子就弹出来，并让其他瓶子通过。这种传感器是一种X光荧光分析器（XRF），由计算机控制此单元，根据得到的信息分离乙烯基瓶。这种方法主要检测材料中的氯原子，因为氯原子的 X 荧光辐射能较高，容易检测，而其他塑料的辐射能低。检测的强度与距离、容器的形状、氯原子的含量以及容器上的异物（如标签）有关。因此，该方法还存在一些缺点，具体如下：① 对含氯的材料都一视同仁，分离 PVC 时，往往混有含偏氯乙烯的聚合物材料；对阻燃的含氯材料也不能分离开来。② 含有标签纸的容器也不易检测分离。虽然污物不会太大影响瓶子的荧光辐射强度，但纸标签可减少 X 光的透过强度，因纸标签实际上对 X 光是不透过的。一般情况下，不影响检测 PVC 瓶。

此外，还有其他一些方法，如将目标分子（如荧光化合物）加入到塑料中以促使塑料的识别分离，也有在聚合物的分子链上引入某些可以识别的基团，如 PVC 和 2-巯基萘钠反应，形成的产物可用 UV 装置来识别。人们正利用成像技术、激光技术来试图分离聚合物，但这些方法需要严格的操作条件，并需要大量精确和可比较的数据。

（3）红外光谱检测分离

以上介绍的方法，如密度差分离往往不能形成纯粹的分离，这是由于有些分子材料的密度相近或相同。熔融法也可能遇到类似的问题，溶解法对相似聚合物也无能为力，静电分离也很难得到纯的高分子。

塑料材料都有各自的红光特征吸收光谱。利用这一特性，扫描测定物料的红外光谱，通过与标准图谱比较，即可判定是何种材料，根据判定对物料实现机械动作，从而加以分离（叶静，2008；Donald et al.，1992；Stark et al.，1986）。例如，可以用检测电子的设备检测，其信号送到机械装置实现动作而加以分离。这种技术主要利用其表面的反射技术，得到的信号经数学加工，然后与图谱的数据进行比较，可区分出各种高分子材料。也可利用 FT-IR 吸收光谱进行分离，但因大部分产品具有不同的商业标签，所以对反射方法的应用产生影响。

目前，人们开发出一种新的红外光谱技术——近红外光谱（NIR）技术，它结合神经网络分析，对聚合物进行识别。红外光经特定的过滤器可得到近红外光谱，不同的塑料具有不同的吸收光谱，根据测定的图谱指纹（$800 \sim 1700cm^{-1}$），输入计算机进行对照，然后再经分离装置发出动作指令，使高分子材料分离。检测材料可以使用 $ln_{0.53}Ca_{0.47}As$，Gc，PbSe，lnAs 等，$ln_{0.53}Ca_{0.47}As$ 在室温下具有较高的灵敏度。分离装置有几种，有多层喂料供给神经网络（multilayer feedforward neural network，MLF，分离准确率达 98%），Fuzzy ARTMAP 神经网络

(neural network，分离准确率达 99%)，偏最小平方分离器 (partial least- squares classifier，PLS，分离准确率达 94%)，自适应的共振理论分离器 (adaptive responance theory classifier，ART-2A，分离准确率达 91%) 等，其中以神经网络分离器最佳，分离准确度达 99%。具体工艺过程如下：试样放在传送带上，大约以 1m/s 速度运行，在卤灯照射下，经反射器反射，由光收集仪收集信号，经光学纤维转送到光栅光谱仪上进行分析记录。操作时需进行已知物质的数据信号输入，然后进行检测。

红外光谱检测分离技术在应用上需注意如下问题：① 自动检测时材料试样应有一定间距，如间隔 1m；②材料试样检测时无方向要求，但试样应透明或半透明，不透明的以及灰、棕、黑色样品不能使用，因会吸收多数 NIR 光；③ 识别检测对材料还有选择性。例如，对类似材料如 LDPE 和 HDPE 还不能识别分离，对 PE 和 PP 有 5% 的误操作，对 PET、PS、PVC 能有效分离，纯度可达 97%。

上述光学分离技术，实质上是一种对不同塑料高分子材料的识别检测技术。关于废弃塑料类高分子包装材料的分离，人们还在研究各种新的分离技术。例如，脉冲激光诱导的声音信号的技术，其原理是激光给予激发能，光子声学传感器吸收能量，发出信号，信号经 Fourier 处理，可以判断是何种高分子。物品的形状、组分等均会影响 PA 信号的瞬时结构和频率谱。这种技术要求试样表面使用敏化剂，以防止试样的变化（如融化）。

4.5 干燥技术

包装废弃物经过回收，清洗或分离后，要想重新利用，特别是复用，就必须进行干燥。尤其是纤维材质包装材料以及通过漂浮或溶解分离技术分离出来的包装材料，干燥是必不可少的工序。干燥工艺过程类型很多，可根据材料的特性、形态、干燥过程中材料变化、干燥机理等情况，选择适当的干燥装置和干燥方法。

4.5.1 干燥机理

(1) 含水率与干燥时间

把充分湿润的材料在一定的干燥条件下进行干燥，干燥时间与含水率及温度变化关系可用图 4-14 表示。材料的干燥过程分三个区域：第Ⅰ区间，材料温度上升的区间，为材料预热期，材料表面的蒸发速率增加，材料温度达到和干燥条件相平衡的 b 点；当材料表面被水膜所覆盖，则蒸发汽化热与热风接受的热量相等，于是材料温度恒定，表面蒸发速率也一定，含水率随时间按比例下降。

第Ⅱ区间称为恒速干燥期。这时的干燥速率称为等速干燥速率，随着干燥的进展，进入Ⅱ区。由于从材料的内部向表面扩散水分的速率赶不上表面的蒸发速率，因而在表面产生了干燥区，于是材料温度上升到 c 点。c 点称为临界点，其含水率称为临界含水率。再进一步干燥，表面的干燥区逐渐增大并产生扩散阻力，从材料温度 d 开始，干燥速率逐渐下降。一直到材料温度达到最终温度 e 点，也就是说达到平衡含水率，把此区间Ⅲ称为降速干燥期，这时的干燥速率称为降速干燥速率。

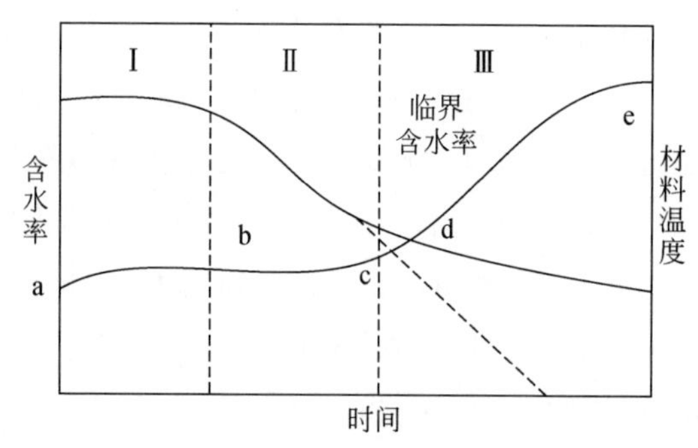

图 4-14　含水率、材料温度与干燥时间的关系

(2) 含水率与干燥速度

图 4-15 为含水率与干燥速度的关系，图中曲线称为干燥特性曲线。

一般情况，对于薄层（漆脂、浸渍纸）的干燥，大部分时间处于恒速期。对于吸湿树脂的干燥，大部分时间处于降速期。而对于含水及挥发成分多的粒状物的干燥，则表现为上述两者之间的行为。这样，图 4-14 和图 4-15 显示了由于外因（干燥条件，即热空气的温度、湿度、方向等）和内因（材料特性，即尺寸、形状、成分、含水量、平衡水分、结合状态等）而影响干燥的机理，是处理干燥问题的基础。

在实际干燥过程中，仅显示有降速第一段行为的场合最多。非吸湿性粉料层，直径小于 5mm 的成型材料、液滴、粉粒料在热空气中分散或机械搅拌的场合都属于此种情况。

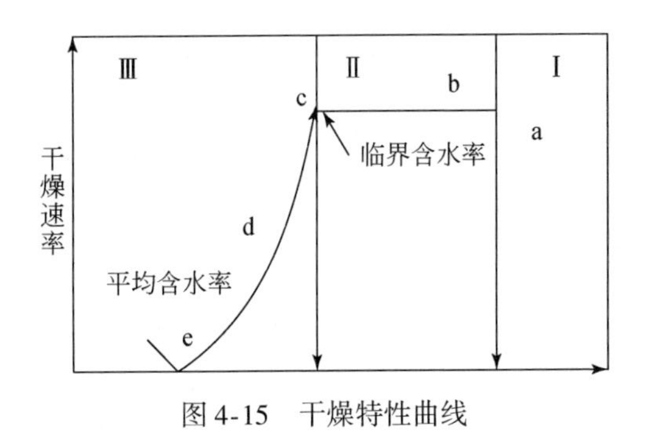

图 4-15　干燥特性曲线

4.5.2　干燥装置

干燥设备的干燥效果离不开干燥介质。常用的干燥介质除空气外还有氮气等惰性气体，氮气用于干燥含有大量溶剂的物料，也可通过减压（真空）干燥和微波干燥及远红外线干燥，选用干燥设备和干燥方式可依据回收材料的用途特性与形态等加以选择。对于从水中捞出或表面沾有大量水分的塑料等包装材料，可选择离心干燥或输送强风干燥。

目前常见的干燥设备，如表 4-1 所示。包装废弃物的干燥有的不一定使用专门的设备，像一些气候干燥的地方或干燥季节，也可用自然干燥法进行干燥。

表 4-1　常用干燥设备

序号	类 型	设备名称
1	材料静止及材料移动型干燥机	间歇性箱式干燥机
		平行流动带式（隧道）干燥机
		鼓风带式干燥机
		鼓风立式干燥机
2	材料搅拌型干燥机	圆筒及槽型搅拌干燥机
		捏合干燥机
		圆盘干燥机
		旋转干燥机
		附有蒸汽管的旋转干燥机
		鼓（缸）式干燥机
		鼓风旋转干燥机
		流动层干燥机

续表

序号	类 型	设备名称
3	热风移动型干燥机	喷雾式干燥机
		气流式干燥机
4	圆筒式干燥机	滚筒式干燥机
		多圆筒式干燥机
5	红外线干燥机	
6	冷冻干燥机	
7	高频干燥机	
8	微波干燥机	

关于包装废弃物清洗后的干燥，现在有很多新技术和新设备得以应用，这些用于干燥的新技术与新设备，主要体现在加热能源、加热方法和加热干燥理论的创新与突破，新能源和新的加热方法有太阳能、微波加热及沼气加热等，还有远红外加热已得到了广泛应用。

4.6 破碎技术

包装废弃物的破碎主要是对回收的做包装原料的包装废弃材料的破碎。有关包装废弃物的破碎，研究得较多，而且技术也较为成熟。主要是以机械破碎为主，并结合物料的特性，与温度相关的性能加以研究，随出现了常温、低温和高温机械破碎技术。此外，还有与水分有关的干式破碎和湿式破碎及半湿式破碎。其中湿式破碎是在破碎的同时兼有分机分选的处理。干式破碎机是通常所说的破碎，按所用的外力及消耗能量形式的不同、干式破碎（以下简称破碎）又可分为机械能破碎和非机械能破碎两种方法。机械能破碎是利用破碎工具如破碎机的齿板、锤子和球磨机的钢球等对包装废弃物施力而将其破碎的；非机械破碎则是利用电能、热能等对包装废弃物进行破碎的新方法，如低温破碎、热力破碎、低压破碎或超声波破碎等。低温冷冻破碎已用于塑料包装废弃物等的破碎。

目前，广泛采用的破碎方法有冲击破碎、剪切破碎、挤压破碎、摩擦破碎等，此外还有专用的低温破碎、湿式破碎。常用的破碎机的破碎作用方式，如图4-16所示。

为避免破碎机械的过度磨损，包装废弃物的尺寸减小往往分几步进行，一般采用三级破碎，第一级破碎可以把材料的尺寸减小到3in（7.62cm），第二级破

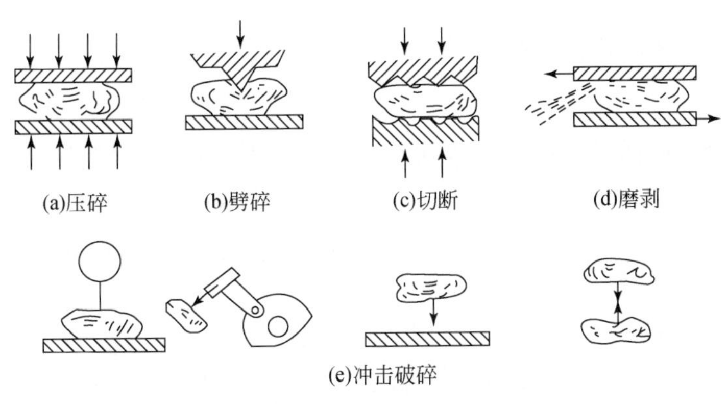

图 4-16　破碎机的破碎方式

碎减小到 1in（2.54cm），第三级减小到 1/8in（0.32cm）。

包装废弃物的常用破碎设备，主要有以下几种：颚式破碎机、冲击式破碎机、剪切式破碎机、辊式破碎机和粉磨等。另外还有 MMD 型高效破碎机、圆锥破碎机、破碎分选机等新型的破碎设备。

4.7　压实技术

适于压实处理的包装废弃物主要有：金属（马口铁、饮料罐、铁皮包装等）、玻璃碎片、纸箱、纸袋、纸纤维、泡沫塑料及其他软包装材料。

根据包装废弃物种类、性质、回收用途等，有以下几种工艺可以用于压实处理。

4.7.1　金属包装压实工艺

为了对压实后的金属废弃物进行回收，如金属马口铁饮料罐、食品的铁盒、或铝质罐等的熔炼再生，常常要求制作出体积较小的金属坯块。一般是先将废弃包装物破碎成适宜尺寸，再压实成密度较大的坯块。基本流程，如图 4-17 所示。

金属包装废弃物 → 破碎 → 压实处理 → 坯块 → 再生利用

图 4-17　金属包装废弃物的压实工艺

4. 7. 2　塑料包装压实工艺

为了对回收后的各种塑料包装废弃物（袋、片、罐、瓶及泡沫内衬等）的运输和再生，因其体积大（聚集度低），同时这些材料常温回弹性好，压实也就较为困难。因此，其压实工艺中需加一道加热软化工艺，其工艺流程如图 4-18 所示。

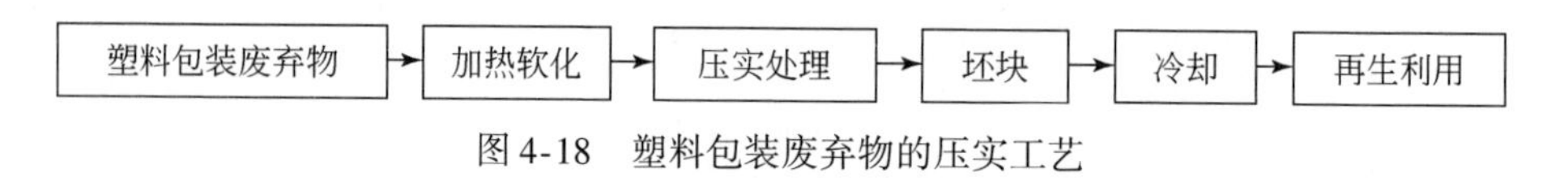

图 4-18　塑料包装废弃物的压实工艺

4. 7. 3　纸包装的压实工艺

主要是特种纸箱、纸袋、纸盆及以纸为主要成分的各种纸包装废弃物，在送往再生处理（制浆等）时，由于这类材料的原件较大，为便于运输、装卸和贮存，在进行压实后还需捆扎。压实工艺流程如图 4-19 所示。

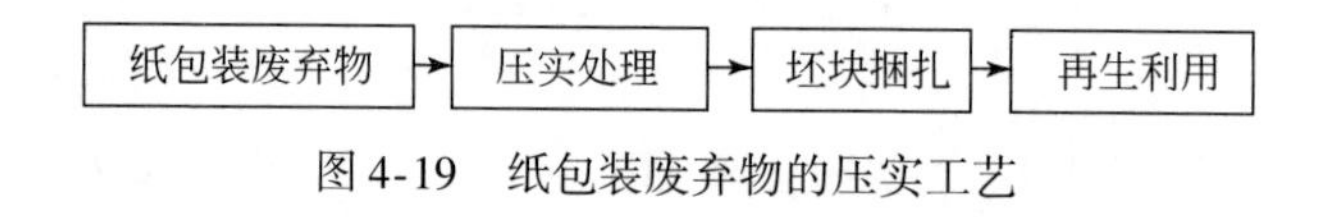

图 4-19　纸包装废弃物的压实工艺

4. 7. 4　混合包装压实工艺

这种混合包装材料的原料成分较为复杂，而作为复杂原材料的利用率不高。因此，只能作为能源和填埋用，其压实工艺流程如图 4-20 所示。

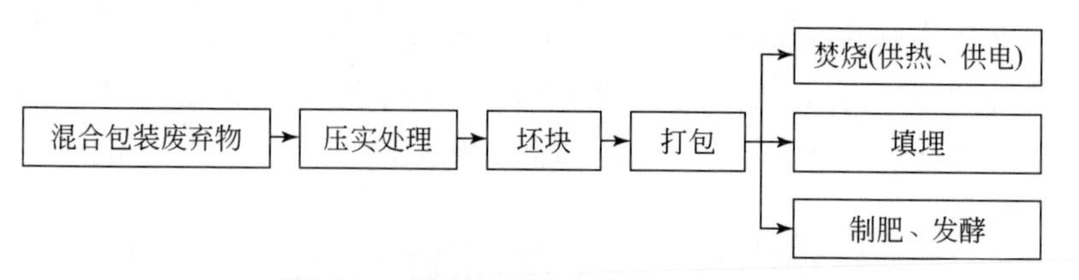

图 4-20　混合包装废弃物的压实工艺

综上所述，包装废弃物回收与处理的关键在于包装废弃物的源头分类回收以及其回收体系的建设。这样，一方面可提高包装废弃物的回收处理效率，减少废弃物的浪费，改善生态环境；另一方面可降低包装废弃物的回收处理成本，提高回收企业的生态效益。此外，由于包装废弃物隶属于固体废弃物，且固体废弃物回收处理技术相对较多。因此，包装废弃物回收处理可选择的技术较多。但是，建议包装废弃物回收处理，以物理处理技术为主，化学和生物（或生化）处理技术为辅。其优势在于，物理处理不改变包装废弃物原材料的物理特性，回收效率高，设备投入成本相对较低；化学和生物处理方法设备投入成本高，二次污染严重。

第5章 包装废弃物的回收利用技术

5.1 包装废弃物回收利用分类

包装废弃物回收利用是指在不危及人身安全且不污染环境的条件下，将回收的包装或包装废弃物进行分类，采取不同方式的处理方法和技术，从各种“包装废弃物”中回收有用的物质和能源，即资源的综合利用。通常，根据包装废弃物的特性，按回收用途、处理技术和回收方式进行分类。

5.1.1 按包装废弃物的回收用途分类

包装废弃物按回收用途分类，可分为包装用途、材料用途、能源用途和其他用途等回收用途，如图5-1所示。具体内容如下：

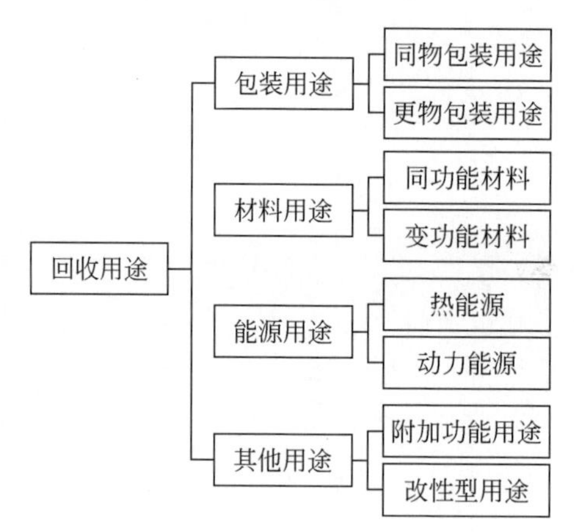

图5-1 包装废弃物按回收用途分类

(1) 包装用途

包装用途是指将包装废弃物进行回收后，再用于包装。它可分为同物包装用途和更物包装用途。

同物包装用途是指原来作什么物品包装，回收后仍然作同样物品的包装；更物包装用途则指某物品的包装废弃物经过加工成为其他产品的包装。例如，啤酒瓶、食用油聚酯瓶等这些玻璃瓶或塑料瓶，在被使用后可回收再利用作为同类产品的包装。这种将原来包装产品的包装容器，经回收仍作为原来同类产品的包装就是典型的同物包装利用的回收。再如，饮料聚酯瓶、洗发水塑料瓶等这些包装容器一般回收后不再作原产品的包装，聚酯瓶可能被用于洗洁精、汽油的包装等，这类包装上应印有“免回收”字样。这类包装回收利用的材料属于更物包装利用性质，也是一种节约能源的包装回收方式，应该予以提倡。

(2) 材料用途

材料用途是指包装废弃物回收利用中，将回收的包装废弃物通过回收处理得到有用的材料，使之重新发挥作用。它可分为同功能材料用途和变功能材料用途。

同功能材料用途是指将回收后的包装废弃物处理后得到材料，再用作包装。例如，纸包装的回收，再经制浆制造成纸张、纸板等，又将其用于包装，这就是同功能材料用途。同功能材料的利用，一般是将回收的包装材料加入部分同质新料再制成相同特性的包装。

变功能材料用途是指仅仅利用回收的包装材料的累性功能，这种累性功能指材料积集起来的已发现和未发现的性能，经再加工后用于其他非包装领域，成为变功能材料用途。变功能材料的技术发展非常快，覆盖面广，它将包装材料回收进行特殊加工处理，可应用到农业、建材、家居、日用、文化等领域。

(3) 能源用途

能源用途是指包装材料进行回收能源利用，主要是将废弃包装用作燃料或提炼能源性物质。能源利用性回收有两大类，即热能用途与动力能用途。

热能用途主要是那些不便于分类回收利用的包装废弃物，使其与生活垃圾一起，进行特殊处理而得到有用的热能。热能的利用实际上是一种对燃料利用。此类包装物焚烧后灰渣呈中性，无气味，不会引起污染。包装废弃物混入垃圾进行热能利用的方法很多，主要有直接利用热能及沼气制取利用热能。

包装废弃物的回收利用中动力能利用，如电能、燃料油等。因为其均可作为各种动力机械的能源，故称之为动力能利用。动力能利用的废弃包装物，主要是那些随生活垃圾一道进入垃圾场中的纸塑包装物。纸塑包装物以及各种复合或合成包装材料废弃物，这些包装废弃物难以分类清选，而成为垃圾的重要组成部分。

（4）其他用途

包装废弃物回收利用的两种其他利用方法，即附加功能利用和改性型利用。

包装废弃物的附加功能利用是将某些需求与包装材料功能及特性相重合的方式而实现的。例如，用废弃的包装存储东西，或是利用包装废弃物制成各种小玩具进行售卖。

改性型利用是指将回收的包装废弃物进行物理或化学的性能改进从而得以利用。改性利用主要是针对一般利用难以实现且需要设备才能实现的那些包装废弃物。

5.1.2 按包装废弃物再利用方式分类

按包装废弃物再利用方式分类，可分为重复使用和循环再生，具体如下：

（1）重复使用

重复使用是指对不改变废弃包装原有形状和功能，对回收产品进行简单的清洗和检测，再重新使之用于原来所包装物品的包装利用。重复使用也可以理解为，是包装在其生命周期之内，预期的或有计划的完成往返或循环使用有限次数的商业运作，如啤酒瓶、牛奶瓶（玻璃）等。

（2）循环再生

回收利用这类包装物的损坏程度很高，往往难以修复后再重新使用。通常，将这些包装物卖到回收站。包装废弃物循环再生有两种方式，即原级资源化方式和次级资源化方式。原级资源化是指废弃物经回收利用后制成与原来相同的新产品，如将废纸生产出再生纸；次级资源化是指将废弃物作为原料之一，生产出与原来不同类型的新产品。一般来说，原级资源化利用再生资源比例高，原级资源化在形成产品中可以减少20%～90%的原生材料使用量，而次级资源化减少的原生物质使用量通常只有 25% 左右。

5.1.3 按包装废弃物回收处理技术分类

按包装废弃物回收处理技术分类，可分为物理加工利用、化学加工利用和能量加工利用，具体如下：

（1）物理加工利用

物理加工利用是指将回收的废弃包装进行清洗、整形、干燥及其他不改变原包装材料化学性质的工艺后，可再次用作原包装或包装材料的技术利用方式，如啤酒瓶的复用、纸包装的再加工后做包装等。

（2）化学加工利用

化学加工利用是指利用光、热辐射、化学试剂等，使回收的包装废弃物的材料改变其化学性质的技术利用方式。例如，对塑料类包装废料进行水解、醇解、裂解、加氢裂解等方式进行化学加工，得到新材料或汽油等原料的加工。

（3）能量加工利用

能量加工利用是指对包装废弃物进行焚烧等得到热能的加工技术，利用热能可进一步获得热水、蒸汽、电力等。

5.2 塑料包装材料的回收利用

用于包装的塑料大致可分为两大类：热塑性塑料和热固性塑料。热塑性塑料是成型后可被熔化、再成型的塑料；热固性塑料是成型后不可通过压力和加热使之再成型。几乎所有用于包装的塑料都是热塑性塑料，如聚乙烯、聚丙烯、聚苯乙烯、聚氯乙烯、聚对苯二甲酸乙二醇酯、尼龙、聚碳酸酯、聚醋酸乙烯、乙烯醇等。部分热固性塑料用作涂层，尤其是罐头的涂层、还有一小部分用于容器的盖罩，某些热固性塑料也用于现场发泡的聚氨酯衬垫中。

5.2.1 塑料包装回收利用方式与途径

塑料的化学和物理性能受其化学组成、分子的平均质量、分子量分布、加工和使用的时间以及添加剂的影响。同时，塑料包装也是根据其物理与化学性质加工而得到的，而塑料包装的回收利用方法及途径，除与其塑料的物理化学性质有关外，还与其加工方法、组成成分密切相关（胡爱武和傅志红，2002；黄棋龙，1999；Shen et al.，1999）。不同的塑料包装废料具有不同的回收利用方式和途径，现列出用量较大的几种常用塑料包装材料回收利用的方式和途径。

5.2.1.1 发泡聚苯乙烯包装的回收利用

发泡聚苯乙烯（EPS）塑料是广泛使用的快餐食品盒、方便面盒及各种缓冲包装，它所包装的商品量大面广、流动性也大。因此，它是“白色污染”的主要代表，它的回收利用具有重要的意义，其回收利用方式，如图5-2所示。

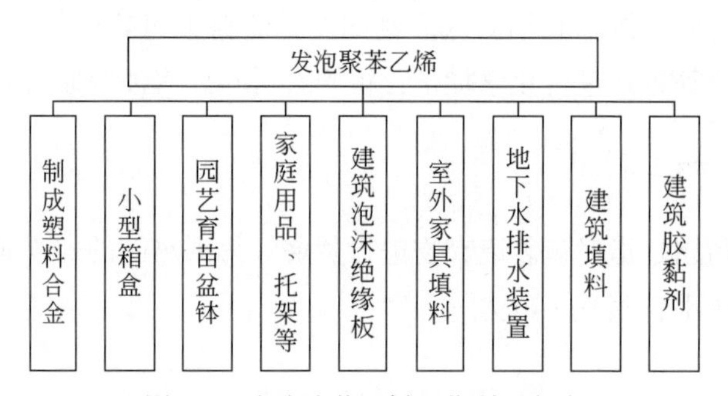

图5-2　发泡聚苯乙烯回收利用方式

回收利用发泡塑料聚苯乙烯时，首先进行挑选，除去杂物，清洗、晾干等预处理，然后粉碎成粒或粉末，进行包装后，转运到各个塑料加工厂；另外一种方法是将预处理过的废聚苯乙烯泡沫用特殊红外线加热器进行辐射处理，令其收缩，再加工利用。具体的加工利用工艺是：将回收处理得到的聚苯乙烯料与新的聚苯乙烯料进行混合，然后加入增型剂，在加热焙融混炼后挤塑成各种塑料制品、容器、日用品、灯具等。

依聚苯乙烯的化学性质，不耐酸、芳烃、氯化烃、醚、高级醇等溶剂的特点以及软化点较低、加热熔融流动性好的特点，可用于制作各种胶黏剂及涂料

(Hodekw et al.,1995);也可直接通过加入溶剂使之溶解成液体，这种聚苯乙烯溶剂已产生变化，并可广泛用作瓦楞纸箱上的防潮剂、上光剂，同时可作胶黏剂主料，用于建树作防漏或堵漏剂，作防水涂料等。

5.2.1.2 聚氯乙烯包装的回收利用

聚氯乙烯（PVC）回收利用的方式很多。包括用作各种管子、家庭用品、货物卡车的坐垫及包装用材。目前研究出用于工作服和辅助设备的包装用途，如航空辅助设备的包装等。图 5-3 为聚氯乙烯的主要回收利用途径。

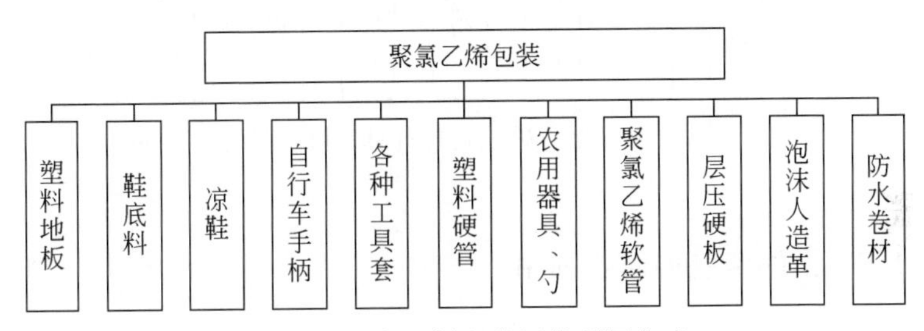

图 5-3 聚氯乙烯包装回收利用方式

5.2.1.3 聚乙烯包装的回收利用

聚乙烯（PE）包装材料的回收利用工艺比较简单，一般品种不需另加助剂，回收利用的加工工艺主要是将废料（包装膜、袋等）粉碎，再加入新料混合、挤出、吹塑、注塑等。聚乙烯塑料包装材料的回收利用途径，如图 5-4 所示。

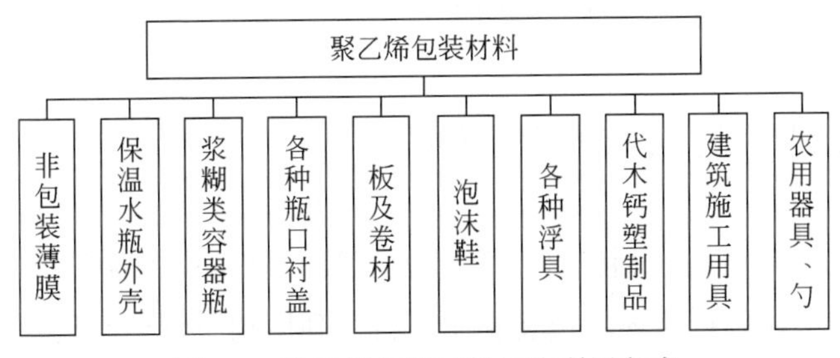

图 5-4 聚乙烯包装材料回收利用方式

5.2.1.4 聚丙烯包装的回收利用

聚丙烯（PP）在包装上的用量不太大（香烟膜除外），仅占塑料包装材料的 10% 左右。聚丙烯包装材料最多的是编织袋包装，另外还有周转箱、各种食品包装瓶和盖、化学品和香烟等包装薄膜。这类聚丙烯包装材料回收后具有很多新的用途，其回收利用工艺是：将回收的包装洗净、粉碎、挤出、拉伸、成型。对于旧的回收材料可根据老化程度加入不等量的新的聚丙烯树脂。聚丙烯包装材料回收用途见图5-5。

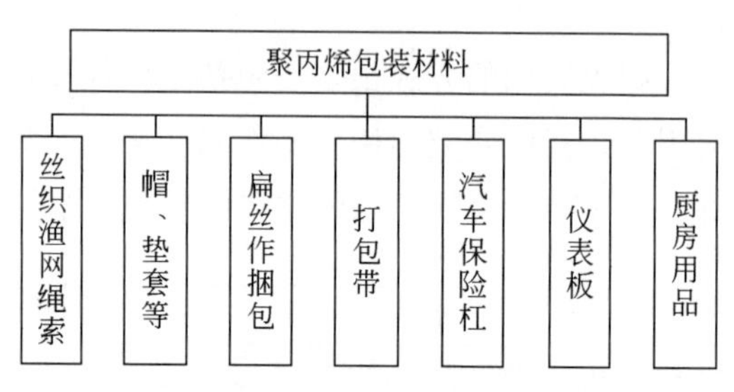

图5-5　聚丙烯包装材料回收利用方式

5.2.1.5　聚酯包装的回收利用

聚酯（PET）的回收利用工艺主要有三种：①在两层新树脂之间夹一层回收的PET，对污染物迁移提供了阻透层。②三级回收过程，在该过程中，利用糖酵解作用或甲醇分解作用，把回收的PET破坏成单体，通过结晶法提纯，这种材料可以用在直接与食品接触的应用上。出于经济原因，这种再次聚合的PET一般与新树脂的混合比例是：回收料25%，新料75%。③控制废料来源（一般指有保证金的瓶子），集中人力加工，确保除去大部分污染物（包装内外污物），这种材料也可用于直接与食品接触的应用上。

5.2.2　塑料包装回收利用技术

塑料包装废弃物回收利用技术有多种。其回收利用的途径已在前面作了分析。这里只介绍能进行循环的包装利用、材料利用和原料型回收利用技术及其他利用中的改性利用技术（Stuart and David，2003）。一般塑料包装回收利用技术流程，如图5-6所示。

1）回收经简单洗净就再使用，这仅对材料成分明确单一以及颗粒大小物理状态合用的回收料适用，此种情况较少。

2）回收塑料包装经分类挑选→粉碎→洗净→分离→塑化造粒→单纯再生，

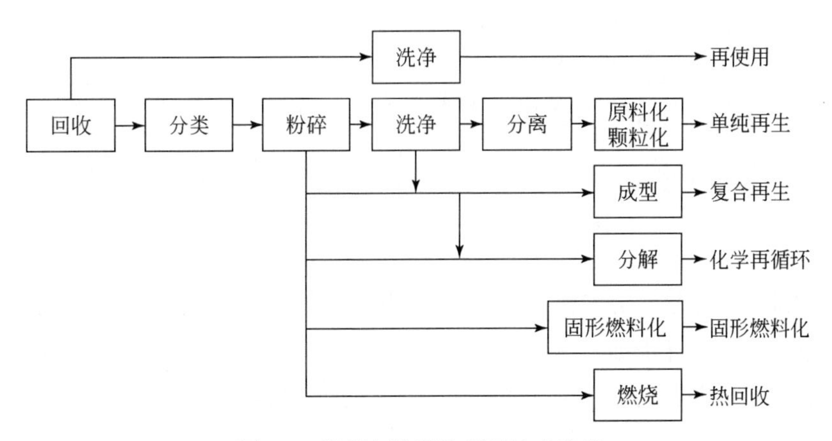

图 5-6 塑料包装回收利用技术流程

这对多数的热塑料回收材料适用。

3）上述 1）和 2）的工艺技术至回收料洗净干燥后，不再分离就成型，回收复合材料的成型品。

4）上述 2）的工艺技术至洗净后，不再分离，一种是化学分解为液体燃料和气体燃料；另一种是化学分解为单体，再聚合为树脂，该工艺的关键是成本。

5）上述 2）的工程技术至粉碎成固体燃料使用。

6）上述 2）的工艺技术至粉碎后，燃烧回收热能。

至于填埋利用，有很多人认为这不叫利用，只是一种技术未能处理的处理方式，是一种不利于环境的消极处理技术，而不是一种对资源有利的利用技术。在此不作分析。

5.2.2.1 直接回收利用工艺技术

再作为包装的直接回收利用是将回收来的塑料包装，不加任何物理与化学的变性与变形处理，而是利用其原有的结构、形状、功能，直接用于原来的包装产品或其他相关产品的包装。无论是同物还是更物包装利用，其直接回收利用的技术与工艺是相同的。只是在其包装时，制作或使用一些附件即可，这些附件包括标签、盖与塞、提手等。

（1）工艺技术

再作为包装的直接回收利用技术与工艺路线，如图 5-7 所示（唐志祥，

1996）。

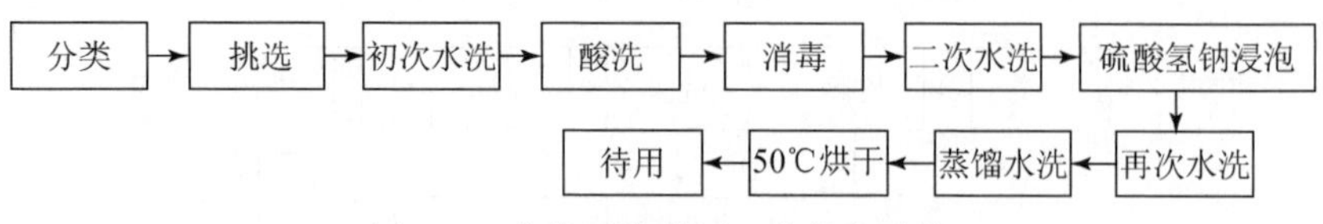

图 5-7　直接回收利用工艺技术路线

其中挑选工序是十分严格的，一定是刚用后就丢弃的，基本没什么污染，上面无划痕，透明、光滑如新瓶一样，属基本合格。对于用作装机油及各种液体、农药的非食用桶和容器处理简单些，只水洗（洗涤剂）→晾干或 50℃烘干即可再用。

各道工序中，都围绕着清洗和消毒进行。特别是作为食品包装的直接回收利用，在烘干前还应增加一道检验工序，即检查是否达到相关（所要包装）食品包装的卫生要求。但是，作为非食品或化学成分要求不是很严格的产品包装，加机油、洗涤剂等产品，相对卫生要求不是很严格，可根据具体情况，消毒工序可以不要。不过要视其回收的包装是否用于有毒物品的包装，如农药包装等，如果回收的是有毒产品包装，清洗和消毒处理也是很严格的。

（2）注意问题

关于塑料包装回收利用中的再作为包装直接利用，应注意利用的一些相关问题。特别是在具体的回收利用实施过程中，需严格坚持一些原则，如表 5-1 所示。

表 5-1　塑料包装废弃物回收利用的原则

原则	内容
同一物	塑料包装回收前的包装物品应与回收后的包装利用所包物品相同一。也就是说，原来是植物油包装瓶回收直接利用也应用于植物油的包装，不宜去包装其他物品。因为有些物品改变包装材料后有可能产生对物品不利的化学反应，这又需要试验、验证和检测，尤其是食品
同一性	有的塑料包装其化学成分较为稳定，可能实现更物包装的非同一种产品的包装。但最好坚持原来是包装酸性物品的，回收利用最好也用于包装酸性食品，即回收前后包装物品性质应相同
同一行	回收前用于包装农药行业的塑料包装，回收利用后也作农药行业产品包装，依此类推，以前包装日化产品后也包装日化产品；以前包装食品后也包装食品等

续表

原则	内容
否决性	对于某些产品的包装，不能直接利用的坚决不用。例如，药品的包装，就是决不能直接使用回收利用的包装
准确性	对某些回收利用的塑料包装，有关信息必须清楚、准确，不清楚的决不直接利用。例如，回收来的塑料包装，无法判断该包装是用于何种产品的包装（或曾包装过何种产品），决不轻易直接利用，有必要时进行有关检测化验
规程严格性	对直接回收利用，应有严格的处理规程。坚持严格分类和消毒与检验，否则会因直接回收利用包装而造成重大失误（产品变性、人畜中毒等）

5.2.2.2 原料型回收利用工艺技术

原料型回收利用工艺技术，只改变回收来的塑料包装的形状与结构，而不改变其物理与化学性质，最终经过工艺处理后得到的是一种可再用于制造相同或相近包装制品的塑料原材料。

(1) 工艺技术

塑料包装原料型回收利用技术原理是废旧包装塑料，经前期处理破碎后直接塑化，再进行成型加工或造粒，有些情况需添加一定量的新树脂，制成再生塑料制品的过程。它可采用现有技术、设备，既经济又高效率。在这过程中还要加入适当的添加剂（如防老剂、润滑剂、稳定剂、增塑剂、着色剂等），能改善外观及抗老化并提高其加工性能，但对材料的力学强度和性能无影响。该技术又可根据废弃塑料包装的来源及用途分为三种工艺。

Ⅰ. 不必分拣、清洗等前期处理，直接破碎后塑化成型

这种工艺主要用于包装制品的生产过程中的边角料和残次品，它们可以直接送入料斗与新料同时使用，不需任何前期预处理。这种工艺还可用于一些虽经使用，但十分干净，没有任何污染的塑料容器及制品回收利用。

Ⅱ. 需进行分选、清洗、干燥、破碎等前期处理的回收利用

这种工艺主要是对那些含有污染和杂质较多的塑料包装材料及其制品所要求的。首先对回收的材料进行粗洗，除去砂土、石块、金属等杂质、以防损坏机器，粗洗后离心脱水，再送入破碎机破碎，破碎后再进行精洗，以除掉包装内部的杂质。清洗后再干燥，然后直接塑化成型或造粒。

工艺的对象一般为来自商品流通消费后不同渠道收集的塑料包装废弃物，各种用途和各种形状的包装容器、包装袋、薄膜片材等。其特点是杂质多，脏污严重处理难度大。这种工艺要想得到更好的效果和最佳的经济效益，就要对废弃物进行原材料的分类。

Ⅲ. 进行特别预处理再作回收利用处理

以 PS 泡沫塑料包装制品为例，它体积大，不便运输、存放，也不易于输入利用工序中的处理机械中。因此，要进行前期脱泡减容处理，具体处理可选用专用的脱泡或挤压设备（如压实机等）。对不同的回收塑料包装材料。根据要求进行上述三种不同的预处理后，便可进行塑化、均化与造粒（有的可直接成型得到管材及其他不同形状的制品）。塑料包装原料型回收利用工艺技术流程（李思良，2001），如图 5-8 所示。

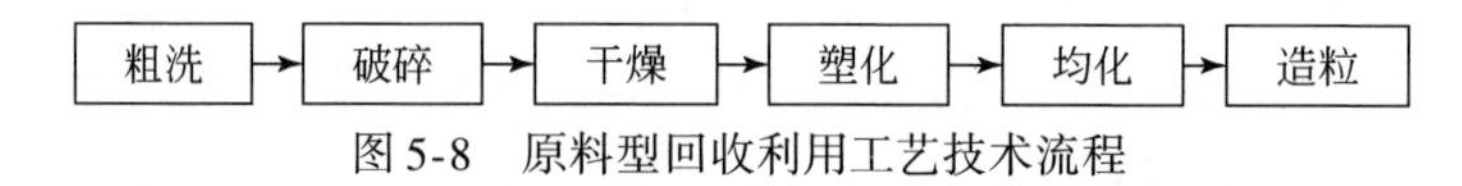

图 5-8　原料型回收利用工艺技术流程

塑化工艺是得到新的再生制品的前提，塑化的目的有两个：一是制备再生粒料，二是经塑化后直接成型。直接成型可在塑化完成后在塑料混炼机上完成，省去了造粒工序，这是一种废塑料包装直接制得包装制品（容器）的工艺。

均化工艺有两种方式：一是混炼与塑化同步完成，即将破碎的废塑料与各种助剂（增塑剂等）经捏合、实施均化后直接成型得到各种制品（容器等）；二是均化后造粒，均化造粒可使各物料混合得十分均匀，这也是作为回收利用中提高原料质量的关键。

造粒工艺有冷切造粒与热切造粒两种。冷切是挤出的熔体经过冷水槽冷却后经切粒机切成粒。热切是熔体挤出后直接被旋切刀切粒，同时用喷水雾的方式加以冷却，以防颗粒之间相互黏结影响质量。

造粒可分别在成粒机、切新机上完成。成粒机粒化得到的物料颗粒大小很不均匀。而切粒机是将片状塑料组成物粒的设备，它通过纵切和横切将片状挤出物切成矩形或六面体。造粒得到的塑料粒子就是利用废弃塑料包装回收利用技术所得到的用作再生产塑粒包装的原料，在用它制造塑料包装时可全部用这种粒子料或部分使用（与原生料按比例加入）。如果全部使用这种粒子所制得的塑料包装质量会有所降低。

(2) 利用回收原料粒子制造包装或其他制品的工艺与设备问题

上面所得粒子原料是回收塑料包装原料型回收利用技术的最终目的。而利用这种回收的粒子原料制造各种制品（包装与其他），其工艺完全可利用现有塑料成型加工工艺与设备，而且各成型工艺与设备都较为成熟并在塑料成型加工中广泛使用，可参考塑料加工与设备方面的资料，在此不再重述。

(3) 其他问题

所得到的回收塑料原料粒子的使用，应注意四点，具体如表 5-2 所示。

表 5-2 回收塑料原料粒子的使用注意事项

名称	内容
降低使用	完全使用回收原料粒子加工包装制品，可能得到的包装制品质量达不到原生料所制包装的要求。这时可采用降低使用，如原生料的包装用作出口产品包装，而再生料制得的包装用于内销产品包装等
按比例加入使用	将原生料与再生料按一定比例配比，然后制造包装，以提高质量
复合处理	将用回收再生塑料粒子制得的包装与其他高性能材料复合，以提高再生塑料包装性能
加入增强成分	不同回收再生塑料粒子制造包装的过程中，加入提高包装性能的添加剂，以提高再生塑料的包装性能

5.2.2.3 改性型回收利用工艺技术

塑料包装改性工艺有两类：一类是物理改性，即通过混炼工艺制备复合材料和多元共聚物；另一类为化学改性，即通过化学交联、接枝、嵌段等手段来改变材料性能。

废塑料的改性处理，也会造成材料某些方面的力学性能降低。例如，增韧改性提高了塑料的耐冲击性能，但却使其模量下降了。因此，废塑料的改性利用要根据实际情况加以取舍。

(1) 物理改性回收利用

废塑料包装的物理改性利用是建立在混炼工艺基础上，借助于混炼设备完成的改性技术。物理改性包括活化无机粒子的填充改性、废旧塑料的增韧改性、废旧塑料的增强改性、回收塑料的合金化等工艺。

Ⅰ. 活化无机粒子的填充改性

这种填充改性主要是用活化后的无机填料加入到废旧热塑性塑料中，既降低生产成本，又可提高制品的强度。当然要有量的控制，同时还要配以较好的表面活性剂，以增加它们之间的亲和性。另外，还必须弄清填料与塑料的复合机理和复合效果等。

废包装塑料的活化无机粒子填充改性所用的无机填料，主要有 $CaCO_3$，高岭土、硅灰石、滑石粉、钛白粉、云母、氢氧化铝、玻璃微珠等。它们各自有独特的性能，对塑料的填充起到了独特的作用。例如，$CaCO_3$ 惰性白质高，无毒，不含结晶水，填充塑料可提高抗冲击性能，在加工温度下使塑料稳定性好，成型硬化时收缩率减少；如氢氧化铝，粉末细微质轻，呈白色，加入到塑料中可以起到阻燃的作用。原因是氢氧化铝在热分解时产生水解，吸收大量的热能而直接起到阻燃作用。

填料表面与树脂表面在复合过程中形成界面层，对再生材料性能影响很大。为取得较好的复合效果，所以要对填料进行活化处理。其方式是用偶联剂与填料充分均匀混合，使两者紧密亲和，偶联剂的加入量一般为填料的 0.55% ~2.0%。

Ⅱ. 增韧改性

增韧改性是在废弃塑料包装中加入弹性体或共混热塑弹性体（TPO、TPR、TPV），通过共混来提高再生塑料的韧性。用橡胶增韧改性聚丙烯。橡胶具有良好的高弹性和耐寒性、耐磨性、耐屈挠性，其玻璃化温度均低于-100℃左右，所以将橡胶加入废弃的聚丙烯或其他塑料中共混，不仅可提高旧聚丙烯材料的韧性、抗冲击性能，还大大改善了旧聚丙烯的耐寒性。在增韧中的投料比通常是 5/95 ~ 15/85（质量比），因为橡胶少了，增韧效果不明显，多了则使共混体模量下降。共混多采用双辊塑炼机，辊温要控制在 170 ~ 180℃，以保证共混的良好效果。表 5-3 是顺丁橡胶（BR）与聚丙烯（PP）共混体及聚丙烯的抗冲击强度。

表 5-3　顺丁橡胶与聚丙烯共混体的抗冲击强度

质量配比/(BR/PP)	$CaCO_3$/份	$BaSO_4$/份	滑石粉/份	缺口冲击强度/(J/m)
0/75	0	0	25	23.54
5/70	0	0	25	61.78
5/70	25	0	0	83.36
5/70	0	25	0	77.47

数据来源：杨福怨，侯林青，杨连登. 2002. 包装材料的回收利用与城市环境. 北京：化学工业出版社

Ⅲ. 增强改性

废塑料回收利用的增强改性，是加入纤维，以提高其强度和模量的技术。主要适于聚丙烯、聚氯乙烯、聚乙烯等塑料品种，这种改性又称为纤维增强改性。若纤维增强的是热塑性塑料，称之为热塑性玻璃钢。对回收的包装废旧塑料也可以用纤维来增强，但塑料必须是热塑性的。增强后复合材料各方面性能将大大提高，强度、模量均会超过原废旧塑料的值。其耐热性、抗蠕变性、抗疲劳性均有提高，而制品成型收缩率却变小了，而且对于这种增强改性过的热塑性玻璃钢可反复加工成型，有很好的应用潜力。纤维增强塑料的机理，如图 5-9所示。

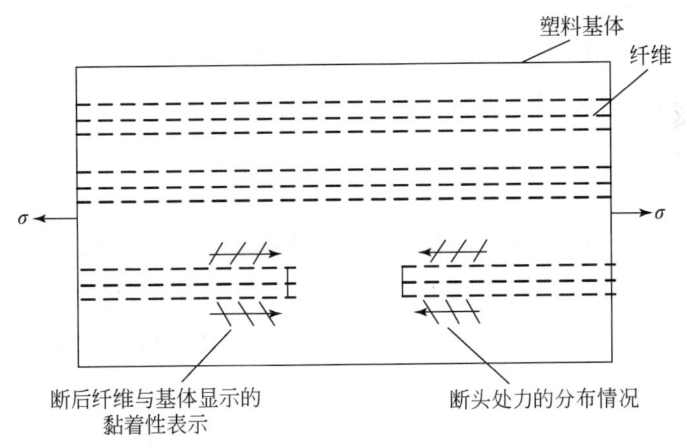

图 5-9　纤维对塑料的增强机理示意图

由图 5-9 可知，这种增强机理是依靠其复合作用，利用纤维的强度以承受应力，利用基体树脂的塑性流动及其纤维的黏着件以传递应力。

纤维增强塑料的加工工艺一般有两种：一种是稍短的纤维，可直接混合塑化造粒；另一种是将长纤维活化后在螺杆挤出机的料口送入，然后与塑料融体掺混均匀，最后切粒而成。材料在复合时，纤维的加入量最高在 30% 左右，过量了往往会导致性能下降。其原因是过量的纤维在机械作用力下受损伤厉害，长纤维变短，所以影响了强度。纤维的活化一般采用硅烷偶联剂、乳化剂和润滑剂等配合剂共同制成乳液，然后将纤维浸泡、干燥等制备而成。

Ⅳ. 废弃塑料包装回收合金化

废弃塑料包装回收金属化，即高分子合金化，是两种或两种以上的不同结构的聚合物混合体，它是通过物理和化学共聚的方法生成具有“金相”结构的多组分的高聚物混合体系。它是当今材料学，特别是工程材料中备受器重的材料，是改善高聚物性能的有效途径。将此方法运用在再生塑料上，将具有很好的开发前景和特殊意义。

对于单一的均聚物来说，其性能的优势有限，因此而受到限制。若几种聚合物在相容作用下混合为一体，其结构及分子间的力发生了变化，使材料兼具多种优良的性能，如韧性、耐冲击、耐高温性，还具有高强度、易加工性。这样给材料注入了生机，使其具有更大的应用市场和应用范围。回收的废旧塑料容器包装分拣相当困难，便可采取合金共融方式直接处理它们，并有目的地加入某种具有特性的主要再生塑料，以达到预期的力学效果。这样将最大限度地利用了塑料的废弃资源，发挥了再生塑料的使用价值，并获得巨大的经济收益。制备再生塑料合金的方法，是采用双辊筒密炼机及单、双螺杆挤出机进行密炼，使其各组分在熔融状态下均匀混合，并在充分塑化后造粒或直接成型。

（2）化学改性回收利用

关于废塑料包装回收利用的化学改性，方法有多种。常用的有交联改性、接枝改性、氯化改性和原位反应挤出改性等。无论哪种化学改性，其本质上是要在原有的大分子链上或链间产生化学反应而改变（提高）材料的性能。

Ⅰ. 交联改性

交联改性有化学交联和辐射交联两种工艺。化学交联较为方便，所以普遍被采用。化学交联工艺通常是在材料的软化点之上使材料充分塑化，然后加入过氧化物类的交联剂混合均匀，在交联剂分解温度以下进行造粒和制成坯型，待用时加热到能产生交联反应的温度以上完成固化成型。大分子之间形成三维网状结构，即热固性树脂。交联后材料各方面性能均大大提高，如耐寒、耐热、耐磨、耐溶剂、机械强度、弹性上升，克服了分子间的流动、尺寸稳定等。若交联过程中采用轻度交联，在保持热塑性的前提下，还提高了力学性能，这是最理想的，为这种再生交联改性的材料再次废弃后的利用创造了条件。辐射交联是应用辐射源的各种高能射线如 γ 射线等，将加有交联剂的材料辐射而交联。表 5-4 是废弃低密度聚乙烯膜辐射交联前后的性能变化。

表 5-4 废弃低密度聚乙烯膜辐射交联前后的性能变化

性能	低密度聚乙烯	
	交联前	交联后
热封温度/℃	125 ~ 175	150 ~ 250
拉伸强度/MPa	10 ~ 20	50 ~ 100
断裂伸长/%	50 ~ 600	60 ~ 90

数据来源：杨福怨，侯林青，杨连登. 2002. 包装材料的回收利用与城市环境. 北京：化学工业出版社

Ⅱ. 接枝改性

接枝改性主要是对聚烯烃塑料回收利用的改性。接枝改性目的是为了提高聚烯烃与金属、极性材料、无机填料的黏接性或增容性。其原理是在混炼塑化过程中加入接枝单体引起接枝反应。所用的接枝单体一般是丙烯酸类、马来酸酐及其酯类、马来酰亚胺类等。

接枝改性的方法有辐射法、熔融共混法。它们反应过程的原理基本是一致的，即在过氧化物引发剂存在下，废旧高聚物上的易反应基因先与过氧化物反应，然后断键，形成新的自由基，再去引发体系中的另一种单体或接上另一种组分的聚合链自由基，形成接枝共聚物。这样使材料具有特殊的物理性能和一定的功能，或耐冲击、或易于染色、或易于感光、或易于吸水等。

Ⅲ. 氯化改性

氯化改性也是针对聚烯烃塑料的改性处理。将废塑料（PE、PP、PVC 等）包装材料进行洗涤、脱水、粉碎后，送入反应釜中进行氯化，得到用途广泛的系列氯化再生塑料。例如，聚乙烯烃氯化改性制得氯化聚乙烯（CPE）。其具体的氯化工艺路线，如图 5-10 所示。在 100℃左右氯化反应时间大于 1h，含氯量可

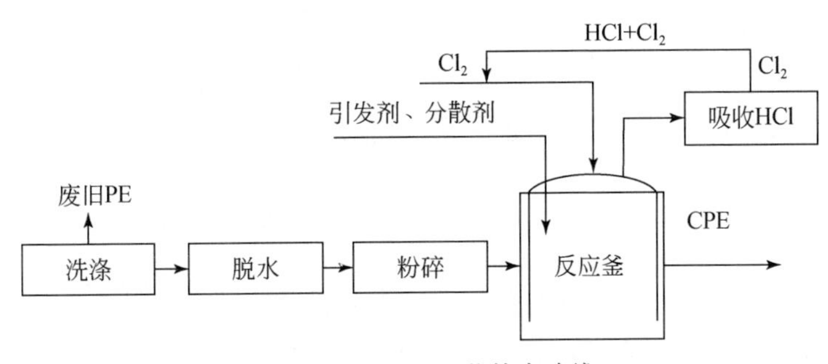

图 5-10 CFP 的工艺技术路线

达35%，分级后的粒子具有良好的性能，可用来替代市售CPE，可用于PVC低发泡鞋底和硬质PVC的改性。经核算，此技术具有良好的经济效益。

在氯化改性中还需加入液态氯、引发剂和分散剂等。经氯化改性后的废塑料具有很好的性能和用途。此外，还可以用作涂料、印刷油墨及极性树脂的加工助剂等。

Ⅳ. 原位反应挤出改性

上述各种改性（包括物理与化学）工艺都是基于传统的单一方式回收废塑料包装，原位反应挤出改性是一种兼顾化学与物理共同改性的新方法，是一个工艺技术的改革和创新。它一举突破了过去的化学改性、物理改性和成型加工之间的界限或不连续化，大幅度地缩短了新型改性高分子材料制备和制品生产的周期，也更为有效地改善了改性高分子材料（含再生高分子材料）的综合物理、机械性能。

这一新的改性方法的实质，就是在特制螺杆挤出机中边实施组分共混，边进行接枝化学改性，且进一步连续地进行改性共聚物的再混合，它体现了两种改性方向的同时性和就地性。它可以直接得到改性粒料，也可以直接通过成型机或模具成型，又体现了改性与成型的连续化。

原位反应挤出的改性及成型工艺的具体操作办法是用一种长径比很大的(L/D>40)单螺杆或双螺杆挤塑机一次性地完成共混、改性及成型（或造粒）。原位反应挤出设备除大的长径比外，在机身适当位置还有几个加料口和减压口，其设备的构造原理，如图5-11所示。

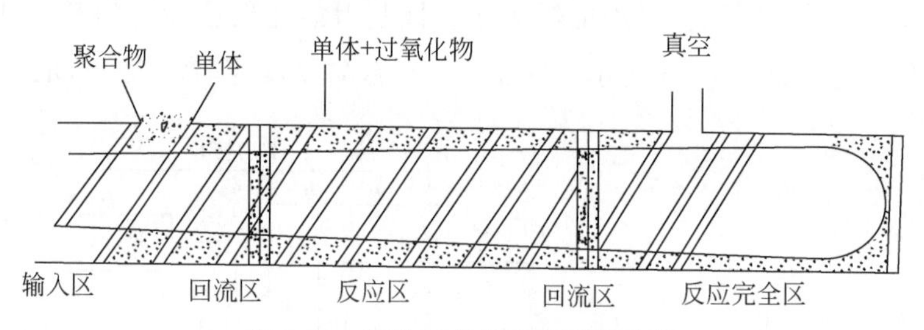

图5-11　原位反应挤出机原理示意

原位反应挤出工艺所进行的塑料高分子材料的改性及其加工成型的主要优点如下：①多相材料的相容性提高，促进了材料热力学稳定性及力学性能的稳定性；②实现了共混、改性、成型连续化，显著提高了生产效率；③使通用大品种塑料改性成工程塑料或结构材料成为可能；④生产场地面积小，污染少，节能，自动化程度高。

改性工艺特别适合于双组分或多组分高聚物间的增容共混，即组分间有极性和非极性的聚合体间的共混。另外，产生接枝反应的引发剂常用过氧化物，原位反应挤出工艺对原树脂或回收废弃塑料都是同样适用的。

(3) 油化法再生

油化法也称为热裂解油化法，将经分选过的废弃塑料包装在无氧状态下高温加热，使塑料中分子链发生断裂，从而得到低分子碳氢化合物的有效方法。再生油可用作燃料或化学工业原料。塑料油化方法有熔融槽法、螺杆式热分解法、流化床反应器法催化裂解法、反应管蒸发器法等。不同的方法可用于不同品种的塑料进行热裂解回收。

熔融槽法有聚合浴法和分解槽法两种，是采用一种熔融盐为加热介质，使废旧塑料制品加热分解，分解后的热蒸气通过电力除尘器后在冷凝器中冷凝成分解产物轻质油、气的方法。可用于聚乙烯、聚氯乙烯、聚丙烯和聚苯乙烯等塑料制品的油化。熔融槽工艺流程，如图5-12所示。

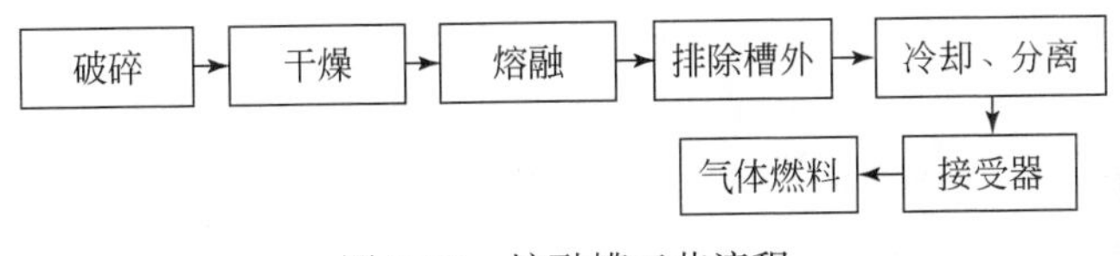

图5-12 熔融槽工艺流程

螺杆式热分解法可用于聚乙烯塑料制品的回收利用，不适合聚氯乙烯塑料制品的回收利用，但可以用于其他塑料材料，如聚丙烯、聚苯乙烯、聚甲基丙烯酸甲酯的回收利用。

反应管蒸汽法，适用于废旧塑料包装有聚苯乙烯、聚甲基丙烯酸甲酯等。

流化床反应器法可用于聚氯乙烯塑料包装的回收利用，也可用于其他塑料，如交联聚乙烯、聚丙烯、聚甲基丙烯酸甲酯、聚苯乙烯等多种塑料的回收利用。

催化裂解法可用于聚乙烯或聚氯乙烯单一品中塑料制品的油化，此法也适用于其他塑料，如聚丙烯、聚苯乙烯等。表5-5为各种油化法再生工艺的比较。

表 5-5　各种油化法再生工艺的比较

方法	特点		优点	缺点	产物特征
	熔融	分解			
熔融槽法	外部加热或不加热	外部加热	技术较简单	加热设备和分解炉大；传热面易结焦；因废旧塑料熔融量大，紧急停车困难	轻质油、气（残渣）
螺杆式热分解法	外部电加热	外部电加热	加热均匀，油回收率较高，分解条件易调节	不适合聚氯乙烯	轻油、重油
反应管蒸发器法	用重质油溶解或分解	外部加热	加热均匀，油回收率高；分解条件易调节	管内易结焦，需均质废塑料作原料	油、废气
流化床反应器法	不需要	内部加热（部分燃烧）	不需熔融；分解速度快；热效率高；容易大型化	分解生成物中含有机氧化物，但可回收其中馏分	油、废气
催化裂解法	外部加热	外部加热（需催化剂）	分解温度低，结焦少；气体生成率低	炉与加热设备大；难于处理 PVC 塑料；应控制异物混入	

5.2.2.4　混合塑料废弃物油化制油煤浆及其高效燃烧技术

混合塑料废弃物油化制油煤浆及其高效燃烧技术，是利用水煤浆领先技术，对混合塑料包装废弃物进行能源化高效洁净利用。将混合塑料包装废弃物经油化处理后转化成中低品质原料油，再结合高效生物质水煤浆制浆、燃烧系统集成技术，形成低碳高效洁净能源——油煤浆，并在具有自主创新知识产权的层——悬浮燃烧水煤浆锅炉（多种清洁能源互补水煤浆锅炉）中高效清洁燃烧，建设区域性（如大型社区、工业园区、大型企业驻地和大学城等）的冷热电联供分布式能源站。该技术关键在于精确地描述塑料包装废弃物中的有机物在超临界水中的燃烧过程、传热传质特性，确定各个工艺流程中的最佳工艺参数，研究各种反应后的热交换系统，寻找到最佳的热能利用方式，并通过设计特殊的反应釜结构来解决目前此项技术中腐蚀和堵塞两大难题；其次是不同煤种和中低品位油品的制浆特性研究和评价方法、各种灰分和浓度油煤浆燃烧特性研究和评价方法、油煤浆技术关键设备开发研究、低、中、高浓度油煤浆管道输送特性研究、低 NO_x 和炉内脱硫技术的研究；油炉改烧油煤浆的改炉技术和热力计算方法研究；工业和电站锅炉应用油煤浆厂区卸、储、送、搅拌、过滤、防冻、防沉技术研究等。

5.2.2.5　复合再生技术

一般的塑料包装废弃物均混杂有不同种类，在分离困难或经济上不利时，就以混合状态直接成型。通常，使用法兰式熔融机，排气式挤出机，这些方法已实用化。以聚烯烃为主的混合塑料，商业化生产成桩、仿木等制品。日本还订了 JIS-K-6931 标准，使已进行过挑选，不相容的树脂混合在一起，其性能一般受影响，这是复合再生的问题之一。因此，最近相容剂应用的研究相当盛行并实用化，相容性差的塑料混合一起时，添加入相容剂，可以达到不降低性能的目的。

混杂型塑料包装废弃物再生利用的另一个问题是再生材料的外观，其色彩自由度低，一般为灰色至黑色，因而其用途受限制，只能做些附加值低的产品。为打破此限制，可考虑使用复合层成型，中间层为再生料，内外层为新料，其品质、外观并不逊色。例如，3 层的薄膜或 3 层的排污管材，表面层为新树脂，内层为再生料的塑料窗框等。成型可采用多层注射成型技术，压力注射技术，有可能打破再生品的性能界限和用途，但是设备投资与经济性仍有问题。

根据塑料包装废弃物的来源，还逐步形成了各自的再生系统，如农用废膜再生系统，发泡聚苯乙烯再生系统，聚氯乙烯复合材料再生系统以及其他再生系统。

日本再生加工厂家有 100 多家，随着加工技术的改进，品质和机能和提高，制品的种类增加，再生加工制品棒、板和桩等 JIS 定有标准，其信赖度高，日本法律上也鼓励塑料再生加工品生产。

再生制品具有下列优点：① 具有耐久性、耐磨性和弹性；② 具有耐化学腐蚀，耐药品性；③ 复杂形状的成品也易于一体成型；④ 易于施工现场组合或组合式加工，且轻量、施工容易；⑤ 可以着色或油漆；⑥ 可制成添加填料或插入芯材的制品。其缺点是热膨胀，负荷弯曲，利用其优点再生制品广泛用于土木建筑、农林水产、电力输电、管道、铁道运输、包装等方面的材料。

对于塑料包装废弃物回收处理技术，建议优先采用直接回收利用工艺技术，然后依次采用原料型回收利用工艺技术、改性型回收利用工艺技术。至于填埋利用技术，只是一种技术未能处理的处理方式，是一种不利于环境的消极处理技术，而不是一种对资源有利的利用技术。

值得注意的是，采用直接回收利用工艺技术，其挑选工序是十分严格的，一定是刚用后就丢弃的，基本没什么污染，上面无划痕，透明、光滑如新瓶一样，属基本合格，并且这些塑料包装经过技术后，须经严格的卫生检测后，方可重新使用。原料型回收利用工艺技术应加强推广，它可采用现有技术、设备，既经济，效率又高，且对塑料材料的力学强度和性能无影响。加强改性型回收利用工艺技术研发，提高再生料的基本力学性能，满足再生专用制品质量的需要。废弃塑料包装回收合金化，是当今材料学，特别是工程材料中备受器重的材料，是改善高聚物性能的有效途径。它将最大限度地利用塑料包装废弃物，发挥再生塑料的使用价值，并获得巨大的经济收益。将此方法运用在再生塑料上，将具有很好的开发前景和特殊意义。

5.3 纸包装材料回收利用

纸包装废弃物主要包括瓦楞纸箱、各种纸盒、纸筒、纸罐、纸袋及相关的广告纸板等。从本质上讲，它们并非单质的纤维材料，还包括了在印刷、制箱、成型工艺中，加入的各种辅助材料，加油墨、胶黏剂、表面薄层、铁钉等。因此，这里所研究的纸包装废弃物回收利用，只是以纸纤维材料为主体的纤维材料。

5.3.1 纸包装材料回收利用方式与途径

我国纸包装废物的流向主要包括以下几个方面：① 少部分混入城市生活垃圾中，以不具备回收价值的小包装纸为主；② 部分流入不具备回收条件的乡村；③ 部分从居民消费后直接回收；④ 很大部分直接从生产厂家和流通领域消费后进行回收。由于回收过程复杂、环节多、缺乏基础数据，目前很难搞清楚流向各节点、各层次的准确数量。其产生和流向，如图 5-13 所示。

纸包装废物回收依靠的是现有再生资源回收体系，回收体系所有涉及方都会

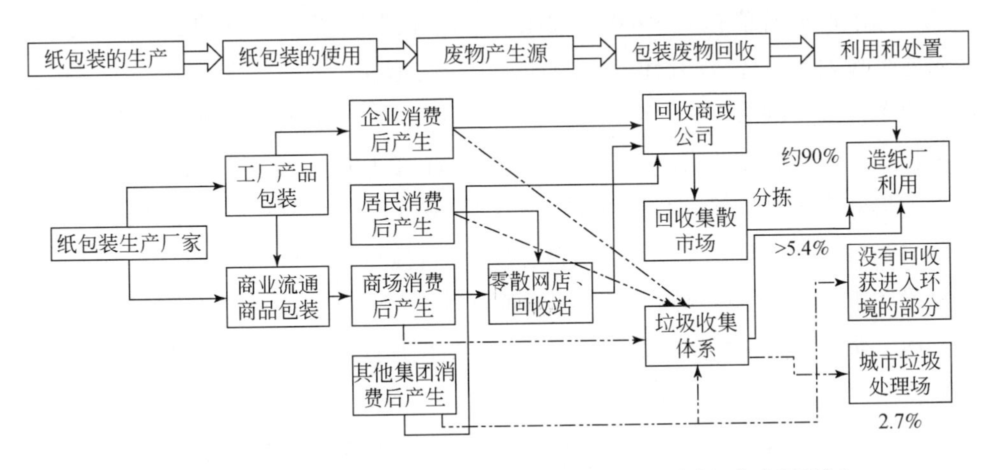

图5-13 纸包装废弃物的产生和流向

回收这类废物。例如，居民消费后产生的纸板、纸箱、纸盒一般会自觉分类后卖给小区收购人员，工厂、学校、商场、机关、事业单位、机场、车站、码头、旅游景点等场所也会主动回收，回收商或回收公司也积极收购这类废物。这种广泛回收现象是由纸包装的如下特点所决定的：

1）纸包装废弃物具有良好的可回收性。纸、纸箱、纸板、纸盒是不可或缺的包装物，不可能由其他包装材料完全替代，质量适中、强度好、价格便宜、方便印刷、环境性能好、易加工成型、易再生、易识别、易储存、易运输等方面的优势，使其具有广泛的应用领域，从而纸包装的生产量和消费量具有量大面广特点，回收过程容易产生累积效应，是所有个体回收人员首选回收对象。

2）纸包装废物具有良好的需求市场。我国是纸包装生产和消费的大国，而造纸用的原生资源非常短缺，导致我国每年大量使用进口纸浆、原纸、废纸和国内回收废纸作为生产原料。各地大型造纸厂、中小规模造纸厂都不可避免使用回收原料，大幅度降低或节省生产成本，从而产生更好的经济效益，企业需求大是纸包装废物回收的原动力。

3）纸包装废物具有良好的回收经济性。纸包装废物回收链和网络正常运行的关键因素是经济价值，从产生源到再生利用厂家这个流程中，每个层次上的参与者都可获得一定的经济利益或价值。根据对全国部分城市黄纸板市场参考价格统计，黄纸板收购价（回收商付出的价格）在0.9～1.1元/kg，供应价（回收商卖给生产企业的价格）在1.0～1.3元/kg，回收链中大致要经过3～4个层次，平均每个层次的价值在 0.3 ~ 0.4 元/kg。如果按照 1.0 ~ 1.1 元/kg 估算，2006 年纸包装废物回收环节的价值为 320 亿 ~ 350 亿元。

纸包装废弃物回收利用途径与方法有多种多样。主要有两大类，一类是作纸包装原料，将其制成纸浆；另一类是制成与原包装功能不同的各种制品。纸包装废弃物回收利用制成纸浆的方法是将回收的废弃纸包装原料，经过软化、分散后，再通过过滤、离心分离除去铁钉、胶、塑料膜和其他异物，最后得到纸浆。这种回收纸浆根据用途不同，还得用表面活性剂将印刷油墨乳化分解，以除去这种回收纸浆，使用这种回收纸浆时可按不同比例加入原纸浆便可制得不同的包装用纸。

纸包装废弃物回收利用还有下列途径。将回收的纸包废弃物装进行粉碎、制浆、制成农用育苗钵，或称纸模营养钵。此外，还有将多种包装回收纸进行破碎后，加入特殊的黏合剂制成各种家具的。还可以对回收回来的瓦楞纸板和其他纸板较厚的纸盒进行清洁处理，便根据其材料的质量设计制成各种工艺品、超市货物陈列托盘等。这种利用是对包装纸箔纸板不进行破碎的原形使用，在发达的欧洲国家较为普遍。

5.3.2 纸包装材料回收利用技术

5.3.2.1 纸包装回收利用中的制浆工艺

过去废纸包装制浆的目的是为了纤维（包括纤维束和纸碎片）的完全疏解，油墨与纤维的完全分离以及油墨颗粒的碎解，以获得适宜为下道工序处理的废纸浆。这样，往往需要较长的碎浆时间，废纸中的胶黏物也随着被碎解成细小颗粒。目前在胶黏物问题日趋严重的情况下，用常规制浆方法造纸会产生严重的生产问题。下面介绍纸包装回收利用中的几种制浆工艺。

（1）碎解分散

纸包装的碎解分散主要是将废纸用水软化后，再用化学或机械的方法把黏合成块的纤维分离出来，即制浆。废弃纸的碎解分散主要用机械法实现。具体就是将废弃纸借用机械力的破碎使之成为纤维悬浮液，然后经离心与搅拌等方式使废弃纸中的各种杂质和水分去除。作为废弃纸的破碎分散主要使用的机械是水力碎浆机，碎解的工艺条件，如表 5-6 所示。

表 5-6 废纸包装碎解的工艺条件

纸类	包装箱、草浆书刊等	新闻纸
氢氧化钠/%	3.0	1.5
亚硫酸钠/%	4.0	4.0
脱墨剂/%	0.3～1.0	0.4
温度/℃	100	60
碎解时间/min	15	0～15
保温时间/min	30	30

（2）碎解分散设备及碎浆工艺

水力碎浆机有许多种类，如立式、卧式、单转盘、双转盘、间歇式、连续式等，主要构件是槽体、转盘、底刀环。转盘的圆周速度为 1000r/min，槽体直径 1～6m，容量为 0.34～57m^3，生产能力 4～200 t/日，其中废纸破碎制浆主要用立式机。图 5-14 为立式连续操作的水力碎浆机工作原理图。

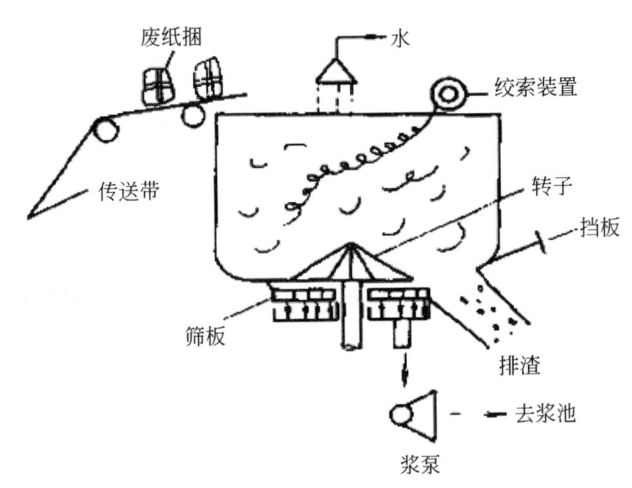

图 5-14 立式连续操作的水利碎浆机工作原理

碎浆机工作原理是利用转盘转动时带动水产生涡流，使废纸包装在水的回转和回转刀刃的切断下碎解成为纤维的悬液。立式水力碎浆机的制浆工艺为：废纸捆经过传送带连续运到碎解机的进料口处，经过拆捆将整包的废纸投入碎浆机内。纸在机内通过机械的高速旋转运动而被碎解，而废纸中夹杂的破布条、绳索，铁丝，塑料膜等杂物经过绞索装置将它们拉成辫状拖出来。对于那些比重较大的杂质，如金属、砂石、玻璃等则从底部排渣通道排除。

在整个碎浆过程中，破浆温度，转盘的旋转速度及废纸浆的浓度是很关键的三个影响因素。

1）提高温度可促使废纸软化，易碎解，易降低体系内黏度加快流动速度，减少动力的消耗，这种加热可采用废气加热，温度控制在25～80℃为好。

2）转盘速度决定破碎废纸浆和分散纤维的时间，速度太快动力消耗大，所以要综合考虑，做一个最佳的选择。

3）在能保证碎解良好的进行下，废纸浆浓度适度的提高并不影响碎解的速度，可提高工作效率。

（3）筛选

废纸包装碎解后的筛选主要是利用转筒筛（孔径为10mm）和25L筛（孔径为2.5mm）去掉碎解后废纸中的杂物（塑料片、木片、尼龙绳、装订线等）。

（4）疏解

为了防止胶黏物的碎解而引起的一系列问题，可采取如下几种方法：

1）使用连续式水力碎浆机碎浆，刀盘下抽提孔板的连续出料可限制施加于纤维和废杂质（包括胶黏物）的机械力，以防止纤维强度被弱化以及废杂质的碎解，使更多的原生胶黏物颗粒能在细筛时被除去。

2）使用疏解废纸较温和的鼓式碎浆机。

3）温和碎浆法，这是近期兴起的一种节能、降耗、提高产量的方法。主要做法是：尽量缩短碎浆时间，以避免原生胶黏物的碎解，促进原生胶黏物在细筛处的去除；碎浆的温度不宜过高；去除胶黏物之后，在细筛和预浮选之间进行一段低浓高速热分散处理。这样可以弥补并解决由于低碎浆时间导致的脱墨较差和斑点数较高的不足。

（5）浆料除沥青、热熔胶等杂物

假如浆料中含有沥青和蜡，就需加热熔化，然后用旋风分离器将其均匀地分散在浆料中，由于分散得较细，所以成品纸张不易觉察出来。浆料中的热熔胶在抄纸过程中会堵塞网孔、污染压辊和烘缸，从而发生纸张断头，因此要采用热分散法、冷筛法和热喷放法等方法脱除。

(6) 废纸脱墨

废纸脱墨通常是在间歇式操纵的水力碎浆机内进行。为了达到良好的脱墨效果，必须注意以下几个步骤。①加料顺序，脱墨剂先加入碎浆机的热水中，溶解后再加废纸；②适当增加温度以促进油墨扩散（因废纸性质和脱墨剂而异，低温 40～60℃，高温 80～90℃）；③适当延长时间以促进废纸疏解和油墨分散（通常每池浆料脱墨时间为 1～1.5h）；④及时洗涤脱墨后的浆料以防止纤维返色。

(7) 纸浆的漂白

废纸存放一段时间后，纤维的白度会下降，脱墨后的浆料需要漂白才能恢复原有白度。工厂都用漂白剂来漂白纸浆，其漂白剂若为漂白粉时有效氯的含量为 7%，漂白时间约为 2h。如要增加废纸浆的白度，还可以采取以下措施：一是强化洗涤和筛除微细纤维；二是按纤维不同分别漂白；三是漂白前采用酶进行预处理。

(8) 废纸制浆工艺

废纸包装制浆与一般的造纸制浆原理与工艺相似。只是省掉其中一些工序，如蒸煮等。具体可参考相关的制浆造纸资料，现只列出废纸包装回收制浆的主要工艺流程，以供参考，如图 5-15 所示。

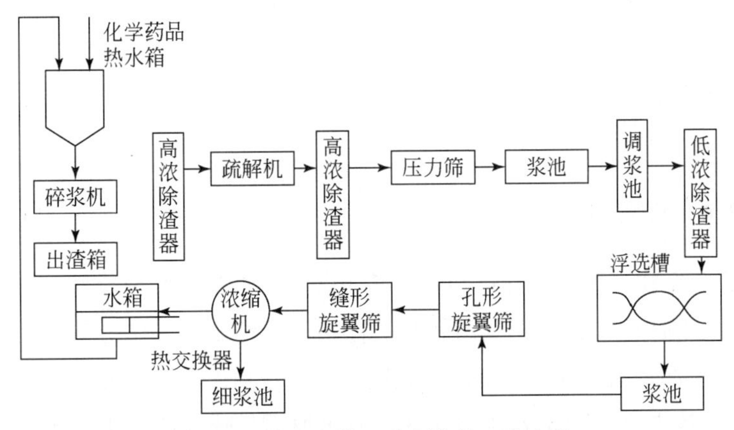

图 5-15　废纸包装回收制浆的工艺流程

废纸回收处理的两个关键技术是：① 杂物的除去及脱墨；② 废纸复抄适应性的恢复。除去油墨时，先用化学方法溶解或松开油墨，再通过机械洗涤；从纸浆中除去油墨。如果要求再生白色纸浆，还应包括漂白和漂洗。理想的脱墨配方应包括：能皂化印刷油墨连接料的碱，有助于油墨颜料润湿的活性剂，能防止颜料颗粒在脱离纸张后相互聚集的分散剂以及能与颜料结合并防止重新沉淀于纤维上的吸收剂。为了防止由于废纸循环而降低纸张的强度，要考虑废纸复抄适应性的恢复。一般除掉部分细小纤维，加入一些新纤维，瓦楞纸箱对新纤维的要求较低，废纸含量可达 96%；或利用纸张增强剂、助滤剂、助留剂等，也可采用高分子补强剂使纤维黏合代替纤维间的氢键结合，以增加纸的强度；还可将废纸经过浆料制备装置处理制成纸浆，纸浆可以用来用一定比例的纯木浆混合制造纸和纸板，如厨房用的卷纸、写字抄纸、信封、新闻印刷纸等。

5.3.2.2 复合材料板

纸包装废弃物可以制造强度比较高的胶合硬纸板。其工艺是将纸包装废弃物和酚醛或脲醛等树脂，共同压制而成。酚醛树脂压制温度为 170℃；脲醛树脂压制温度为 140℃。

纸包装废弃物也可以制造沥青瓦楞板。其工艺是将废纸、棉纱头、椰子纤维和沥青等原料模压而成。该产品隔热性好、不透水、轻便、防火和耐腐蚀，可以作房屋建筑材料。

5.3.2.3 纸屑糨糊

用废纸屑水解生产黏力强的糨糊。其工艺是将干净无油墨的纸屑（1 份）放入氢氧化钠（0.1 份）中浸泡 24 小时，经搅拌溶解，再加入氯乙酸（0.35 份）和碳酸钠（0.1 份），最后加水搅拌成浆。为了防止霉变和变色，可加入少量盐酸将 pH 调至中性。

5.3.2.4 牲畜饲料

纸包装废弃物可以生产牲畜饲料，其工艺是将纸包装废弃物切碎，加入水和 2% 的盐酸，然后煮沸 2h，在高温和酸的作用下，纤维素发生分解断裂，再添加到饲料中（添加量为 20% ~40%），适量补加营养物，用来喂牲畜（牛和羊等反刍动物），其效果比普通饲料提高 1/3。用此种饲料喂养的牛羊，比喂一般饲料的疾病少，且长膘多。

纸包装废弃物回收利用途径与方法主要有两大类：一类是作纸包装原料，将其制成纸浆；另一类是制成与原包装功能不同的各种制品。在制作包装原料生产制浆过程中，其生产过程与普通造纸方法类似，但应重点加强碎浆、浆料除沥青、热熔胶等杂物以及废纸脱墨等工艺的技术的研发。建议在碎浆工艺采用温和碎浆法，这是近期兴起的一种节能降耗、提高产量的方法；在浆料除沥青、热熔胶等杂物工序，采用热分散法、冷筛法和热喷放法等方法脱除，可避免浆料中的热熔胶在抄纸过程中堵塞网孔、污染压辊和烘缸，进而发生纸张断头；在废纸脱墨工序，采用在间歇式操纵的水力碎浆机内进行，适当增加温度以促进油墨扩散，建议低温40～60℃，高温80～90℃，每池浆料脱墨时间为1～1.5h。

在制成与原包装功能不同的各种制品技术方面，大力生产和推广以纸包装废弃物为原料的产品技术，生产各种中密度板材、纸浆模塑制品，代替对环境严重污染的发泡塑料。

5.4 金属包装的回收利用

金属包装制品主要有两大类，一类是现代饮料的易拉罐、罐头盒、点心盒或一些油漆、油脂、蜡一类的铁罐；另一类是大的不锈钢储罐或盛装罐及工业用油或民用食用油的铁桶等。它们的应用范围是有限的，但一般没有替代品。因此，这些有限的材料是不可缺少的。

5.4.1 金属包装回收利用方式与途径

金属包装的回收利用方法，根据金属包装类别和金属包装材料的性能而有所不同。归纳起来，其回收利用方法主要有复用、回炉再造、其他利用。图5-16和图5-17分别是日本铝质饮料罐的生产、消费、废弃流程图和回收利用图。

在我国金属包装物比其他包装物的回收效果更好，主要是因为金属具有较好的回收利用价值和广泛的用途，容易识别和贮存。因此，提高金属包装物回收和利用水平，需重视两个关键问题。具体如下：

1）加强对金属包装材料的生产量、消费量和回收量的统计。目前，所有的统计材料和研究材料相关信息非常有限，缺乏最基本的数据，统计信息都局限在

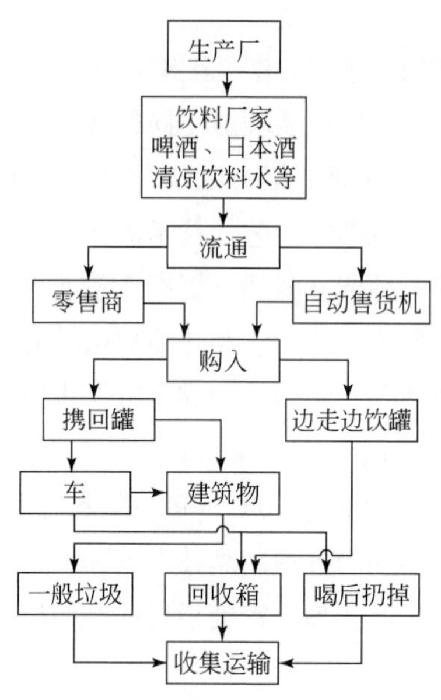

图 5-16　日本铝罐生产、消费、回收工艺流程

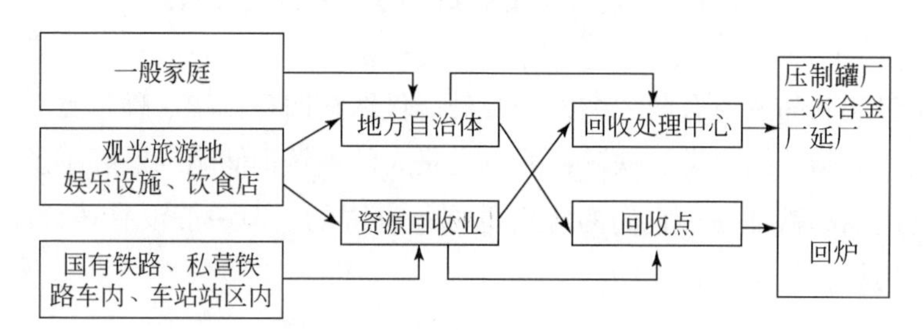

图 5-17　日本铝罐回收利用体系

经济效益方面，这直接影响国家或行业的政策制定，影响金属包装废物回收利用目标的制定，也影响金属包装行业的循环经济发展。

2）加强废旧金属回收利用的技术研究。废旧金属中大部分是从各种应用领域回收的不同牌号或不同品种的合金，这些合金在重熔回收时，各种合金元素混杂在一起，很难得到某种新的所需牌号的合金产品。即使是完全同种类的废旧金属，如饮料罐，也会由于不同厂家或不同国家对罐材质量控制不同，难以得到高质量的新产品。此外，夹杂的各种机械杂质，像油漆之类难以去除，也会影响产品质量。

5.4.2 金属包装材料回收利用技术

5.4.2.1 复用

将回收后的金属包装容器重新用作原来包装物品或其他物品的包装，它主要适用于那些大的钢桶包装的回收利用。复用方法是将各种不同规格、不同用途的储罐先翻修整理，然后洗涤，烘干，喷漆再用，如钢铁桶的回收利用。钢铁桶回收后，首先要按用途和规格进行分类，然后进行清洗，可以重新包装产品。污染严重、变形显著的桶还应进行翻新、洗净、烘干和喷漆后再使用；回收的废钢铁桶如生锈严重，可采用少量的稀酸液擦洗，然后用碱水和清水立即清洗，亦可采用磷酸缓蚀除锈剂来除锈；对于大型钢铁桶，如果锈蚀不严重，可以考虑直接用来制造瓦楞铁板或改制成较小尺寸的铁桶；对于不能重复使用的，可作为废铁回收，送到钢铁厂重熔。钢铁桶回收利用工艺，如图5-18所示。

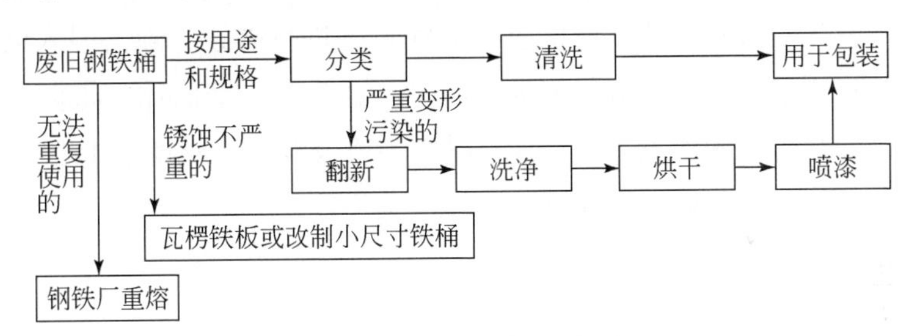

图5-18 钢铁回收利用工艺流程

5.4.2.2 回炉再造

将回收到的废旧空罐、铁盒等分别进行前期处理，如除漆等，铝罐进行去铁，然后打包送到冶炼炉里重熔铸锭，轧制成钢材或铝材。

各种金属包装罐的回炉处理都与其原质材料的冶炼方法相同。即钢、铝的回炉重铸与钢、铝的原始制造一样，只是规模小些而已。回收再造利用的各种金属包装，根据金属类别不同，可分别制得钢条、铝条等。

(1) 钢铁包装废弃物的回炉冶炼

对不能修复再用的钢铁包装废弃物可以回炉冶炼。钢铁容易识别，并具有磁性，可用人工或磁选设备将其分离。废钢铁回炉冶炼的废钢用量，电弧炉可用100%；氧气转炉可用15% ~25%。其工艺优点：① 废钢铁冶炼经济简便、时间短、见效快，减少了采矿、造矿、炼铁等环节；②从环保层面上看，用废钢和铁矿石相比，可减少炼铁及焦化、烧结等前工序的废水、废渣、废气的排放；③ 还可以节省设备投资，可降低1/3的成本。

（2）铝及其合金包装废弃物的回收利用

对铝及其合金包装废弃物的利用，废铝在逆流两室反射炉、外敞口熔炼室反射炉或其他形式炉中熔炼，可得到可锻铝合金、铸造铝合金和可供冶炼钢铁合金用的脱氧剂。废铝还可用浸出法和干法从浮渣和熔渣中回收铝。

（3）废铝饮料罐回收再生利用

由于垃圾的分类回收制度不断推进，大量的废铝罐并未进入生活垃圾，而是集中起来，形成较纯净的废铝饮料罐。集中处理废铝饮料罐工艺流程的重点是磁选和破碎。首先，进行磁选，将回收来的饮料罐进行磁选，除去混入的废钢铁，因为铁一旦进入熔池，分离极其困难，铁进入铝基体会降低铝的质量。其次，进行破碎，破碎是为了脱漆及去除铝饮料罐内的残余液体，避免液体进入熔炉发生事故。其工艺流程，如图5-19所示。

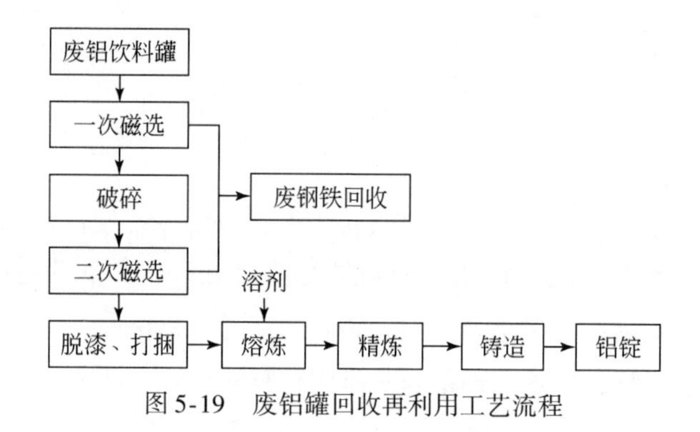

图5-19　废铝罐回收再利用工艺流程

（4）废杂铝的熔炼

除铸造、压延及专业铝合金冶炼厂家的铝及铝合金废料外，其他的铝及铝合金包装废料，都不同程度地混杂了其他物质，其化学成分、晶相组织、杂质含量都很复杂，对重熔后所得合金的品质（成分、不纯物、夹杂物及氢的含量）、成分合格率（即合金的损耗）及熔化中产生的公害（冒烟、冒臭气等）都有很大的影响。因此，在重熔前，要对铝及铝合金包装废料分门别类地处理，具体工艺如下：

1）分选出废杂铝中夹杂的废塑料、废木头、废橡胶等轻质物料。

2）采用离心分离机对废铝料进行除油。为彻底除油，在使用离心分离机时还可添加各种不同的溶剂，如四氯化碳等。

3）使用转筒式干燥机对铝废料进行干燥。

4）对表面积大的碎片、薄板（如饮料罐、食品罐、板材冲剪后的角余料等），在除油、漂洗、烘干后，将其捻压成球（坨）或块状，使其表面积与重量的比例比炉料块小，以便降低合金元素在熔化中的氧化烧损，并提高熔化率（即熔化速度）。

5）对含铁、砂等异杂物多的废料，用人工分选法除去其中的铁、钢成分及其他金属成分。

6）另外在这些废料中，还可能混入氧化铁等不纯元素，此时则可与钛一样，选取适合铁还原的熔化温度来排除在废料熔液混入的铁。

铝和铝合金包装废料中含有较多的金属和非金属杂质，所以必须进行熔炼。废杂铝的熔炼方式，主要有以下几种：

Ⅰ. 反射炉熔炼

国内外主要用反射炉熔炼废杂铝原料。反射炉适应性强，可以处理铝屑、旧飞机、带钢铁构件的块状废杂铝等原料。世界上80%～90%的再生铝是在反射炉内熔炼出来的。工业用反射炉有一室、二室和三室，中国多采用单室反射炉。以卧式火焰反射炉为主，炉身长方形，炉顶沿火焰方向倾斜，熔池容铝量为4～8t，反射炉热效率为25%～30%。

Ⅱ. 感应电炉熔炼

在工业生产中，常用熔沟型感应电炉，有芯感应电炉和坩埚感应电炉。感应电炉特别适合于熔化铝屑，可减少氧化损失，提高金属回收率。熔沟型感应电炉由两部分组成，竖炉身和可拆的感应加热系统。熔沟型感应电炉的主要缺点是由于氧化铝沉积在熔沟内表面上，使熔沟迅速变小，阻碍合金熔体的循环，改变了炉子的电气特性。熔沟型感应电炉的热效率为65%～70%，可处理氧化率低，且不含铁构件的打包废铝、制成团的废铝屑、包装废铝屑和管材等炉料。坩埚型电炉可以熔炼不含钢铁构件的块状铝废料、干燥的散粒铝屑和压块及原生金属或铸锭形式的准备合金。感应坩埚处理废铝屑的金属回收率为91% ~92%，处理废铝和高品级的废铝料，金属回收率为97% ~98%。

Ⅲ. 回转炉熔炼

回转炉多用于熔炼打包的废易拉罐和炉渣以及质量较低的废料，条件适宜时，铝的回收率可达93% ~94%。

Ⅳ. 竖炉熔炼

这种炉型国内外均已使用，在竖炉的基础上，在其后又加一平炉。竖炉主要是炉料预热及熔化，熔体流入平炉保温并作精炼。该炉型是利用竖炉与平炉的优点，并将二者结合起来，可用于块状及压块废铝的熔炼。其工作原理是基于200 ~300m/s 的高速高温气流向待熔化的铝对流传热和余热的充分利用，炉子一般由预热区、熔化区和前炉组成。它结构紧凑，占地面积小，可实现机械化加料。熔化速度快，单位热耗低，在节能和快速熔化上有突出优点。但也存在对物料烧损大、炉子塔部耐火材料寿命短、易发生拱料现象、只适用于熔炼单一的铝合金或纯铝等缺点。

Ⅴ. 干燥床式炉熔炼

干燥床式炉能熔炼各种类型的废铝，包括被污染的废料。在炉前可检出废料中夹杂的其他金属废料（如铁），但由于火焰直接冲击废料，能耗高、金属回收率低。因此，对薄型、屑状废料不宜使用这种炉子。

废杂铝的熔炼工艺、设备与特点，如表5-7 所示。

表5-7　废杂铝熔炼工艺、设备与特点

方法	对象	设备类型	特点
反射炉熔炼	熔炼各种废杂铝原料	一室、二室和三室反射炉	熔池容铝量为4 ~8t，反射炉热效率为25% ~30%
感应电炉熔炼	适合于熔化铝屑	熔沟型有芯感应电炉	可减少氧化损失，提高金属回收率。缺点是由于氧化铝沉积在熔沟内表面上，使熔沟迅速变小，恶化了合金熔体的循环，改变了炉子的电气特性
	熔炼不含钢铁构件的块状铝废料、干燥的散粒铝屑	坩埚感应电炉	金属回收率为91% ~92%，处理废铝和高品级的废铝料，金属回收率为97% ~98%

续表

方法	对象	设备类型	特点
回转炉熔炼	用于熔炼打包的废易拉罐和炉渣以及质量较低的废料	回转炉	铝的回收率可达93%～94%
竖炉熔炼	可用于块状及压块废铝的熔炼	竖炉+平炉	熔化速度快，单位热耗低。缺点是物料烧损大、炉子塔部耐火材料寿命短、易发生拱料现象、只适用熔炼单一的铝合金或纯铝等
干燥床式炉熔炼	能熔炼各种类废铝	干燥床式炉	能耗高、金属回收率低，对薄型、屑状废料不宜使用这种炉子

5.4.2.3　废铝箔处理

采用化学手段，使铝箔纸中的铝箔或纸发生化学变化，而将二者分离的方法。根据发生反应的不同，分为如下几种工艺：

Ⅰ. 充分燃烧法

该方法是将铝箔纸在空气中燃烧，将其中的有机物质充分氧化为CO_2和水，铝箔则被氧化为氧化铝。只利用了其中的铝成分，对环境有一定的污染，经济效益不高。现多不采用该方法。

Ⅱ. 真空干馏法

这种方法是将铝箔纸在无氧的条件下，充分碳化，再经过不同密度固体的分离技术，分离成碳粉与铝箔。这种方法回收的铝箔可以进一步用球磨机磨解成易燃细铝粉，经济价值进一步提高。这种方法采用的工艺流程，如图5-20所示。

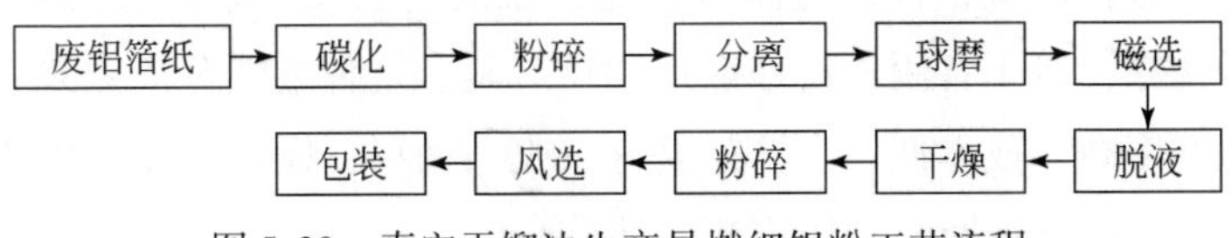

图5-20　真空干馏法生产易燃细铝粉工艺流程

Ⅲ. 无机酸碱反应法

这类方法根据产品和使用化学药剂的不同而有差异，但都是通过添加某种（或几种）化学物质，使其与铝箔纸中的铝箔起化学反应而进入溶液，然后进行液固分离。滤液经蒸发得到产品或不经过蒸发直接作为产品。常用的方法主要有生产碱式氯化铝、生产硫酸铝晶体。图 5-21 为生产碱式氯化铝的工艺流程。

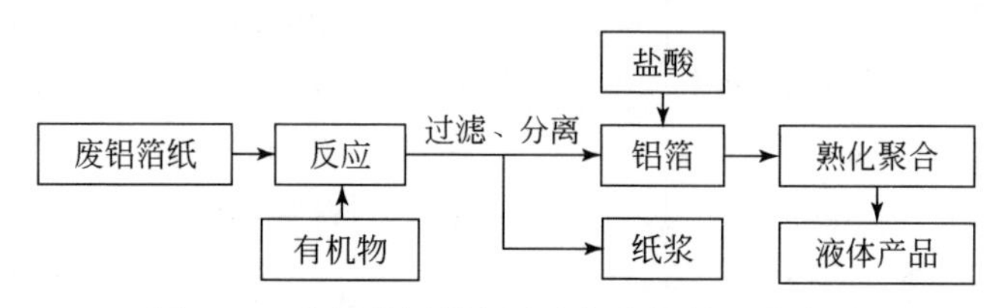

图 5-21　废铝箔纸制备碱式氯化铝的工艺流程

废铝箔纸生产硫酸铝晶体的工艺流程，如图 5-22 所示。

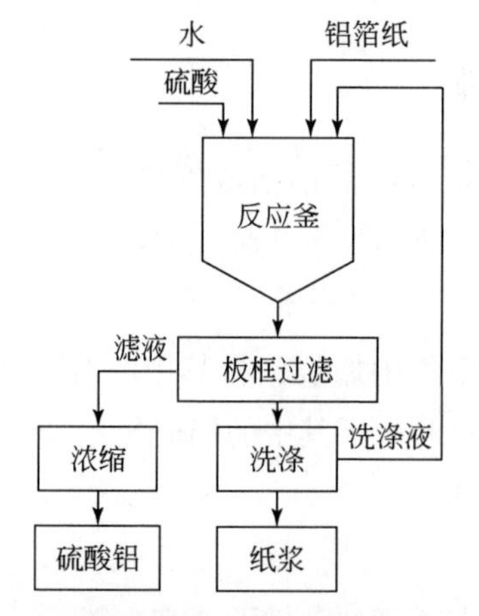

图 5-22　废铝箔纸生产硫酸铝工艺流程图

这种方法的具体工艺是，先将废铝箔纸粉碎，与水一起放入搪瓷反应釜中，加入足量硫酸进行反应，板框过滤机过滤，滤液经蒸发、结晶得到硫酸铝晶体。纸浆，经过洗涤，风干备用，洗涤液返回反应釜。这种方法分离效果较好，回收的两种物质纯度高，成本低，经济效益好，工艺简单，操作方便，没有污染物排放。表 5-8 为废铝箔纸回收利用方法的比较。

表5-8 废铝箔纸回收利用方法比较

分类	名称		分离介质	产品	设备	特点
物理方法	浸泡法		水	纸浆、铝箔	简单	手工操作
	水流式	简单搅拌	水	纸浆、铝箔	简单	连续或间歇
		搅拌筛分	水	纸浆、铝箔	稍复杂	连续
		离心分离	水	纸浆、铝粒	较复杂	连续
	气流式	沉降法	空气	纸浆、铝粒	较复杂	连续
		离心分离	空气	纸浆、铝粒	较复杂	连续
		负压气流	空气	纸浆、铝粒	复杂	连续
化学方法	燃烧法		空气	氧化铝	简单	连续或间歇
	真空干馏		—	碳粉、铝粉	复杂	连续
	酸碱	碱式氯化铝	水(酸)	纸浆、碱式氯化铝	稍复杂	间歇
		硫酸铝	水(硫酸)	纸浆、硫酸铝	稍复杂	间歇

5.5 玻璃包装材料的回收利用

5.5.1 玻璃包装回收利用方式与途径

目前，玻璃包装的回收利用主要有四种类型：包装复用、回炉再造、原料回收和转型利用。

常见的玻璃包装瓶（罐）很多，但真正能回收利用，特别是能进行包装复用的很少。例如，常用到的玻璃包装瓶（罐）有汽水瓶、啤酒瓶、调味品瓶、白酒瓶、食品瓶（各种罐头、果蔬酱菜瓶等）、药品瓶、化妆品瓶、色酒瓶（如葡萄酒、保健酒等包装瓶）、化工产品瓶（包括化学试剂）。所有这些品种的玻璃瓶中，做到回收利用，特别是做包装复用的就是前三种，而其他的几种瓶，几乎难以回收利用，甚至直接作为垃圾处理掉了。

5.5.2 玻璃包装回收利用技术

5.5.2.1 废弃玻璃瓶的包装复用

(1) 复用方式

废弃玻璃瓶的复用是指回收利用中的包装利用，它又有回收利用中的同物包装利用和更物包装利用。同物包装利用还包括同品牌和异品牌的包装利用。例如，啤酒玻璃瓶回收利用，再作啤酒包装则为同物包装利用。但是，可能原来包装的啤酒不是回收后包装的啤酒了，这时就是同物包装的异品牌包装利用；反之，回收玻璃瓶前后包装为同一品牌啤酒，则称为同物包装利用。目前，市场上的回收利用多为同物包装利用的异品牌包装利用。更物包装利用也较为普遍，如有很多生产食醋的厂家，将回收回来的啤酒玻璃瓶、酱油玻璃瓶等用于食醋的包装。

目前，玻璃瓶包装的回收复用主要为低值量大的商品包装玻璃瓶，如啤酒瓶、汽水瓶、酱油瓶、食醋瓶及部分罐头瓶等。而作为高价值的白酒瓶、药品（医用）瓶、化妆品瓶几乎不进行回收复用，包装回收利用率与商品价值的关系，如图 5-23 所示。

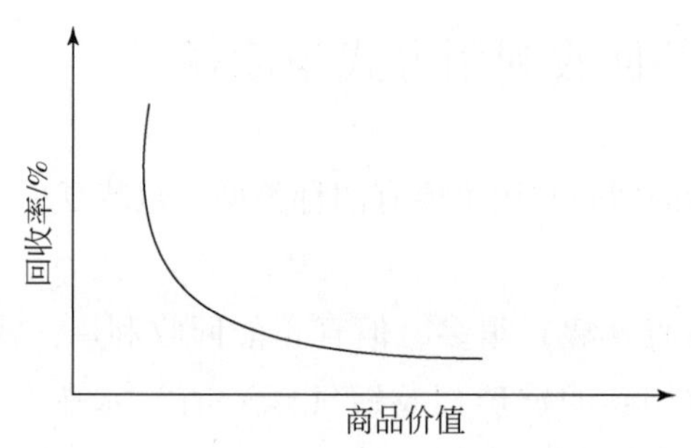

图 5-23 玻璃瓶回收利用率与商品价值的关系

由图 5-23 可以看出，其价值越高的商品其玻璃瓶回收率越低。

(2) 复用工艺

玻璃瓶复用工艺流程，如图 5-24 所示。

在该工艺中，挑拣分类是将不同品种类别（相近形状结构瓶）的玻璃瓶按结构形状分类，以便于按用途进行使用。

分类 → 清理 → 清洗(水冲) → 洗涤剂清洗 → 水洗 → 烘干 → 消毒 → 待用

图 5-24　玻璃瓶复用工艺流程

清理是将瓶身上的标贴，特别是塑料标贴标签清除干净，同时还将瓶口损伤、有缺口的瓶清除，以保证在使用不发生事故（压碎压破或瓶的伤残会因机械而崩裂产生碎片落入瓶内物品中）。

洗涤剂清洗是将瓶中污垢去除，由于洗涤剂的作用使之更为卫生清洁。

消毒工艺是食品或要求较严格的化学品所必须的工艺，另外对医药用品或化妆品更是要求严格消毒。

复用方法最大的缺点是，消耗大量的水和能源，这也是要考虑的问题。

5.5.2.2　回炉再造

回炉再造是将回收来的各种包装玻璃瓶用于同类或相近包装瓶的再制造，这实质上是一种为玻璃瓶制造提供半成品原料的回收利用。回炉再造工艺流程，如图 5-25 所示。

回收 → 清理 → 清洗 → 分类 → 回炉

图 5-25　回炉再造工艺流程

该工艺是将回收的玻璃瓶，进行初步清理、清洗，按色彩分类等预处理；回炉熔融与原始制造相同，此处不再重复；用回炉再生的料通过吹制、吸附等不同工艺方式制造各种玻璃包装瓶。回炉处理不仅可以节省生产玻璃的原材料和纯碱，节省能源和时间，而且还可以起到助熔剂的作用。

回收炉再生是一种适宜于各种进行复用或无法复用（如破损的玻璃瓶）的玻璃瓶的回收利用方法。

5.5.2.3　原料回用

原料回用是玻璃瓶回收利用将不能复用的各种玻璃瓶包装废物用作各种玻璃产品的制造添加原料的利用方法。值得注意的是，这里的玻璃产品不仅是玻璃包装制品，同时也包括其他建材及日用玻璃制品等产品。

适量的加入碎玻璃有助于玻璃的制造，这是因为碎玻璃与其他原料相比，可以在较低温度下熔融。因此，用回收玻璃制瓶需要的热量较少，而且炉体磨损也可减少。研究表明，在玻璃制造中，掺入30%或更多些的碎玻璃是适宜的，所以还可以再多用些回收玻璃。

目前，玻璃容器工业在制造过程中约使用20%的碎玻璃，以促进融熔以及与砂子、石灰石和碱等原料的混合。碎玻璃中75%来自玻璃容器的生产过程，25%来自消费后的容器。将废弃玻璃包装瓶（或碎玻璃料）用于玻璃制品的原料回用，应注意如下问题。

（1）精细挑选去除杂质

在玻璃瓶回收料中去除金属和陶瓷等杂物，特别是用于容器制造更需讲究。这是因为玻璃容器制造商将要使用高纯度的原料。例如，在碎玻璃中有金属盖等可能形成干扰熔炉作业的氧化物；陶瓷和其他外来物质则在容器生产中形成缺陷。

（2）颜色挑选

回收利用颜色也是个问题。因为带色玻璃在制造无色、火石玻璃时是不能使用的，加入10%的琥珀色和（或）火石玻璃。而生产琥珀色玻璃时只允许加入10%的绿色和（或）火石玻璃。因此，消费后的碎玻璃必须用人工或机器进行颜色挑选。碎玻璃如果不进行颜色挑选直接使用，则只能用来生产浅绿色玻璃容器。

5.5.2.4 转型利用

回收玻璃瓶包装的转型利用是将回收的玻璃包装直接加工，转为其他有用材料的利用方法。各种包装容器的崛起和容器材料的多样化，对玻璃瓶的需求有所下降。因此，有必要开拓玻璃废弃物在制瓶以外其他领域的应用，即转型利用，将回收的玻璃包装直接加工，制成其他有用的材料。这种利用方法分为两类，一种是加热型，另一种是非加热型。

（1）非加热型

非加热型也称机械型利用，其具体方法是根据使用情况直接粉碎，或先将回收的破旧玻璃经过清洗、分类、干燥等预前处理，然后再用机械的方法将它们粉碎成小颗粒，或研磨加工成小玻璃球待用。其利用途径有如下几种。

1）将玻璃碎片用作路面的组合体、建筑用砖、玻璃棉绝缘材料和蜂窝状结构材料；

2）将粉碎的玻璃直接与建筑材料成分共同搅拌混合，制成整体建筑预制板；

3）碎了的容器玻璃还可以用来制造反光板材料和服装用装饰品；

4）用于装饰建筑物表面使其具有美丽的光学效果；

5）可以直接研磨成各种造型，然后黏合成工艺美术品或小的装饰品如纽扣等；

6）玻璃和塑料废料的混合料可以模铸成合成石板产品，废玻璃甚至可以用于生产污水管道。

（2）加热型

加热型利用是将废玻璃捣碎，用高温熔化炉将其熔化后，再用快速拉丝的办法制得玻璃纤维。这种玻璃纤维可广泛用于制作石棉瓦、玻璃缸及各种建材与日杂用品。

上述玻璃包装回收利用四种方法中，包装复用是一种最理想的回收利用方法，这是一种节能而经济的回收利用。而作为转型利用，是一种急待开发的回收利用方法。今后有很多产生增值的新技术将用于回收利用。

综上所述，废弃玻璃包装的包装复用应大力提倡，而转型利用回收应加大研究开发力度。无论哪一种回收利用方式，都可节省能源，都应因地制宜加以研究和推广。表5-9为废弃玻璃瓶各种回收利用的方法比较。

表5-9 废弃玻璃瓶各种回收利用的方法比较

特征 / 利用形式	对象	利用途径	用途	优缺点
包装复用	无损害或可修整的玻璃瓶	同物包装利用、更物包装利用	同类包装物	工艺简单，能源消耗大
回炉再造	破损的玻璃瓶	相当半成品原料	新包装物	扩大复用范围能源消耗较大

续表

利用形式＼特征	对象	利用途径	用 途	优缺点
原料回用	易于分类但破损的玻璃瓶	等同原材料	各种玻璃制品	节约能源，易受利益支配
转型利用	所有玻璃包装回收物	其他材料	等同其他材料制品	应用广泛，技术高

5.6　复合包装材料的回收利用

复合包装是指由两种及两种以上不同性能的包装材料结合在一起组成的包装，体现了所组成材料的优点，有着比单一组分制成的包装更优越的性能，成为一种更实用、更完备的新型包装材料。广泛应用于食品、饮料、医药、化妆品等产品的包装。常见的纸塑复合材料、纸铝塑复合材料都是以原纸为原料制成的复合材料。通常，复合包装的原材料为75%的纸板、15%的聚乙烯和5%的铝箔。

5.6.1　复合包装回收利用方式与途径

复合材料包装废弃物主要来源于两个方面，一是生产过程中产生一定数量的废膜、废料及边角料，二是使用后丢掉的废弃物。目前，这些复合材料包装废弃物的回收和利用存在着很大困难，具体如下：

(1) 生产工艺复杂

复合包装材料一般采用干式、湿式、挤出、热熔等复合方式，各材料组分之间结合紧密，甚至就是一个整体，所以采用一般方法很难把它们分离开来，从而给回收利用造成很大困难。

(2) 原料种类多

生产复合薄膜使用的原辅材料品种繁多，有不同种类的树脂、薄膜、黏合剂以及油墨等。不同用途的包装材料对于复合结构也有不同的要求，采取的复合方法也不尽相同，国外已达数千种，国内也达数十种。这样就造成复合包装材料废弃物的种类杂乱，而且难以分类和筛选。

（3）分类、分离困难

复合材料包装废弃物大都是特别分散，而且许多还存在于垃圾当中，造成回收困难，回收方式也只能采用低级处理方式，回收效率低且价值不高，使回收利用受到很大的限制。

由于复合包装废弃物回收有以上几个方面的困难，它常用的处理方式与途径，主要有以下三种：

（1）填埋法

这是一种最简单直接而且最原始的方法，将复合包装废弃物直接填埋于指定地点，使其自然分解。这种方法废弃物的分解时间需要很长，即使是普通 PE、PP 等塑料成分，也需要 200 ~ 400 年才可以完全分解。与此同时，被填埋的塑料废弃物长期滞留在土壤中，还会破坏土壤的透气性能，降低土壤的蓄水能力，影响农作物对水分、养料和土壤中矿物质的吸收，导致农作物产量和质量下降，而且随着积累量的加大，会严重阻碍地下水道流通和渗透。因此，这种处理方法应该被淘汰。

（2）焚烧法

焚烧法是将不能用于回收的混杂塑料及其垃圾混合物作为燃料，置于焚烧炉中焚化，然后再利用燃料产生热量的一种处理方法。这种方法速度快而且简单有效，但在焚烧过程中会排放出大量的浓烟将造成大气污染。

（3）化学法

将复合包装废弃物中的塑料经热解或采用化学试剂进行分解，得到的产物为单体、不同聚体的小分子、化合物、燃料等高附加值的化工产品。采用这种回收处理方法可以得到相应的化工原料，在成分上与原来的新材料基本相同，可以代替或与新材料同等使用，形成再生资源，循环使用。这样可以既减少对环境的污染，还可以节约资源。

5.6.2 复合包装回收利用技术

目前，我国现有的纸塑铝复合包装再生利用的方法主要有两类：一类是将纸塑铝复合包装整体破碎处理后再生成新的原材料，即直接再生利用技术；另一类则是将纸塑铝复合包装中的三种材料分离后分别再生回用，即分离再生技术。

5.6.2.1 直接再生利用技术

直接再生技术，主要有塑木技术和彩乐板技术两种。

(1) 塑木技术

塑木技术是将纸塑铝复合包装直接粉碎，挤塑成型为"塑木"新材料，把牛奶盒中的纸、塑和铝箔更加紧密地结合在一起。这种"塑木"新材料可以用来制造室内家具、室外防盗垃圾桶、园艺设施等（赵素芬，2007）。

(2) 彩乐板技术

彩乐板技术是将纸塑铝复合包装直接粉碎，热压后制成彩乐板。在杭州、上海、深圳、北京、广州等城市，已经有一些公司专门从事彩乐板的生产，并用其制成垃圾桶、室外地板等产品。但由于彩乐板的原材料只能采用纸塑铝复合包装生产提供的边角料以及牛奶、饮料灌装厂在灌装过程中产生的废包装盒等洁净的纸塑铝复合包装材料来制造和生产，这样就使纸塑铝复合包装的回收范围仅仅局限在生产厂和灌装厂的废料上。

以上两种纸塑铝复合包装的再生技术只是将包装盒整体作为一种再生原料来生产其他产品，而不同用途的废物分别回用才能发挥各自最大的作用。因此，将纸、塑料、铝箔分离后分别回用是能体现纸塑铝复合包装回用价值的一种再生利用方式。

5.6.2.2 分离再生利用技术

针对纸塑铝复合包装材料自身的特殊结构和性质，其分离工艺过程可以分为两个部分，首先是纸与铝塑的分离，其次是铝箔和塑料的分离。

(1) 纸与铝塑分离

纸与铝塑分离技术主要是水力碎浆技术。其工艺流程，如图 5-26 所示。

水力搅拌 → 清洗 → 漂洗 → 沉淀 → 离心 → 过滤 → 纤维纸浆

图 5-26 纸与铝塑分离工艺流程

通过水力搅拌使纸与铝塑分离得到纸浆，再经过清洗、漂洗、沉淀、离心、过滤等可得到优质的长纤维纸浆，无菌牛奶包装中优质的原生纤维占了 70% 以上。因此，无菌牛奶包装回用后可以作为一种优良的造纸纤维原料。目前，该类再生纤维主要用于替代商品木浆用来做箱板纸面、精制牛皮纸和浆板等。而且由于该工艺没有其他化学品的加入，生产过程中产生的废水可通过一级沉淀处理回用，实现绿色环保生产。国内主要有四家企业回收再利用复合包装材料来生产再生纸，分布在北京、山东、浙江、广东等地。其中，杭州富阳市富伦纸厂是其中起步较早的企业，早在 2004 年他们就开始着手研究纸塑铝复合包装材料的回收再利用技术，投资 1565 万元建造“纸塑分离——造纸生产线”，2007 年共分离废饮料盒、边角料 9840t，生产牛皮纸 6300t，铝塑复合物 2460t。

(2) 铝塑分离

去除纸浆后的铝塑筛渣的分离是难点。国内目前还没有成熟完善的技术能够应用于大规模生产。铝塑筛渣的分离技术主要有湿法、干法、等离子、化学分离和半化学半机械五种方法。具体如下：

Ⅰ. 湿法分离技术

湿法分离技术是将铝塑筛渣完全浸泡在剥离剂溶液中（酸、碱或有机溶剂），使铝箔和塑料剥离开。根据剥离剂的不同，其原理也不同。因为纸塑铝复合包装材料的生产工艺是利用高频波和热压合等方式使 LDPE 层结合面熔融，再使其与铝箔表面形成的铝的氧化物以及纸塑结合在一起，所以通过酸或碱浸泡，侵蚀铝箔层结合面的铝氧化物（Al_2O_3）层，将铝塑材料完整分离；有机溶剂分子可使 LDPE 发生溶胀，可破坏塑料和铝箔的黏着力，适当的溶剂既能使塑料从铝箔上脱落，也不会使过多的塑料溶解。

我国在复合包装的湿法分离技术上已取得一定进展。所使用的剥离剂有：乙酸的水溶液，烧碱的水溶液，丙酮、溴乙烷、氯仿、丙醚、乙醚、芳香烃的苯或甲苯等有机溶剂。湿法分离技术需要考虑在分离过程中所用的剥离剂使用后的回收处理问题，避免对环境产生二次污染。

Ⅱ. 干法分离技术

干法分离技术是利用铝箔、塑料的熔点不同（铝的熔点为660℃，LDPE 的熔点为107～120℃）将铝塑筛渣置于密闭容器中加热达到塑料的熔点，使塑料热解气化，收集塑料热解的气态产物，固体物质即为铝箔，使铝塑得到分离。国内外对干法分离技术做了很多研究，包括废弃铝塑复合材料分离回收方法是利用加热耐压封闭容器使塑料热解气化分离铝塑；还有是通过水力碎浆过程（回收材料中的纸）和流化床气体发生器（将塑料热解气化，余下的固体物质是金属材料）来实现铝塑的分别回收利用。

干法分离技术缺点是在热解过程中有一定的燃料能源消耗，会产生 CO_2、烟气等气体。该法处理后的铝塑复合材料只有铝箔能回收利用，分离出来的塑料类物质难以回收，只能以热能的形式利用，利用价值不高，因此在实际中应用较少。

Ⅲ. 等离子技术

等离子技术是利用电能在1500℃下所产生的等离子射流加热铝塑筛渣，使塑料转化成石蜡，而铝则以高纯铝的形式被回收。在 2005 年，美国铝公司（ALCOA）在巴西的子公司与 Tetra Pak 公司、Klabin 公司和 TSL Ambiental 公司合作，在巴西建成了世界第一个纸塑铝复合包装纸盒循环利用工厂。该工厂采用等离子技术使铝和塑料从废纸盒原料中分离出来，由 ALCOA 公司利用回收的铝锭生产新铝箔，石蜡则出售给巴西的石化工业加以利用；第一段回收工序提取出的纸浆由 Klabin 公司生产成硬纸板；负责开发热等离子技术的 TSL Ambiental 公司负责纸塑铝复合包装纸盒循环利用工厂的生产。

等离子装置具有年处理8000t 塑料和铝的能力，相当于可以回收约 3.2×10^4t 无菌牛奶包装纸板。运用该技术可使回收处理过程中污染物排放量最少，而且反应是在无氧的环境下进行处理，无需燃烧，能量效率比接近 90%。但该技术存在建造和运行成本都过高的问题，难以推广。

Ⅳ. 化学分离法

化学分离法是采用溶剂来浸泡铝塑纸包装，破坏塑、铝、纸间的结合力，从而实现各层材料分离。化学分离法用于处理的工艺以下两类：

利用铝和铝的氧化物溶于酸性的性质，用酸或碱把铝溶解，从而回收塑料和纸，含铝的溶液可合成氯化铝、硫酸铝或聚合铝。

利用一些有机溶剂（如甲苯）可以溶胀或溶解塑料的性质，使塑料（包括黏合剂）溶胀或溶解，从而实现各层材料分离。在溶剂的选择时，可选用丙酮、氯仿等有机溶剂作为剥离剂，也可选用硫酸、醋酸、硝酸、氢氧化钠溶液等无机溶剂作为剥离剂。一般选用醋酸作为剥离剂，而不用有机溶剂或强酸强碱，因为有机溶剂的毒性大、易挥发、成本高，而强酸强碱又具有一定的腐蚀性。相反用醋酸其具有工艺投资少、对被剥离物无损坏、对环境无污染等特点。

Ⅴ. 半化学半机械的方法

铝塑分离技术采用半化学半机械的方法，将无菌复合纸包装提取纸浆后产生的铝塑筛渣进行二次分离。铝塑筛渣是上游工序水力碎浆生产线产生的“废料”，也是铝塑分离生产线的“原材料”。首先，铝塑筛渣通过风机被输送到反应罐，再向反应罐中加入适量的乙酸溶液，并通入蒸汽加温至50℃左右，降低铝箔薄片和塑料薄片之间的结合力；接着，反应罐按顺时针方向转动，其内壁的“分流条”不断剥离铝箔薄片和塑料薄片；随后，反应罐按逆时针方向转动，释放出物料，经过两级分离筛的处理和分选，铝箔薄片就“变身”为铝粉液，并与塑料薄片彻底分离。分离后的塑料薄片经脱水处理后做成塑料颗粒，可作为原材料销售给塑料制品厂商。铝粉液经地下管道输送至锥形除渣器，去除杂质，并经重力脱水和甩干后形成铝粉，真空包装后即可成品销售。

该分离技术的主要特点是环保。铝塑筛渣采用风力输送至反应罐，既节省动力，又有效减少粉尘对车间环境的影响。生产过程中产生的废水，经过一定的酸碱调节，并采用离心分离技术滤出杂质后，可以循环使用。反应罐中产生的尾气，收集后经活性炭吸附过滤，在高空排放。经上海环境科学院检测，该生产线的废水废气排放完全达到甚至优于国家相关标准，真正是废弃物处理的绿色技术。

5.7 案　　例

5.7.1 日本包装废弃物回收利用技术

5.7.1.1 概述

日本每年产生的家庭废物大约有5000万t。由于日本填埋场地匮乏，使得家庭废物处置成为社会问题，再加上废容器和包装物占到家庭废物体积的 60% 左右，如图 5-27 所示。因此，实现包装废弃物的减量化和回收利用成为亟待解决的问题。

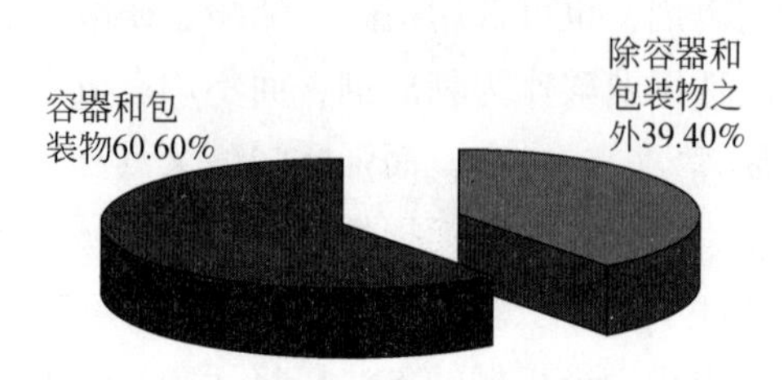

图 5-27　容器和包装物占家庭废物的比例

数据来源：陈燕平，等 . 2007. 日本固体废物管理与资源化技术. 北京：化学工业出版社

在此背景下，日本政府于 1995 年颁布了《容器和包装物再生利用法》。该法的主要负责部门是日本的环境省、经济产业省、农林水产省、厚生劳动省、财务省。该法的主要目的是在《容器和包装物再生利用法》框架下，通过与专门企业实体、市政和回收商签订合同，实现容器和包装物的分类收集与循环利用，达到保护环境，促进日本国内经济健康发展的目的。

为了贯彻实施《容器和包装物再生利用法》，专门企业实体可以通过向政府指定的组织——“日本容器和包装废物回收协会”缴纳“循环回收费”，委托该协会回收处理。

自《容器和包装物再生利用法》实施以来，日本容器和包装物的回收、循环再生利用取得了积极的进展。表 5-10 为 2000 ~ 2006 年日本签约的企业实体数及需要循环回收的数量。从中可以看到，2000 ~ 2006 年从事玻璃瓶生产或销售的企业实体数基本稳定，产量、销售量逐年增加；从事 PET 瓶、纸张和塑料生产的企业实体数量及其产量、销售量均逐年增加。

表 5-11 为 2000 ~ 2006 年企业实体支付的循环回收费，由于该费用取决于估算的产量、计算系数大小以及循环再生单位费用三个方面的影响。因此，不同产品在不同年份的回收费也不同，但整体而言，随着年份的增加，回收费用呈现逐年降低的趋势。

表 5-12 为 2000 ~ 2006 年签约的市政数及回收量。市政收集点的数量随着年份不同，动态变化，而收集量却逐年稳步增加。

表 5-10　日本签约企业实体数及需要循环回收的数量

项目	2000 年		2001 年		2002 年		2003 年		2004 年		2005 年		2006 年	
	企业实体数	回收量/t	企业实体数	回收量/t	企业实体数	回收量/t	企业实体数	回收量/t	企业实体数	回收量/t	企业实体数	回收量/t	企业实体数	回收量/t
总计	59 449		62 057		63 595		67 196		69 648		70 540		50 438	
玻璃瓶	3803	375 245	3901	416 262	3863	450 959	3883	492 146	3878	531 692	3868	544 092	3302	343 265
无色	3208	184 713	3337	205 579	3325	216 254	3350	216 751	3288	225 281	3265	239 224	2802	128 671
棕色	1722	92 992	1798	116 760	1707	139 364	1714	157 127	1776	158 375	1786	143 613	1537	98 532
其他颜色	1548	97 540	1552	93 923	1508	95 341	1431	118 268	1467	148 036	1449	161 255	1227	116 061
PET 瓶	962	96 584	1088	196 256	1087	230 684	1377	236 203	1311	253 396	1352	255 019	1111	293 904
纸张	41 206	47 815	45262	90 044	45 878	105 820	47 281	56 203	47 927	63 982	48 630	72 580	35818	38 998
塑料	56 944	151 470	59609	256 428	61 067	311 801	64 861	441 559	67 291	546 635	68 122	658 282	48413	59 701

数据来源:陈燕平,等. 2007. 日本固体废物管理与资源化技术. 北京:化学工业出版社

表 5-11　循环回收费

项目		2000 年	2001 年	2002 年	2003 年	2004 年	2005 年	2006 年
		回收费/(JPY/kg)	回收费/(JPY/kg)	回收费/(JPY/kg)	回收费/(JPY/kg)	回收费/(JPY/kg)	回收费/(JPY/kg)	回收费/(JPY/kg)
玻璃瓶	无色	4. 151	4	3. 6	3	2. 1	2. 6	3. 9
	棕色	7. 682	7. 7	7. 8	5. 7	4. £	4. 8	4. 8
	其他颜色	8. 096	9. 1	9. 1	8. 6	8. C	6. 4	7. 1
PET 瓶		88. 825	83. 8	75. 1	64	48	31. 2	9. 1
纸张		58. 636	58. 6	42	25. 2	19. 2	12. 6	10. 4
塑料		105	105	82	76	73	80	89. 1

表 5-12 签约的市政数和回收置

项目	2000 年		2001 年		2002 年		2003 年		2004 年		2005 年		2006 年	
	市政收集点	回收量/t	市政收集点	回收量/t	市政收集点	回收量/t	市政收集点	回收量/t	市政收集点	回收量/t	市政收集点	回收量/t	市政收集点	回收量/t
总计	2086		2354		2474		2633		2616		1771		1583	
玻璃瓶	1430	280 878	1683	325 344	1780	339 039	1903	340 646	1888	344 446	1327	336 029	1234	365 877
无色	1091	79 836	1365	97 100	1433	102 788	1580	109 086	1555	109 932	1038	103 132	924	114 150
棕色	1201	111 199	1470	129 892	1504	130 311	1631	130 274	1605	129 539	1078	123 707	981	134 052
其他颜色	1341	89 843	1585	98 352	1669	105 940	1811	101 285	1800	104 975	1279	109 190	1211	117 675
PET 瓶	1707	96 652	2042	131 027	2186	153 860	2348	173 875	2315	191 726	1352	169 917	1084	144 078
纸张	83	11 243	131	21 685	143	24 687	243	30 652	250	28 111	183	27 477	167	36 497
塑料	435	67 080	673	168 681	815	259 669	1222	368 005	1317	446 912	980	528 528	958	593 682

注:2006 年数据截至 2006 年 6 月 21 日

表5-13为2000~2006年从事玻璃瓶和PET瓶循环回收商的数量动态变化，但幅度不大。而从事纸张和塑料回收商的数量基本呈现逐步上升趋势。

表5-13 循环回收商数量

项目	2000年	2001年	2002年	2003年	2004年	2005年	2006年
玻璃瓶	87	101	114	121	104	85	78
PET瓶	42	51	56	58	59	48	46
纸张	21	22	31	43	47	46	41
塑料	41	65	86	79	74	84	75

表5-14为2000~2006年再生产品的使用情况。对于不同种类的玻璃瓶再生使用的情况而言，无色玻璃瓶再生使用的比例最高，除2003年为81%以外，其他年份再生使用比例均在90%以上。其次，是棕色瓶的再生使用，2005年再生利用的比例达到90.2%；其他颜色的再生瓶的比例相对较低，从2002年5.6%逐步提离到2005年的20.4%。对于废PET瓶的再生使用而言，其主要用途包括纺织品、塑料板、瓶子、注塑产品以及其他用途，其中PET瓶用于纺织品和塑料板的比例占到90%左右，而用于瓶子再生使用的比例相对较低。对于废纸张，其主要再生用途为生产纸张材料、生产非纸张材料和作衍生燃料，从历年的再生利用情况分析，可知用于生产纸张材料的比例逐年提高，从2000年的44.4%提高到2006年的94%；而用于非纸张材料和衍生燃料的比例逐年降低。普通塑料的再生主要包括作为注塑材料、合成油、高炉还原剂、焦炉用化学原料、合成气，从历年的再生情况分析，废塑料用于高炉用化学原料的比例占到50%左右，其次是用于注塑材料，合成气和高炉还原剂，合成油的比例很小，并且逐年降低。废托盘的再生利用主要用于制备注塑材料。

5.7.1.2 废PET瓶再生

在日本，废聚酯（PET）瓶的再生方法主要包括物理方法和化学方法。其中物理方法主要分为以下两种：第一种是将整个PET饮料瓶切碎成片，从PET中分离出高密度聚乙烯（HDPE）、铝、纸和黏合剂，PET碎片再经洗涤、干燥、造粒；第二种是先把PET饮料瓶上非聚酯的瓶盖、底座、标签等杂物用机械方法分离，再经洗涤、破碎、造粒。化学循环是将PET聚酯在热和化学试剂的作用下发生解聚反应，生成低分子量的产物，经分离、纯化后可重新作为生产聚酯的单体

表 5-14 再生产品的使用

项目	2000 年		2001 年		2002 年		2003 年		2004 年		2005 年	
	销售量/t	比例/%	销售量/t	比例/%	销售量/t	比例/%	销售量/t	比例/%	销售量/t	比例/%	销售量/t	比例/%
玻璃瓶	264 688		304 764		317 817		317 766		320 478		321 990	
无色	73 804	100.00	90 333	100.00	94 341	100.00	104 672	100.00	101 566	100.00	96 514	100.00
再生瓶	70 388	95.4	87 429	96.80	76 436	81	95 006	90.80	91 877	90.50	93 472	96.80
其他用途	3 416	4.60	2 904	3.2	17 905	19	9 666	9.20	9 689	9.50	3 042	3.20
棕色	103 701	100.00	121 696	100.00	123 439	100.00	119 042	100.00	121 707	100.00	117 455	100.00
再生瓶	84 297	81.30	87 469	71.90	84 885	68.80	107 044	89.90	109 756	90.20	102 935	87.60
其他用途	19 404	18.70	34 227	28.10	38 554	31.20	11 998	10.10	11 951	9.80	14 520	12.40
其他颜色	87 183	100.00	92 734	100.00	100 037	100.00	94 051	100.00	97 205	100.00	108 020	100.00
再生瓶	7 303	8.40	5 185	5.60	5 332	5.30	15 069	16.00	19 816	20.40	19 880	18.40
其他用途	79 880	91.60	87 549	94.40	94 705	94.70	78 982	84.00	77 389	79.60	88 140	81.60
PET 瓶	68 575	100.00	94 912	100.00	112 485	100.00	124 298	100.00	147 698	100.00	143 032	100.00
纺织品	38 317	55.90	48 659	51.30	58 940	52.40	57 445	46.20	63 554	43.00	64 103	44.80
塑料板	23 407	34.10	37 510	39.50	45 632	40.50	50 021	40.20	54 589	37.00	58 788	41.10
瓶子	326	0.50	381	0.40	606	0.60	11 312	9.10	23 351	15.80	12 134	8.50
注塑产品	3 802	5.50	5 330	5.60	5 314	4.70	3 944	3.20	4 239	2.90	6 217	4.30
其他用途	2 723	4.00	3 032	3.20	1 993	1.80	1 576	1.30	1 965	1.30	1 790	1.30
纸张	10 230	100.00	20 793	100.00	24 358	100.00	29 881	100.00	27 163	100.00	26 471	100.00
生产纸张材料	4 546	44.40	15 301	73.60	20 284	83.30	26 969	90.30	25 053	92.20	24 894	94.00
生产非纸张材料	2 566	25.10	1 196	5.70	157	0.70	15	0.00	203	0.80	223	0.90
衍生燃料	3 118	30.50	4 295	20.70	3 917	16.00	2 897	9.70	1 907	7.00	1 354	5.10
塑料	43 830	100.00	118 470	100.00	180 162	100.00	256 150	100.00	309 537	100.00	365 924	100.00
塑料	43 296	98.80	117 598	99.30	179 238	99.50	255 128	99.60	308 514	99.70	364 991	99.70
注塑材料	4 882	11.10	9 246	7.80	23 426	13.00	41 626	16.20	56 035	18.10	88 852	24.20
合成油	3 348	7.60	7 886	6.70	6 828	3.80	5 847	2.30	6 426	2.10	6 993	1.90
高炉还原剂	24 656	56.30	42 306	35.70	46 621	25.90	58 811	23.00	55 870	18.00	36 444	10.00
焦炉用化学原料	9 771	22.30	50 631	42.70	91 175	50.60	120 767	47.10	137 980	44.60	174 061	47.60
合成气	638	1.50	7 529	6.40	11 188	6.20	28 076	11.00	52 203	16.90	58 641	16.00
托盘	533	1.20	872	0.70	924	0.50	1 022	0.40	1 023	0.30	933	0.30
注塑材料	520	1.20	777	0.70	921	0.50	1 022	0.40	1 023	0.30	933	0.30
合成油	13	0.00	95	0.00	3	0.00	0	—	0	—	0	—

数据来源:陈燕平,等.2007.日本固体废物管理与资源化技术.北京:化学工业出版社

或合成其他化工产品的原料，从而实现了资源的循环利用。化学分解法主要有水解法和醇解法，此外还有氨解和热解等。

(1) 物理法再生废 PET

“废 PET 瓶再生资源化设备”是 1995 年度日本国库资助项目，由财团法人清洁·日本·中心参与建设，并完成了应用试验。废 PET 瓶再生利用事业组合承担了应用试验和设备的经营管理。该设备是全世界首个具有回收再生处理工序的设备，是将日本再生处理工厂产生的大量含 PET 树脂的混合物作为原料，经过分离、精炼等一系列的工艺流程，生产出再生 PET 树脂，设备处理能力为 225kg/h。以下就其处理工艺，进行简要介绍。

Ⅰ. 预分离

含 PET 树脂的混合物进料以后，通过密度分选，除去杂质，如石块、木料及其他塑料制品。

Ⅱ. 碎片分离

将 PET 完整的瓶体与 PET 碎片（瓶片、盖、主体瓶、把手）分离。其中 PET 碎片进入单独的处理工艺，如图 5-28 所示。

除铁——采用磁铁器将 PET 碎片中的铁分离。

粉碎——通过粗碎和细碎，将 PET 碎片碎成满足后续工艺要求的粒度。

标签分离——PET 饮料瓶通常使用塑料 PE 或纸标签，纸标签用黏结剂直接黏到 PET 瓶上，塑料标签可用黏结剂，也可在瓶子吹塑过程中黏上去。当 PET 瓶被破碎后，部分标签被破碎成碎片，有些仍然黏附在 PET 碎片上，破碎后的 PET 通常采用鼓风机和旋风分离器组合分离装置，可以除去约 98% 疏松标签碎片。也可采用抽气塔分离装置分离，破碎的 PET 碎片垂直从分离塔顶部均匀加入，碎片与上升气流形成逆流，利用 PET 与标签碎片比重差异，标签被抽出去，PET 从分离器底部出来。为了保证标签分离效率，在生产中可采用两套以上分离装置。

底座的分离——底座的分离是利用底座 HDPE 密度（0.9g/cm^3）与 PET 密度（1.32g/cm^3）不同将其分离。两者分离在浮选罐中进行，HDPE 碎片从罐顶部溢出，下沉的 PET 碎片从罐底部出去；也可采用水力旋流器代替浮选罐，其分离效果更好。

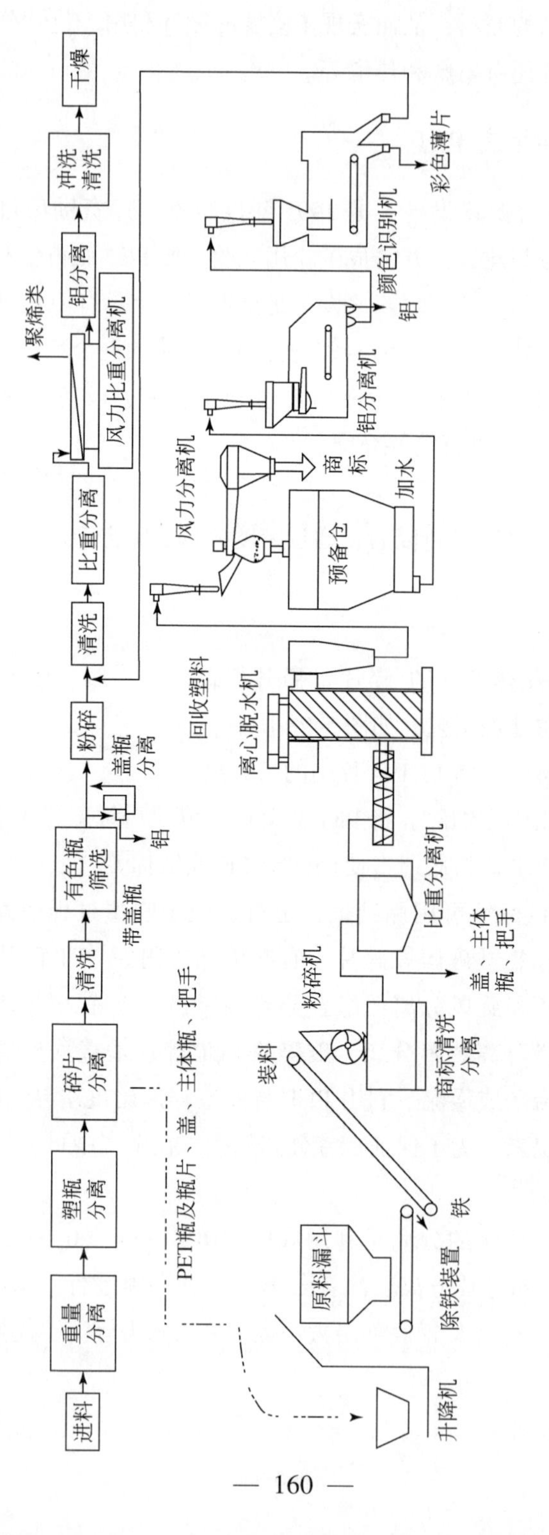

图5-28 废PET瓶再生资源化流程

PET塑料脱水——采用离心脱水机使碎片含水量降低至2%，再经干燥机干燥，使水分含量降至0.5%。

铝的分离——由于PET中不能含有铝的杂质，即使微量铝杂质都会影响再生PET的透明性，因此再生PET中铝含量应低于50×10^{-6}。分离铝最简单的方法是在破碎前人工拆除铝盖、铝环或采用静电分离法使铝含量降低至100×10^{-6}，这种分离可在输送带进行；若碎片再通过涡电流分选系统进一步净化，铝含量可低于50×10^{-6}。

颜色分离器——将彩色薄片与PET的无色薄片分离，其中无色的PET薄片进入后续的清洗工艺。

碎片的溶剂清洗——为进一步提高PET碎片的纯度，可用溶剂进一步除去残留杂质。例如，采用氯化烃类溶剂除EVA热熔黏结剂，这种清洗方法造成回收成本增加，生产厂必须根据实际情况选用。

风力分选机——将聚烯类塑料与PET塑料分离。

碎片的干燥——为防止PET再造粒发生降解，碎片必须干燥至水分含量低于0.05%，干燥通常用热空气通过PET碎片的干燥床进行，温热空气经分子筛干燥后循环使用。

(2) 化学法再生废PET

截止到2006年，日本有46家公司参与了PET瓶回收业务，其中帝人纤维、Petrebirth两家公司各自采用自行开发的技术，其废旧PET瓶还原再生PET树脂实现了工业化生产。欧美PET瓶化学再生技术的研究早于日本，但日本PET瓶原料再生技术却率先实现了工业化生产。帝人纤维PET瓶工厂于2003年11月开工，并且获得了第34届日本产业技术大奖及内阁总理大臣奖。装置年产5万t PET瓶用树脂，废旧PET瓶再生成聚合物单体，然后加工成PET瓶进行销售。

Ⅰ. 帝人集团化学回收技术开发和工厂状况

帝人集团旗下帝人纤维德山工厂年产5万t的PET树脂化学再生装置，其废旧PET处理能力为6.2万t。此前帝人将废旧聚酯纤维精制成DMT，再生成纤维的装置。这次PET瓶回收技术是在DMT精制工艺（纯度99.9%）流程中增加TPA转换工艺的连续生产技术。该装置于1999年着手开发，投资100亿日元，2003年完工。再生瓶所用树脂由帝人公司提供给PET瓶生产厂家。该再生PET瓶通过了日本食品安全委员会认定，2004年进入市场。品质与原生PET材质无异，成型性好，价格与原生材质相同，销售后没有索赔情况发生（李军，2006；钱伯章，2007；陈燕平等，2007）。

Ⅱ. Petrebirth 化学再生技术开发和工厂现状

在 2001 年 8 月，Petrebirth 成立合资公司，公司出资比率如下：开发化学回收法的 IS（东京都港区）40%，新菱冷热工业 33%，新日本石油 11% 等。在旧三赛石油（现新日本石油）川崎冶炼厂所在地建设废旧 PET 瓶化学再生装置，2004 年 4 月 1 日正式开工。该工厂可处理 2.75 万 t（9 亿个）废旧 PET 瓶而再加工成 2.23t PET 瓶用树脂。投资额 130 亿日元，接受国家补助 40 亿日元，另外还从川崎市领取补助。这是继帝人之后日本又一废旧 PET 瓶还原再生瓶生产厂家。PET 树脂在乙二醇和催化剂条件下解聚成聚合物单体，生成物为粗聚合物单体，蒸馏后得到高纯度聚合物单体，然后重聚再生为 PET 瓶用树脂。此时，能耗约为石油生产 PET 瓶的一半。Petrebirth 工厂与帝人纤维工厂相比，前者生产能力约为后者的一半，但废旧 PET 瓶还原再生废 PET 瓶的设备在日本尚属首例。帝人纤维废旧 PET 瓶再生工厂利用现有对苯二甲酸装置，投资额有所控制，而 Petrebirth 工厂完全是新设备，所以投资规模较大。Petrebirth 第一年销售额为 30 亿日元，计划 5 年内达 40 亿日元，2 ~ 3 年内实现盈利。

（3）废 PET 制作粉状涂料

“再生废 PET 粉状涂料实验设备”是 1997 年度国库资助项目，由财团法人清洁 · 日本 · 中心参与建设并完成，株式会社 seishin 承担验证试验和设备的管理运营。该研究的初衷在于日本废 PET 再商品化技术还停留在生产一般的纤维、包装材料和瓶子等，尚未开展新的再生商品开发，加上再生商品中大多数是低附加值商品，由于废 PET 瓶的回收成本高，导致其经济上不划算，因而有必要研发具有高附加值并且能大量处理的再商品化技术。图 5-29 为再生废 PET 粉状涂料工艺流程（陈燕平等，2007）。

再生废 PET 粉状涂料是将废 PET 瓶作为原料生产再生粉状涂料。这种粉状涂料与有机溶剂类的涂料相比，更有利于环保，与目前其他再生商品相比，附加值高、经济效益好。试验设备将再生废 PET 颗粒经过粗粉碎、变质、上色、热处理、细粉碎、分级，表面处理等一系列工序，制成粉状涂料。目前，处理能力为 90kg/h。通过今后的验证试验，进一步完善和稳定再生 PET 粉状涂料化技术，为今后即将在各地建设的再生 PET 粉状涂料工厂提供生产工艺技术。

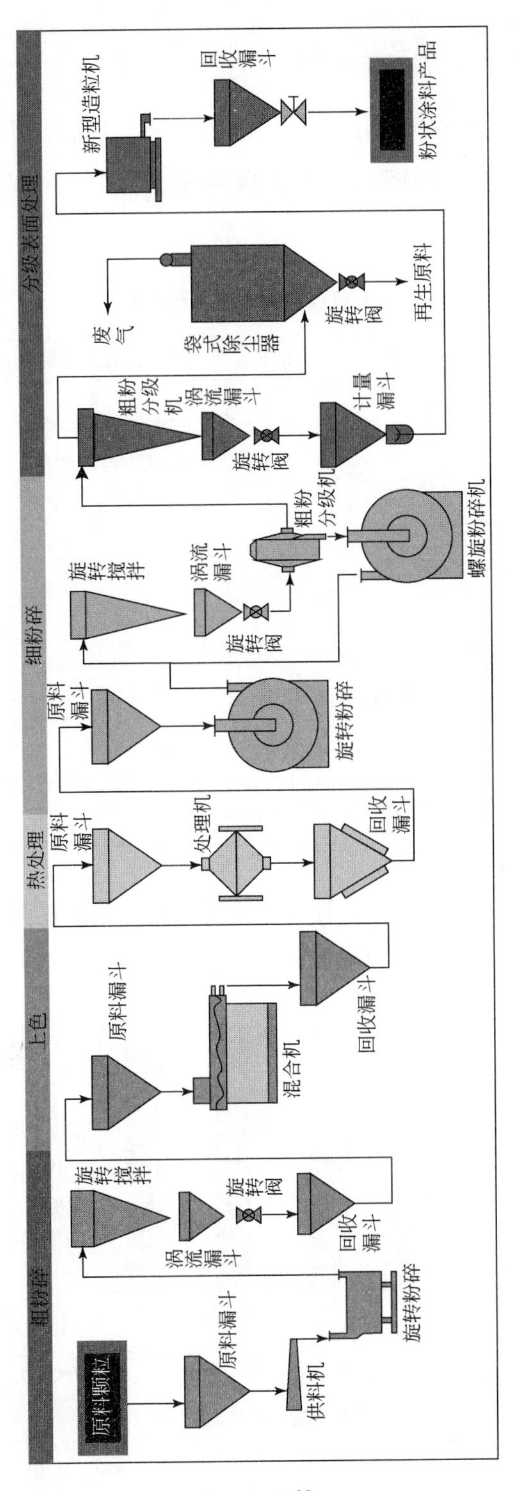

图5-29　再生废PET粉状涂料工艺流程

5.7.1.3　废塑料包装的再生利用

通常，废塑料包装的再生利用方法，主要包括材料回收、化学回收和能量回收。在日本废塑料包装的循环回收方法以及现行法律对各种方法的规定见表5-15。

表5-15　废塑料包装的再生利用方法

种类	循环回收方法		在现行法律规定中的位置
材料回收（机械循环回收）	材料回收主要包括： 塑料原料 塑料产品		在《容器和包装物回收法》中规定，优先选择材料回收法，其次是化学回收法
化学回收	降解制作单体		
	用于鼓风炉（作还原剂）		
	用于焦炉		
	气化液化	化工原料	
		燃料	
能量回收	水泥窑		在《日本家用电器回收法》中，能量回收是不允许的。在修订《容器和包装物回收法》中，允许采用能量回收。
	焚烧发电		
	固体燃料（RDF，RPF）		

图5-30为2000~2004年以来，日本容器和包装物中塑料再生的各种方法及处理量。具体的案例将在下面简要介绍。

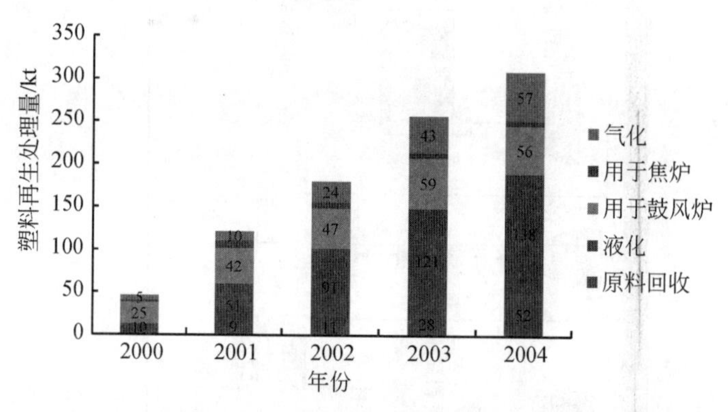

图5-30　2000~2004年日本容器和包装物中塑料再生的各种方法及处理量

数据来源：陈燕平，等.2007.日本固体废物管理与资源化技术.北京：化学工业出版社

(1) 材料回收

Ⅰ. 废塑料预处理

废塑料压缩包装技术和设备是1998年度国库资助项目，由财团法人清洁·日本·中心在广岛市的协助下建设并完成，株式会社由原制作所承担了应用试验和设备的管理运营。该技术及装备的目的在于能够将大量的废塑料原料高效、安全、卫生的运送到再生工厂，同时建立完善的预处理体系。

图5-31为废塑料压缩包装工艺流程图，即先将废塑料粉碎，去除异物，采用旋转方式进行压缩减容可提高贮存和运输的效率，用胶袋密封可防止腐蚀与恶臭，用网袋密封可防止在贮存和运输中飞散。该流程的处理能力为6t/h，所用设备主要包括：投放漏斗、磁选机、传送带，粉碎机，压缩机组、包装机组、压缩包装成品传送带、运输车等。

Ⅱ. 废塑料粉碎

收集的各类废塑料包装，通常需要经过分类、粉碎，为后续的回收打下基础。下面以日本SA-NIX公司为例，介绍废塑料包装的粉碎工艺。该公司拥有硬质、软质、大型塑料包装废弃物等各种专用粉碎机，处理能力为40t/d。所用设备为：液压铲车、传送带、粉碎机、助燃热回收设备等。对运来的废塑料包装做分类、粉碎后，根据塑料的不同性质，分别输送到不同的流水线上进行处理。由于该设备可处理所有类型的废塑料包装。因此，可以将各工厂排出的废塑料包装一并回收，分类再生利用。图5-32为废塑料包装粉碎处理工艺流程图（陈燕平等，2007）。

Ⅲ. 原料回收

以下对清洁·日本·中心负责建造的“塑料颗粒制成超轻质骨材的验证设备”进行介绍。该工艺首次尝试将剩余的塑料颗粒作为原料，制成人工超轻质骨材而重新利用。利用该设备生产的人工超轻质骨材，具有材质轻、隔热、高强度等优良特性，在提高目前建材所需功能的基础上，还能够满足多种用途的需要。塑料颗粒处理量为1.34t/h，超轻质骨材的生产能力为4.6m^3/h，超轻质骨材的物理特性：

单位容积质量0.3～0.4kg/L；吸水率5%～7%；点负荷3～5kg。

塑料颗粒制成超轻质骨材的工艺流程，主要包括粉碎、造粒、烧制、发货，如图5-33所示。该工艺生产的超轻质骨材的用途，可以用作水泥制品、树脂产品、黏土产品，制作复合板、沥青和其他用途。

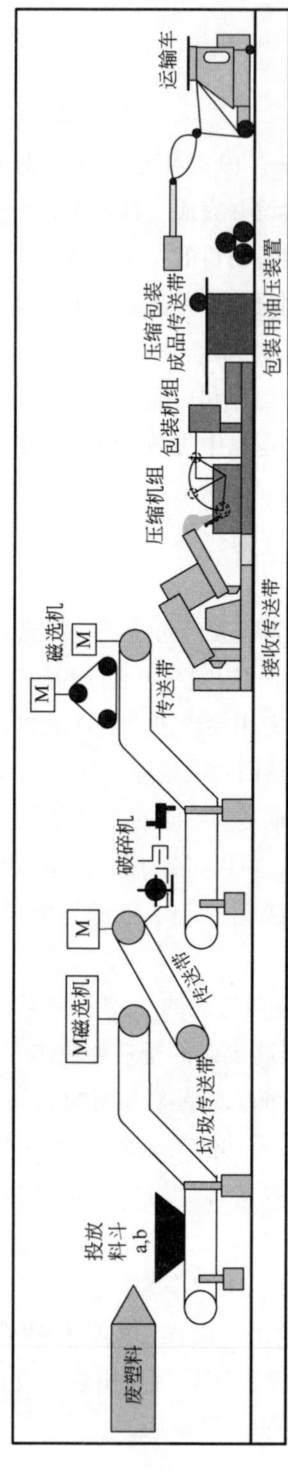

图5-31　废塑料压缩包装工艺流程图

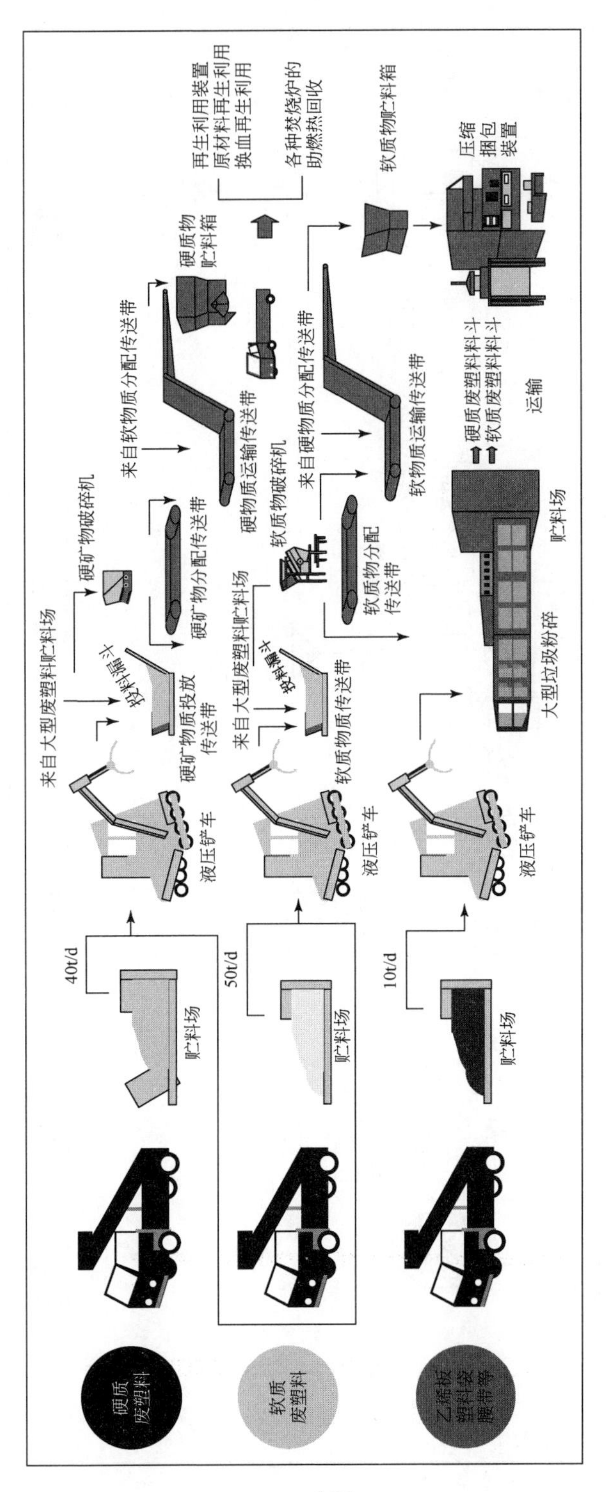

图5-32 废塑料包装粉碎处理工艺流程图

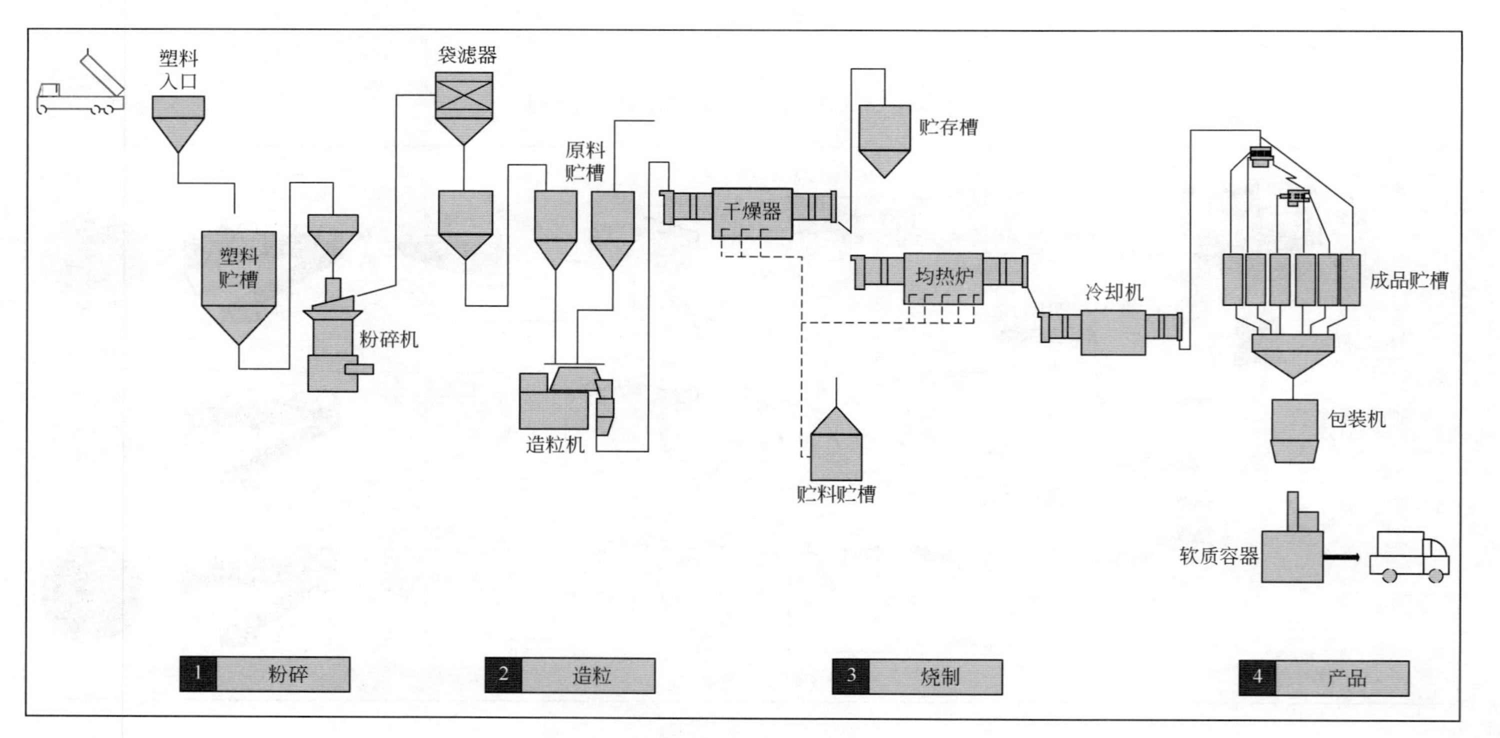

图5-33 塑料颗粒制成超轻质骨材的工艺流程

(2) 化学法再生

在日本，废塑料包装的化学法再生包括制作单体，用于高炉作还原剂、气化和液化等方法。图5-34为日本废塑料化学法再生处理厂分布图，其中用于生产单体的企业数量2个，用于鼓风炉作还原剂的企业3个，用于焦炉的企业5个，用于气化的企业3个，用于液化的企业2个。

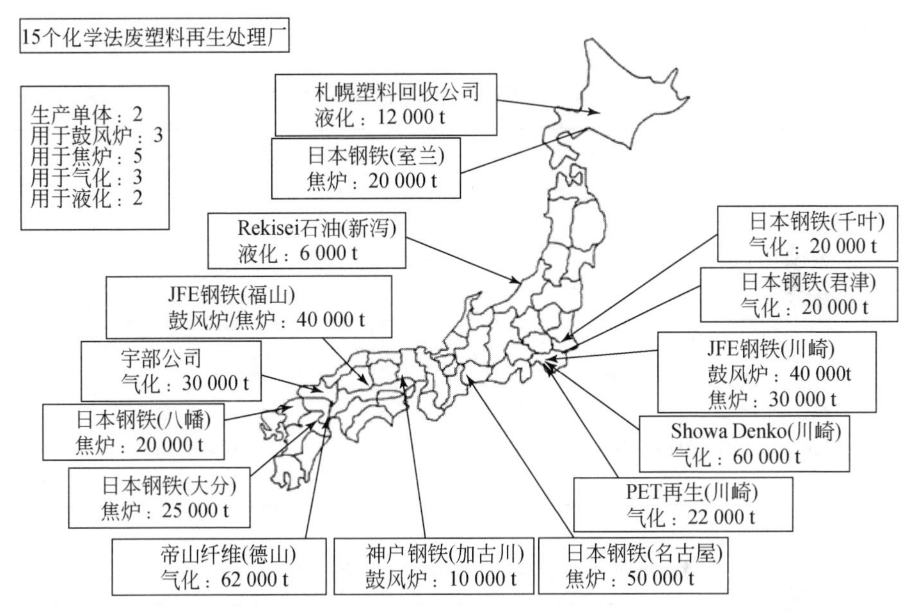

图5-34　日本废塑料包装化学法再生处理厂分布图

Ⅰ. 塑料作高炉还原剂

日本的一些钢铁企业，采用了向高炉内喷吹废塑料的环保技术，经过几年的实践，取得了许多经验和积极的效果。

废塑料包装的主要化学成分是高分子碳氢化合物，其燃烧后产生较高的热能及化学能。表5-16以C_8H_8为例，说明燃烧与还原二者之间能量的不同。这两个过程都是先被气化成CO和H_2，然后第二步的反应才能有效地进行。大约整个用来加热能量的80%是在燃烧过程中释放出来的。从另一个角度看，如果气体用来还原的话，供给的能量刚好满足进行反应所需的能量，大约50%以上的能量是以化学能的形式被利用，而非以热能形式（Nazeri S U et al.，2002）。

从化学成分上看，塑料和油之间几乎没有什么差别。二者的碳氢化合物在高炉下部都转变成温度达2000℃以上的煤气。当煤气通过炉身时，这些气体就在离炉中将铁矿石还原。由于反应不能完全进行，从高炉出来的气体还含有有用的成分。它们被用来预热空气，同时也可以送到发电厂去发电。

如果将高炉处理废塑料和发电厂直接燃烧废塑料或和废物焚烧厂焚烧塑料包装做比较的话，由于要求还原能量较高，高炉处理过程是这些处理过程中唯一能使废塑料包装转化成能量且转化率达到50%以上的工艺过程。表5-17给出了废塑料用于高炉、焚烧和发电三种方式的综合利用率比较。

表5-16　废塑料作为加热剂或还原剂

加热（废物焚烧厂）气化	反应热/(MJ/kgC)
$1/4C_8H_{83}+O_2 \rightarrow 2CO+H_2$	8.21
燃烧	
$2CO+H_2+3/2\ O_2 \rightarrow 2CO_2+H_2O$	31.4
合计	39.61
还原（高炉）气化	
$1/4C_8H_{83}+O_2 \rightarrow 2CO+H_2$	8.21
还原	
$Fe_2O_3+CO+H_2 \rightarrow 2Fe+2CO_2+H_2O$	-0.46
合计	7.75

表5-17　废塑料用于高炉、焚烧和发电的综合利用率比较

指标	高炉过程	废物焚烧	用于发电
综合利用率/%	79.6	30	40
化学能利用率/%	52.9	0	0
物质损失/%	20.4	70	60

数据来源：陈燕平，等.2007. 日本固体废物管理与资源化技术. 北京：化学工业出版社

目前，NKK公司已在京滨厂建立一套完整的工业规模喷吹废塑料系统，计划每年处理3万t工业废塑料。在喷吹塑料工艺中，首先对废塑料进行处理，去除聚氯乙烯，再经过破碎（1次破碎、2次破碎、粉碎）造粒（最大粒度约6mm），然后随热风一起喷入高炉。入炉后，塑料立即气化。废塑料的最大理论喷吹量为200kg/t铁。表5-18为经过处理后的塑料颗粒理化性能，NKK公司喷吹废塑料实验的结果表明：①废塑料的热量利用率达80%以上；②废塑料对焦炭的置换比为1∶1；③CO_2的发生量减少，喷吹比为200kg/t铁时，减少12%；

④无有害气体产生，副产品煤气还可用于发电。

表 5-18 塑料颗粒理化性能

粒度	<1.0cm	灼烧残渣	<4.5（65℃）
缓慢落下细粒比<250μm	<10%	其中金属含量	<1.0%
剩余湿度	<1.0%	塑料含量	>90.0%
堆比重	>0.3kg/L	其中聚烯烃含量	>70.0%
氯含量	<2.0%	其中工程塑料	<4.0%

日本 Minoru ASANVMA，Tatsuro ARIYAMA，Michita SATO 等对高炉喷吹废塑料的燃烧和气化行为的研究表明：废塑料的燃烧和气化行为与煤粉不同，受到废塑料颗粒大小的影响。当粒度为 0.2 ~ 1.0mm 时，废塑料与煤粉有相似的燃烧气化特性；喷吹废塑料粒度为 10mm 时，风口到中心线的氧浓度缓慢下降，与喷煤时不同，而与全焦操作时的氧浓度变化相似。通过对竖炉中分解产生 C_1 ~ C_4 的碳氢化合物及焦油的含量与喷煤时相近。塑料分解产生的焦油对清洗系统的黏堵等问题比喷煤时要低。通过对竖炉中 CO_2 峰及温度峰的比较得出：废塑料的着火点与粒度和处理方式有关，而燃烧温度随着粒度的增加而升高，聚集颗粒的燃烧效率低于破碎颗粒。来自废塑料的未燃炭的气化生成 CO_2 速率比煤粉高。因此，在高炉中废塑料的未燃炭比煤粉的容易消耗。如果假定未燃炭的消耗只有溶搅反应，则废塑料的喷吹速率受其粒度及自身性质如密度等的影响，所以大喷出量可以通过选择合适的粒度及处理方式来实现。

通过对废塑料的燃烧及气化性能研究表明：塑料在不同的气氛中燃烧特性不同。随着氧化性的增强，开始激烈燃烧温度却降低，燃烧速度加快并且充分，在相同的气氛中废塑料的开始燃烧温度稍高于煤粉，但燃烧速度较煤粉快。

Ⅱ. 塑料用于焦炉

废塑料高炉喷吹技术可以将废塑料用作炼铁高炉还原剂和燃料，使废塑料得以资源化利用和无害化处理，具有广阔前景。但由于该技术对废塑料原料要求较高，特别是要求废塑料有较细的粒度和较低氯含量，使得废塑料加工的成本较高。

废塑料包装焦炉干馏技术是最近发展起来的可以大规模处理混合废塑料包装的工业实用型技术。该技术基于现有焦炉的高温干馏技术，将废塑料转化为焦炭、焦油和煤气，实现废塑料包装的 100% 资源化利用和无害化处理。新日铁从 2000 年 10 月开始在名古屋厂和君津制铁所将废塑料转化为焦炉化学原料进行再生利用。作为焦炉化学原料使用时，先对废塑料进行体积压缩处理，压缩成块状，在提高处理性能后，投入焦炉使用。废塑料与煤一起投入焦炉干馏，20% 变为焦炭，40% 变为焦油和轻油，40% 变为焦炉煤气。焦炭在高炉中是作为铁矿石的还原剂，回收的油化物是作为化工原料，焦炉气则是作为一种能源被充分利用。焦炉使用废塑料包装是废弃物利用的新方法。根据新日铁的研究结果，焦炉使用 1% 左右的废塑料，对焦炭的 DI（转鼓指数）、CSR（焦炭反应后强度）没有影响。另外，对废塑料的粒度影响进行了研究，发现聚乙烯塑料的粒度为 10mm、聚苯乙烯塑料的粒度为 3mm 时，焦炭强度会变得最小。由此，明确了使用废塑料对煤干馏现象的影响，它成为了废塑料在工业上使用的指南。

Ⅲ. 塑料气化

塑料的气化的三个基本条件是：要有足够数量的气化剂；有足够的热量；有气化设备，及时引出生成的煤气，排出灰渣。

气化的工艺流程：塑料气化过程是将家庭产生的废塑料包装经过预粉碎和预处理，制成 RDF/RPF，送入低温气化炉，向低温气化炉中供应气化剂（氧+蒸汽），以自身和/或外加热源达到气化所要求的温度，在常压或加压情况下，使原料产生不同的热化学反应，有机质转化为煤气，剩余的不可燃物排出，煤气进入高温气化炉进一步在气化剂（氧+蒸汽）的作用下转化为煤气，煤气经过净化，可得到低热值或中热值燃料气。废塑料气化工艺流程，如图 5-35 所示。

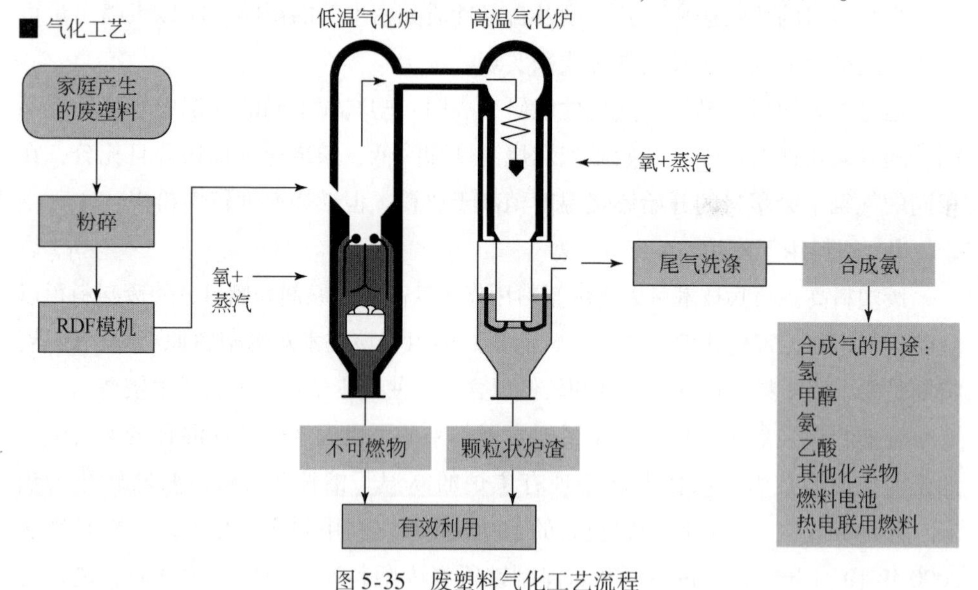

图 5-35　废塑料气化工艺流程

在固体燃料气化过程中发生的典型反应如下：

① 空气和氧气为气化剂的反应

$$C+O_2 \rightarrow CO_2+408.8kJ/mol$$

$$C+CO_2 \rightarrow 2CO-163.40kJ/mol$$

$$2C+O_2 \rightarrow 2CO+246.46kJ/mol$$

② 以水蒸气为气化剂的反应

$$C+H_2O \rightarrow CO+H_2-118.82kJ/mol$$

Ⅳ. 塑料液化

液化技术的基本原理为热分解和催化裂解。

在塑料的热分解中，按照每种塑料元素的分离能，热分解大体可分为两类。第一类为气体产生型，塑料主要通过加热而分割，分子量变低，最终所有的产物都被气化；另一类为炭化残渣类，大部分塑料被炭化，剩余作为残液。

从液化角度来看，两种热分解类型，PE、PP 和 PS 属于气体产生型并适合于液化，相反 PVC 属于炭化残渣型，不适合于液化。利用热重分析法对 PE、PP、PS、PVC 的热特性做进一步研究表明，PE、PP、PS 在分解温度上稍有差别，但基本上都在400℃左右分解和气化。另一方面，PVC 分解分成两步，第一步去除氯化氢，第二步是气化，碳氢化合物通过热分解发生芳构化。因此，对于上述各种混合塑料，其热分解性质如下：①PVC 通过去除氯化氢技术，氯化氢在 300℃时被有效去除，此时 PE、PP 和 PS 还未达到热分解。②PE、PP 和 PS 加热到400℃，通过碳键的切割方法，分解成中等分子量（磷元素数量为40或更小）的热分解气体（碳氢气体）。通过热分解而产生的热分解油气体通过催化裂解被裂化成低分子量的氢化合物。家庭废塑料包装的液化包括预处理和液化工艺，塑料通过以下工序而进行处理，如图5-36所示（陈彦平等，2007）。

1）预处理工序。家庭产生的废塑料通过粉碎，机械分离并去除混在袋中的杂质，去除杂质后的废塑料再通过多级粉碎，用气流分选将细小的杂质进一步除去。

2）脱除氯化氢。经过预处理的废塑料经过干燥去除湿气。干燥后的塑料通过挤出机和混合罐中300℃温度时熔化，同时，PVC 有效地热分解。

3）氯化氢回收。脱除氯化氢单元产生的氯化氢通过盐酸冷凝回收装置，回收盐酸。

4）热分解。熔化的塑料进人热分解罐加热到热分解温度（接近400℃），产

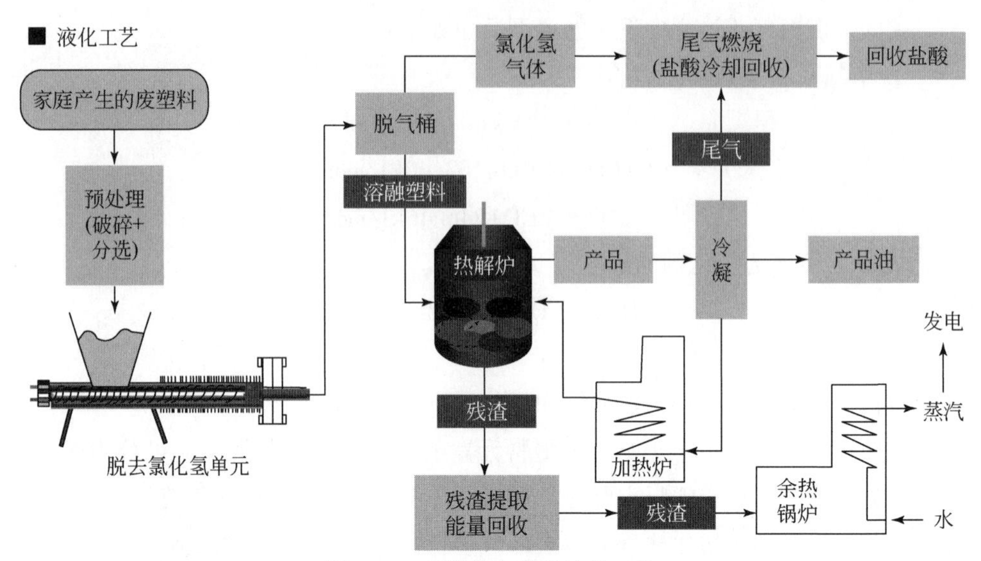

图 5-36　废塑料包装的液化工艺

生热分解气体。在热分解气体中非常小量的氯气在氯化氢去除塔中通过与固态中和剂固气接触而被吸收。氯被彻底清除后的热分解气体通过在催化裂化塔中与催化剂接触被进一步裂化，通过冷凝后，气体即转变成油。在热分解过程沉淀下来的炭残渣通过使用离心分离机连续排出。

图 5-37 是利用废塑料包装生产柴油机燃料的工艺流程。废塑料包装生产柴油机燃料的工艺技术是 1997 年度日本国库资助项目，由财团法人清洁・日本・中心建设，并完成了应用试验，日立工程服务株式会社承担了设备的管理运营。

目前，各种制油技术在不断发展，但实用化还存在着一些问题，如技术上的问题以及成本过高，回收后的油没有适当的用途等。为解决这些问题，该示范技术的主要目标是利用废塑料回收可用于柴油机的高级燃油。该设备处理能力为 200kg/h。

(3) 能量回收

在不影响水泥质量的前提下，多数物质均可用于制造水泥，使水泥生产的原料有多样性优势。图 5-38 为废塑料包装作水泥窑燃料的工艺流程。

废塑料包装再资源化技术是利用与窑头煤粉燃烧器并列的喷嘴，向窑内吹送粉碎的废塑料。废塑料的成分均适合于作为燃料、原料生产水泥，从而实现了再资源化。

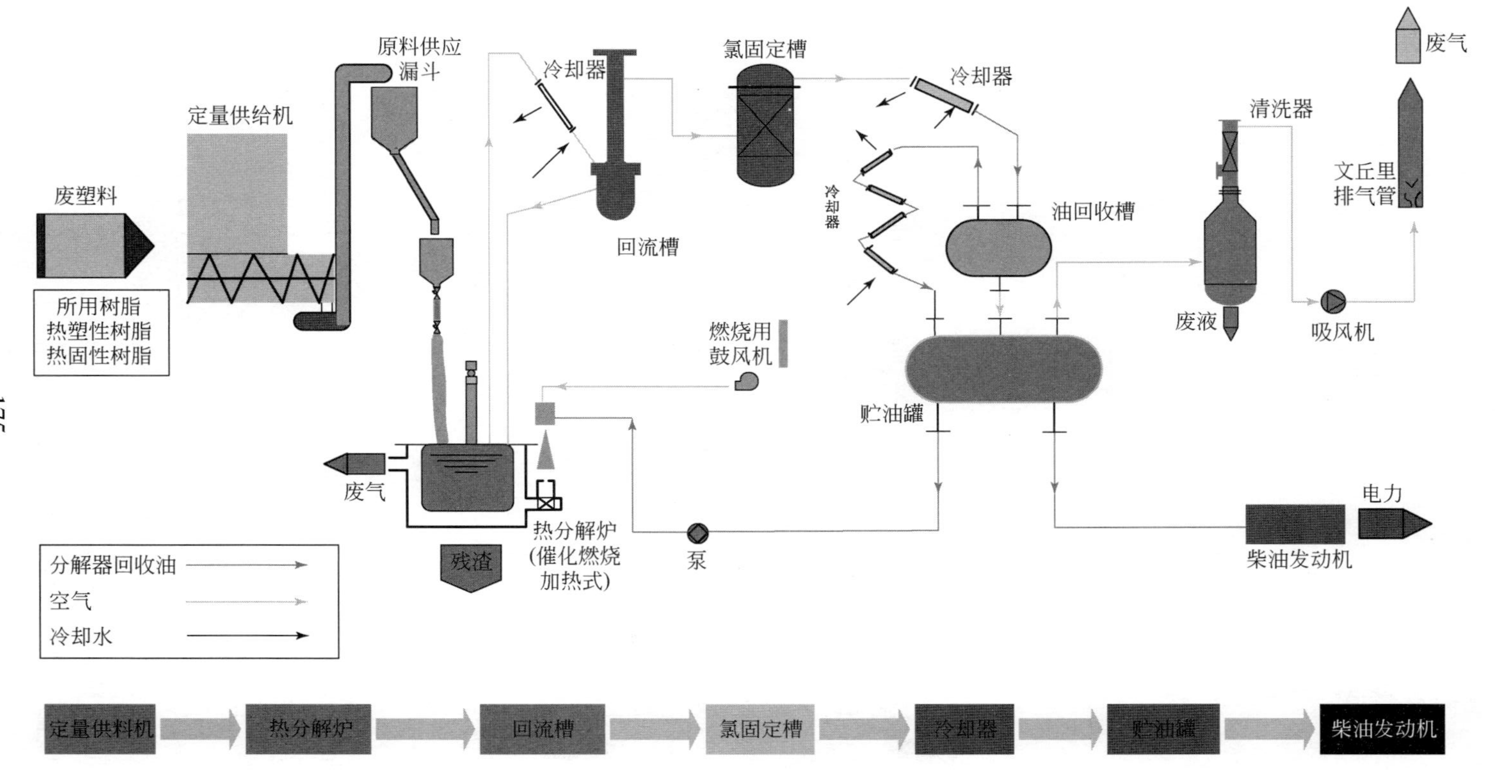

图5-37　废塑料生产柴油的工艺流程

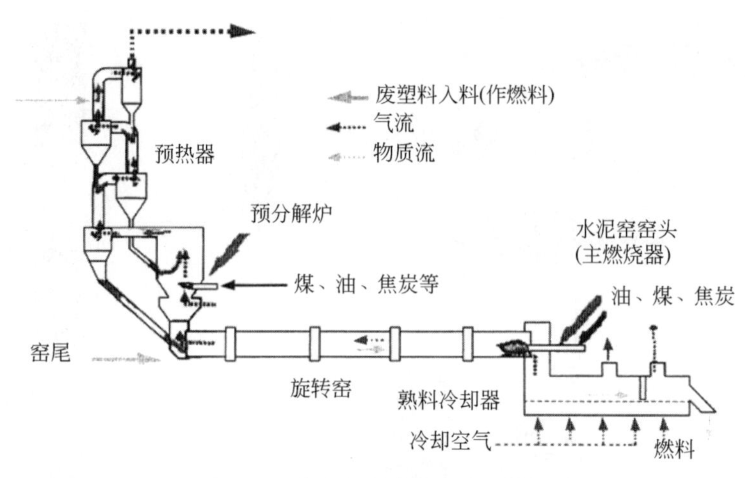

图5-38　废塑料包装作为水泥燃料

1）废塑料种类及品质。卤族元素（氟、氯、溴、碘）中的氯、溴等影响水泥的质量以及工艺过程，所以凡是不含卤族元素的热塑性废塑料均可用作水泥窑的燃料。

2）废塑料的形态及大小。成品型、块状等重塑料粉碎成粒径20mm以下的颗粒使用；薄膜、薄片等轻塑料粉碎成尺寸30mm以下的碎片使用。

3）热利用率。以废PET废塑料作燃料为例，使用废塑料时的总热量。相当于水泥窑节省的煤粉使用量，废塑料的热利用效率与燃烧煤粉时相等。

4）废塑料最佳用量。成品型、块状废塑料粉碎物用量的发热量应等于水泥生产所需热量的20%～30%，薄膜、片状废塑料粉碎物用量根据实际操作情况确定，但因其燃烧性好，正常情况下，比颗粒状废塑料用量大。

5）排气。因为燃烧温度高，废塑料燃烧充分，故不必担心二恶英等有害气体污染环境。

综上所述，水泥窑用废塑料包装作燃料的技术，具有以下再资源化优点：①废塑料包装再资源化率高，燃烧产生的热量高效率地用于生产水泥，燃烧残渣全部转换成水泥原料，不发生燃烧残渣等二次废弃物；②完全闭式循环，不增加环境负荷；③生产规模大，废塑料用量多；④预处理（粉碎等）耗能少；⑤充分利用在役水泥窑再资源化，设备投资少，经济性好；⑥除氯乙烯塑料外，几乎可利用一切废塑料。

废塑料包装发热量因材料以及无机成分增加量不同而不同，通常为5000～

10 000kcal/kg。因此，利用废塑料包装必须对应其种类分级控制发热量、使用量，以满足水泥生产的需要。

试验用窑采用三河小野田水泥公司的Φ1. 8m×28m 重油专烧回转窑。废塑料包装首先经脱氯处理，使其氯含量降至0. 6%左右，经分析，其灰分为21%，挥发分为72. 1%，固定碳为6. 9%，高发热值为7947. 0 cal/g，氯含量为0. 60%。经脱氯处理的废塑料颗粒的制备采用WLK10/30型、CS400/600型、CUM450型三台废塑料粉磨机将废塑料分别磨细至50mm、3mm、1mm以下三种规格备用。其燃烧试验结果，如表5-19所示。

试验研究结果表明，将经过脱氯处理到0. 6%左右的废塑料包装粉磨至1mm以下，从窑头喷油管旁的专用吹人管低速吹人，主燃料（重油）可减少40%，由此法烧成的熟料质量与专烧重油时的热料质量基本相同，窑尾废气中的二恶英排放浓度在标准规定的最小限度以下。由此推知，采用废塑料包装作为水泥烧成用燃料，从窑头大量吹人的技术是可行的。

目前，日本德山水泥厂拥有3条水泥生产线，全部配套了上述装置。年耗废塑料包装10万t。废塑料平均发热量7500 kcal/kg。因此，每年相当于节约标煤10. 71万t以上。根据日本水泥协会统计数据，2004年日本全年大约28万t废塑料包装用于水泥生产的替代燃料。

表5-19　燃烧试验结果

内容	燃烧温度/℃	窑尾温度/℃	热量原单位/(kJ/kg)	燃料代替率/%	热量代替率/%	废气分析							熟料分析（%）					
						HCl/(mL/m³)	CO/(mL/m³)	NO_x/(mL/m³)	O_2/%	窑尾O_2/%	SO_x/%	二恶英{[ng-TEQ/m³（标）]}	C_3S	C_2S	C_4AF	C_3A	CaO	Cl
专烧重油	1415	636	8615	–	–	0	27	127	15. 9	3. 8	15	0. 00015	52. 5	13. 3	13. 4	14. 6	0. 7	0. 033
吹入废塑料	1347	643	8791	44	46	0	36	167	15. 7	3. 7	11	0（低于限量下限）	48. 5	16. 8	13. 4	14. 7	1. 6	0. 032

数据来源：陈燕平，等. 2007. 日本固体废物管理与资源化技术. 北京：化学工业出版社

5. 7. 2　盈创回收技术

盈创再生资源有限公司（以下简称盈创）组建于2003年1月，是第二批国家循环经济试点单位，也是国家发改委和北京市发改委城市矿产示范基地的龙头企业。盈创再生资源有限公司目前的主营业务是从事废弃聚酯包装物的回收处理

及再生利用。目前是亚洲唯一一家再生瓶级聚酯切片制造商，引进世界单线产能最大、技术最先进的再生洁净聚酯碎片生产线及固相增黏生产线，建成占地4.82公顷的“再生瓶级聚酯切片”项目生产基地，填补了我国再生瓶级聚酯切片技术的空白。同时再生瓶级聚酯切片生产工艺“深层清洗”和“深度净化”技术取得美国食品药品监督管理局（FDA）认证；是我国目前唯一一家通过国家卫生部、国家质检总局审核的可生产食品级再生料的企业。盈创公司的工艺技术路线如下：

（1）深层清洗

清洗工序是将废聚酯瓶转化为经过深层清洗的PET碎片，如图5-39所示。

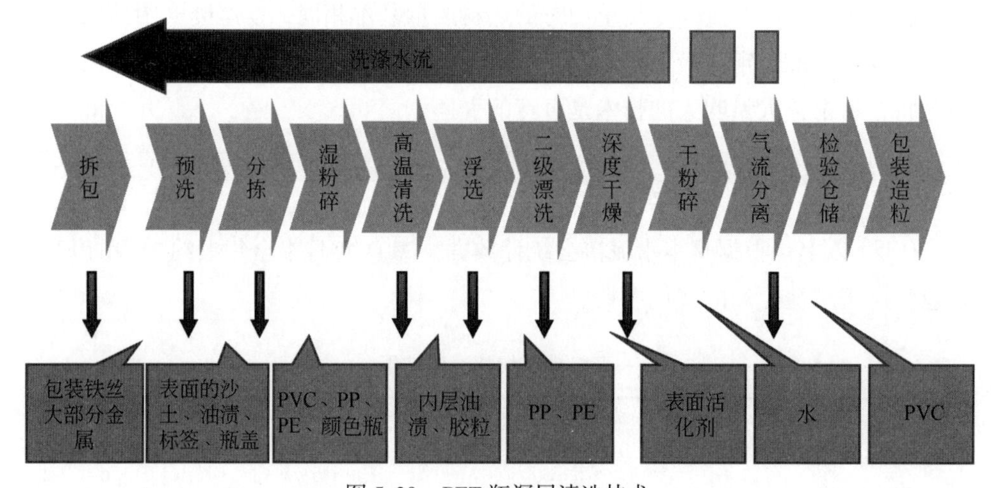

图5-39　PET瓶深层清洗技术

清洗工艺的关键是由表及里、分步清洗；自动分拣结合人工分拣，最大限度除去杂质；高效清洗剂充分去污；水流逆向操作、充分利用水资源。

（2）深度净化

深度净化工艺分为两部分：挤出造粒是将第一道工序所得的PET碎片通过熔融挤出得到无定形切片（APET）；固相缩聚（SSP）是将无定形切片增黏至瓶级聚酯切片，如图5-40所示。

深度净化工艺的关键是：挤出造粒阶段采用12螺杆挤出机，产能大、停留时间短，同时在真空状态下操作，充分抽提小分子，净化原料；固相缩聚反应在

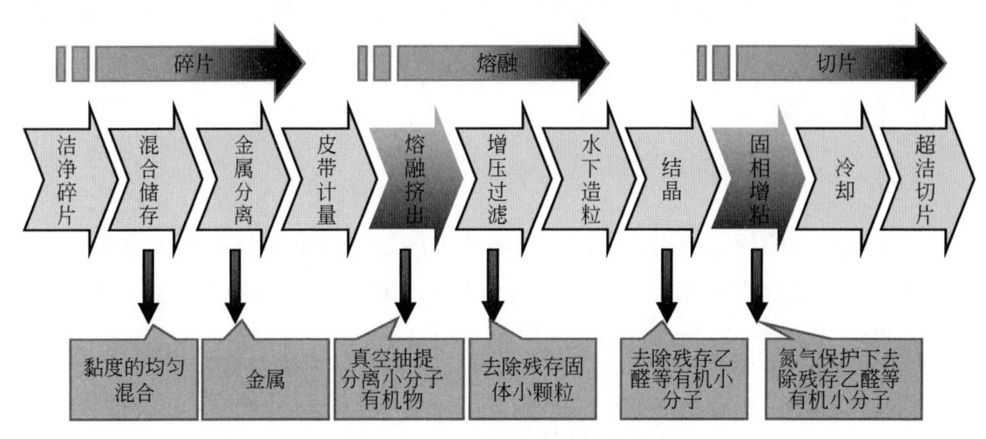

图 5-40 PET 瓶深度净化技术

氮气保护下进行，确保产品质量。盈创生产技术来源于国外发达国家，设备投资较大，部分设备不能适应国内的原料现状，导致生产成本偏高，也降低了再生聚酯切片的市场竞争力。

5.8 包装废弃物回收利用应注意问题

包装废弃物回收利用，应注意以下几个方面的问题：

(1) 注意加大宣传力度

着重宣传有效回收利用包装废弃物的重大意义，可围绕“八个有利于”来开展，即有利于生态环境的保护、有利于节约地球资源、有利于保护人体健康和动植物的生存安全、有利于发扬我们中华民族艰苦奋斗的优良传统、有利于促进两个文明建设、有利于我国经济的持续稳定发展、有利于实施再就业工程开辟新的门路、有利于造福我们的子孙后代。通过宣传，既可有效增强人们对各种包装废弃物回收利用的意识，更可增强人们的环境保护意识。

(2) 注意建立相应的回收体系与制定回收指标

在做好回收利用包装废弃物舆论导向工作的同时，还应注意建立相应的回收处理体系。无论包装生产企业，还是使用包装的各行各业，均可建立包装废弃物回收利用公司，变无序回收为有序回收（柯著林，2002）。同时，还要注意确定对各种不同包装废弃物的回收利用指标，实施定比率、定类别回收，做到凡能回收的尽可能收，力求使各种包装废弃物的数量减少到最低程度，以尽量减轻其对环境污染的压力。

(3) 经济性的问题

包装废弃物的回收利用，要注意经济成本问题。为了回收利用包装废弃物，而花费巨大资金，在经济上不可行，可暂时不回收利用。待经济与技术均可行时，在对相关包装废弃物进行回收利用。

(4) 注意分类回收与分类处理

包装物主要可分为塑料包装、纸包装、金属包装、玻璃包装和复合包装等，因此包装废弃物也随之形成五大类。要求我们对各类包装废弃物必须实施分类回收和分类处理。依其各自属性，各自定位，做到物尽其用。对于回收的上述五类包装废弃物，它们适合于什么用途，就用于做什么，切不可搞张冠李戴，尤其是对回收的各种塑料废弃包装制品。有的回收溶解后可制成家庭日常生活用品，如脸盆、水桶、花盆、痰盂；有的可制成农用工具，如各种苗圃盆；有的可制作各种塑料玩具；有的可用作建筑材料和从中提炼汽油、柴油等。但必须指出，切忌把回收的含有有毒物质、易污染环境、有害人体健康的塑料包装废弃物溶解后重新用来制成盛装各种食品或蔬菜、肉制品的包装袋。这既是不道德的，也是一种违纪违法的行为。

(5) 严防二次污染

各种包装废弃物回收与综合利用的目的是为了保护生态环境。但在回收利用各种包装废弃物，如清洗、消毒、溶解、重新制作新的包装物和其他用品的全过程中，均应防止给生态环境造成新的污染。因此，在包装废弃物回收处理时，该增添的相关排污设施和技术装备应予以增设，必要的投资是不可缺少的。

(6) 建立健全相应的政策法规

包装废弃物的回收利用还应注意不断建立和完善相关政策法规，以使这项工作逐步走上规范化、法制化的轨道，尤其是在税收等政策上应给予适当的倾斜，以推动包装废弃物的更好回收与利用。与此同时，利用回收的包装资源制作的各种产品，仍必须注重质量，严格标准，遵纪守法，绝不允许任何单位和个人在回收利用包装资源中以次充好，以劣充优，以假充真，特别是绝不允许利用回收的各种名优饮料瓶和各种名优酒瓶装劣质货和冒牌货，更不允许利用其包装有毒副作用的物品充斥市场。

第6章　国外包装废弃物的回收利用与管理

在经历了一段时间的尝试与摸索后，国外许多国家对于包装废弃物的回收利用已经形成了一套行之有效的回收利用体系、法律法规和管理政策。但是，由于各个国家在经济、文化和发展水平等各个方面存在着差异，每个国家的回收利用体系、法律法规和管理政策也都具有不同特点。

6.1　国外包装废弃物的回收利用体系

6.1.1　德国包装废弃物回收利用体系

德国包装废弃物的回收特色明显，并取得了良好的效果。1990年9月28日，在德国工业联合总会、德国工商业协会支持下，代表零售业、消费品和包装业的公司在波恩成立了德国二元回收网络系统（duales system deutschland，简称DSD），即二元回收体系（陈皆喜，2010；黄海峰和刘京辉，2009），如图6-1所示。二元回收体系是指在正常存在的公共生活垃圾处理系统之外，重新建立一套系统，专门负责包装废弃物（由玻璃、纸、塑料、铝、白铁皮和复合材料等组成）的处理。二元回收体系担负对包装废弃物进行收集、分类、利用的义务，并

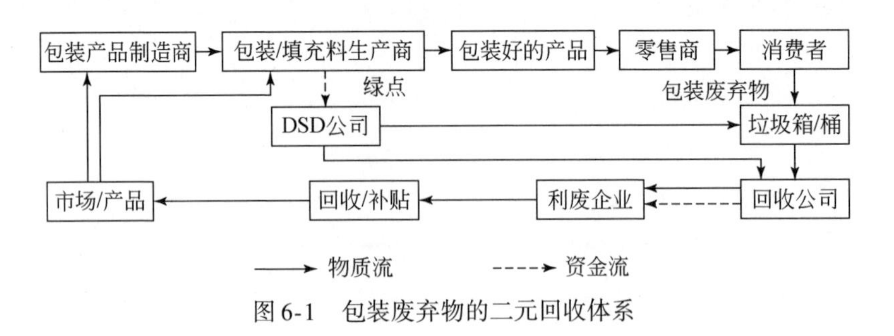

图6-1　包装废弃物的二元回收体系

由商品生产者和销售商共同参与，处理费用由获得“绿点”标志认证的企业或销售商支付。二元回收体系的行为受到联邦环保部的监督。

德国 DSD 包装废弃物回收体系是目前欧洲各国所使用的回收系统的代表。它的经营对象是特定的，即一次性的销售包装废弃物，其他的由另外的回收组织回收，其中运输包装由材料再利用公司 PESY 回收，工业和企业塑料包装由 RIGK 有限公司负责回收，金属和马口铁包装由 KBS 公司回收，建材包装和聚氨酯发泡塑料则由 POR 公司回收。

德国二元回收体系的任务就是对包装废弃物组织回收、分类、处理和循环使用，目的就是为了享受《包装条例》规定的免税政策。DSD 成立之后，德国各地的生产商、分销商陆续加盟，规模逐渐壮大，影响也日益扩大。迄今为止，在德国境内有约 18 000 个客户使用 DSD 公司提供授权的绿点标志（green dot），DSD 回收体系已经遍布全德的每一个州。

德国 1991 年颁布《避免和利用废旧包装条例》（简称“包装条例”）引进了生产者延伸责任原则，明确了生产者的回收责任，要求他们回收和再利用运输包装废弃物、销售包装废弃物等（Azni et al.，2004）。按照包装条例的要求，国内外生产者和经销商必须回收利用所有运输包装。1992 年，修改的包装条例包括了所有的二次包装。1993 年，包装条例进一步扩展了回收范围，将所有类型的消费包装物都包括进来，这些消费包装物用于整个销售到消费过程中对于商品的装载或者运输。正是在这种法律制度的要求下，德国建立了世界上第一个包装废弃物回收再生利用系统，简称双元回收利用体系，将循环经济这一思想真正落实到了实践中来，实现了包装废弃物规模化、正规化地回收利用。

1990 年 9 月 28 日在德国科隆成立的双轨制系统股份公司是第一家依据包装条例从事包装废弃物回收利用的私营经济体，它由该国工业联盟联合会和工商会组织包装工业、消费品工业等 95 家企业发起设立的（Paul et al.，1999）。其具体的机构组成与日常工作，由包装工业、消费品工业、商业和垃圾处理经济业的 12 名代表组成监事会进行监督，并由政界、工业界、商业界、经济界和科学界以及消费者组织的代表组成的管理委员会进行协调（陈蓁蓁和刘勇，2000）。

DSD 公司作为一家环保公益型的企业，不以营利为目的，同时享受政府政策扶持，享受各种税收优惠。现在这家企业已有将近 600 多家企业股东，其资金主要来源于各企业使用其绿色标志所支付的使用费。DSD 公司的回收利用系统覆盖整个德国，真正做到了减少包装物的废弃，最大限度地实现包装废弃物的回收利用。在 DSD 公司运作下，包装物的整个生命周期流程，如图 6-2 所示。

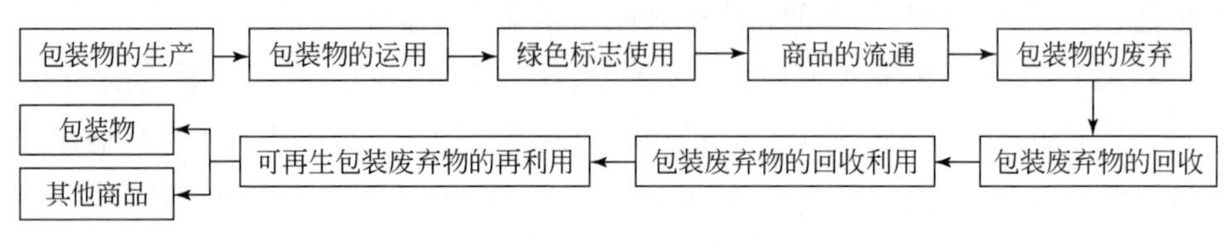

图 6-2　包装物的整个生命周期流程

DSD 公司通过“送”和“取”的两个系统进行回收。对数量较多的玻璃(需按绿、白、棕色分开)、纸和纸板废物及边角料，公司通过“送”系统，用垃圾箱/袋集中包装后、派车送往再生加工企业，进行回收再生；对分散的包装废弃物，公司则在居民区、人行要道附近设置垃圾收集箱（桶）收集，垃圾箱(桶）由大、中、小三种型号，根据需要确定垃圾箱的尺寸和摆放位置；垃圾箱(桶）还分有不同的颜色，以便于对废物分类收集，其中，蓝色垃圾箱（桶）收集纸箱纸盒，黄色收集各类废弃的轻包装，如塑料、复合纸、马口铁罐、易拉罐等，灰色或棕色收集其他杂物。

“绿点”标志为德国用于包装工业的环境标志，且只使用于一次性销售包装。可多次使用的包装，如啤酒瓶不使用“绿点”标志，而是通过付“押金”办法进行回收。若制造商或经销商想使用“绿点”标志，则必须支付一定的注册使用费，费用视包装材料、重量、容积而定。例如，1kg 的玻璃的收费标准为 7. 6 欧分，1kg 塑料包装废弃物为 140. 3 欧分。收取的费用作为对包装废弃物回收和分类的经费将全部用于包装废弃物的管理。目前，德国大约 19 000 个许可证持有者在使用“绿点”标志，他们要与收集和分类包装的废物回收公司签署合同，大约有 400 家废物回收公司已经签署了合同。DSD 系统的建立大大促进了德国包装废弃物的回收利用，目前德国拥有 210 家分类车间，可对 250 万 t 的轻包装废弃物进行分类处理。德国分类以后的包装废弃物，根据不同的类别由不同的企业回收利用。具体如下：

1）饮料盒、废纸和旧纸箱经过粉碎，分离出其他杂质、制浆等过程，获得纤维及其他复合材料、PE、铝等。纤维由造纸厂进行深加工生产成纸制品，如瓦楞纸板、纸箱、信封等，PE 用作生产水泥的燃料，铝用作生产水泥的铝土岩替代品。

2）混合塑料包装材料经粉碎、成团（或粒），获得熟料颗粒，用作生产生铁的重油替代品。

3）塑料瓶、塑料薄膜经粉碎、水洗并根据不同密度进行分离、沉降、干燥、挤压、重新熔化等过程获得可进一步加工的纯塑料颗粒，由塑料厂进行深加工，生产塑料薄膜、花盆、塑料管、饮料箱等。

4）玻璃瓶等，按不同颜色分类收集，经粉碎、磁/旋转分离，分离出塑料、金属和纸后，再筛选出杂色玻璃和其他杂质，最后熔化加工成玻璃制品如玻璃瓶、杯子等。

5）白铁皮包装废弃物等，经挤压成块、熔化、浇铸等过程，获得铁板，再经冷轧加工成罐头盒、汽车车身等。

6）铝包装废弃物，经粉碎、杂质分离、热前处理、熔化、浇铸等过程获得铝锭，由铝制品加工厂加工利用。

新的分类技术能使德国包装废弃物的分类实现自动化，而无需手工操作。既提高了效率，又保证了分类的质量。居民将包装废弃物混合放进黄色垃圾桶或黄色垃圾袋，由 DSD 收集送到分选场进行全自动化分类，分检出塑料薄膜、白铁皮、饮料盒、铝、PE、PP、PS、PET、混合塑料类物质和其他复合材料。

德国包装废弃物回收体系的特点是，由政府参股的私人公司进行回收，属于民间回收组织，经费由生产者和经销商承担，消费者交回废弃物为无偿方式。可见，德国包装废弃物的减少，一方面归功于双元回收利用体系的良好运作，另一方面也要归功于德国有关环境方面健全的销售市场，这两方面共同影响着德国废弃容器和使用过的包装物的数量。

6.1.2　法国包装废弃物回收利用体系

法国的制造商和进口商于 1992 年 8 月 29 日设立了一个回收体系和家庭分类包装中心。由其成立的环保包装商标公司 S. A 管理充填商、产品制造商、进口商的产品包装，促使其达到环保要求。制造商和进口商可委托该中心处理其自身产品产生的废弃物，但必须申请加人环保包装商标公司，在其产品上印制环保包装商标“Point Eco-Emballage”。商标使用者，若未在其产品上印制该商标，将受到相当高的罚金。该商标的图形与德国的“绿点”相同，但无“DER GRÜNE PUNKT”字样，这种做法加速了欧盟国家间的协调。与德国相比，法国的回收体系较德国具有更大的弹性（吴若枚等，2002）。例如，德国 DSD 回收体系不采用焚化方式处理废弃物，而法国对此没有限制。另外，法国的配售商、零售商无需负责回收，只有制造产品的工厂须负责回收并付费。

包装废弃物回收体系使法国企业参与治理包装垃圾污染的积极性不断提高，法国垃圾分类投放和收集的环保观念已深入人心。法国有近 5000 万人加入回收活动的行列，致使该国的包装材料回收利用率不断提高，全国 63% 的废弃包装类垃圾经再处理后被制成了纸板、金属、玻璃和塑料等初级材料，17% 的垃圾被转化成了石油、热力等能源。由于从生产和回收两个环节，避免了包装垃圾的泛滥，因此法国未来有望将垃圾年均总量控制在零增长状态。

目前，机构拥有 240 个股东，70% 的股份来自包装制造商与进口商，20% 来自保证人，10% 来自零售连锁店。它的主要任务就是给 36 560 个地方政府提供经费支持，并对包装废弃物回收体系的建立与发展提出建议。例如，对处理不同颜色的玻璃、纸和饮料盒、塑料瓶、金属等所发生的费用给予经费补贴；在回收大容器与分类技术方面进行经验交流等。但前提是地方政府必须首先编制一份包装废弃物的管理方案，方案也必须完成回收公司提出的任务目标。法国 76% 以上的人口接受了分类回收体系。因此，使更多的人参与分类收集是回收活动中最重要的工作之一。回收公司给予地方政府很大的支持，这是法国政府 1999 年回收公司扩展业务的重点之一，目的就是使人们认识到，为了生态环境，公众参与回收是极为必要的。法国包装废弃物回收利用体系，如图 6-3 所示。

回收公司的另一个主要功能是向地方政府和他们分类收集的各个组织以及处理部门提供服务。例如，一个地方政府可以选择不同的收集方式，然后由回收公司的各个地区分支机构的代表讨论、研究最佳的后勤服务与组织的管理。

回收机构的活动经费来自于“绿点”商标收取的许可使用费，这一标志类似于德国的“绿点”，但没有编码。所有附有回收公司标志的包装物都是被委托回收的。目前，法国 95% 的包装物都贴有这一标志，这表明这些包装物都已向回收机构支付过费用。法国成立了一个类似协会的企业“生态包装”集团。企业所交的“绿点”标志使用费通过政府授权，直接划拨该集团，专门用于包装垃圾的循环处理和再利用，并受到政府监督。

从 2000 年 4 月 1 日起，回收公司采用了新的收费办法，因为 1993 年以来大多数制造商根据包装物的材料与重量，平均每件包装物向回收公司支付 1 分，80% 的费用是根据容积核算的，小包装享有较大优势，而新收费办法的目的就是

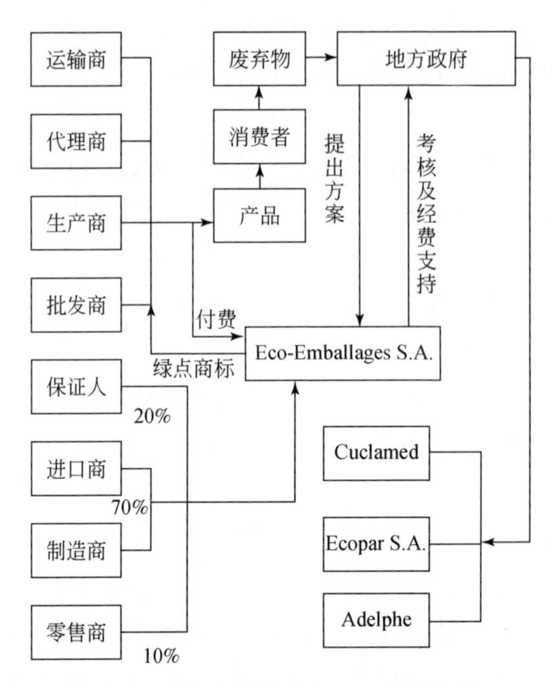

图6-3 法国包装废弃物回收利用体系

要改变这种状况。现在，每一件包装物的收费是根据包装物的材料与重量加上包装件数核算，这意味现在平均每件包装物收费2分。新的收费办法将在两个方面发挥作用：一是预防为主扮演了重要角色，包装越轻，付费越少。二是如果制造商将可回收利用的包装换成不可回收利用的材料，那么就要付双倍的费用；如果包装物使用50%以上的纸或纸板，收费将减少10%。

为适应地方政府的经费需求，许可证费每年调整一次。2000年，在回收公司注册交费的单位超过9600家，据统计一共交费11.2亿法郎，其中9.2亿法郎支付各城镇、区域用于垃圾的分类管理。2002年，地方政府将获得18亿法郎，新的收费办法为分类回收的新增成本提供了保证。

目前，法国95%的包装物都贴有这一标志。法国成立了一个类似协会的企业“生态包装”集团。企业所交的“绿点”标志使用费通过政府授权，直接划拨该集团，专门用于包装垃圾的循环处理和再利用，并受到政府监督。

6.1.3 瑞士包装废弃物回收利用体系

在瑞士饮料容器条例中，特别规定了玻璃、PET 瓶和铝的 70% 最少回收目标。规定由“污染者付费”原则进行补充，这一原则要求那些商业和工业承担废物处理的费用。

这一条例仅涉及饮料容器，不包括奶类制品。它规定了销售和回收饮料包装，主要目的是减少市政废物中包装废弃物的数量，用于减少一次性包装的数量。它特别规定：可重复使用的包装需要采用押金制度，并进行强制性标识；废弃包装 PET 瓶或金属（铝和锡）要求由现有的回收组织收费回收，或者由分销商自己回收；可丢弃的 PVC 包装必须执行押金制度；饮料和包装的数量需要强制说明，在分开的条例中，又规定玻璃瓶需要履行预付费（PDF）制度。

在瑞士，由市政服务及私人组织对纸、纸板、玻璃、PET 饮料瓶、罐和铝罐进行收集、处理及回收。其他包装废弃物（塑料薄膜，饮料纸盒以及复合材料）与未分类城市废物同时处置并烧毁。对于混合固体废物的处理由消费者直接承担，通过对垃圾袋实施征税；对于可循环使用的固体废物实施预收处理费是强制性的，目前仅针对玻璃瓶收取预收处理费。

针对瑞士国内包装废弃物的种类，政府针对每种包装废弃物设定了专门机构来进行回收利用，具体的回收利用体系如下。

（1）饮料容器

PET 容器由具体的组织管理：PET-Recycling Schweiz（PRS）机构承担所有的收集、整理和处理业务。PRS 机构向其成员征收每瓶 0.018 瑞士法郎的回收费用。在 2006 年年底，85% 的饮料零售商是 PRS 机构的成员。

（2）铝饮料罐

铝饮料罐的回收在瑞士是相当高的。瑞士铝罐回收合作社（IGORA）对在瑞士销售的每个铝罐，向灌料商和进口商征收 0.03 瑞士法郎自愿预付回收费用。这一系统运作地非常好，并且达到了预定回收目标。

(3) 铝包装（不包括铝罐）

铝和钢包装的收集工作在1996年合并，这两种材质可以被放置在同一容器中。瑞士铝罐回收合作社征收每件0.01瑞士法郎作为预付回收费用。联邦政府没有开展进一步的立法工作，因为现行制度运作的非常好，减少了政府的财政负担。

(4) 纸类包装

2006年，政府考虑引入一个纸包装的预处理费，但随着纸供应商与废纸回收业签订了自愿协议后，这一建议被驳回了。废纸回收商保证只要符合约定的质量标准，他们就支付市政部门从居民处收集的最低数额废纸量，保证取走所有收集来的纸。

瑞士对废纸和纸板的分类回收已经几十年，最常见的收集方式是：人们按规定时间将废纸捆扎好放在门边，等专门的机构来回收。把废纸送到村镇设立的回收点在一些地区也很常见。收集来的废纸和纸板或者被直接送到纸或纸板加工厂，或者在分类机构里被预先按照质量级别进行整理。由于这些废纸的质量并不能完全满足瑞士回收造纸厂的需要，大量废纸被出口，而且还要进口一些国内不能分类收集的废纸。

6.1.4　瑞典包装废弃物回收利用体系

1994年，瑞典议会正式确立废弃物循环利用的“生产者责任制”，其战略目标是要建设一个“把今天的废弃物变成某种可利用新资源”的循环社会。瑞典很早成立了玻璃回收公司，在议会确立了生产者责任制后又成立了纸和纸板回收公司、塑料循环公司、波纹纸板回收公司和金属循环公司4家专门的包装回收公司，承担了全国包装材料回收再利用的工作，帮助企业履行“生产者责任制”所规定的义务。除玻璃回收公司外，其余4家公司联合组建了REPA公司，为企业提供服务（苟在坪，2008）。企业通过加入REPA并缴纳回收费，可以让REPA代为其履行“生产者责任制”所规定的义务。瑞典上述五大回收公司都不以营利为目标。加入REPA的企业可在包装上使用“绿点标志”，无论是消费者还是产品链中的销售商都可一目了然地知道某个包装是否进入了循环利用体系。不加入REPA的企业也可向瑞典国家环保局单独申报“绿点标志”。自推行“生

产者责任制”以来，瑞典在包装的回收利用方面取得了显著的效果。在刚实行“生产者责任制”时，被回收再利用的包装一年仅为 25 万 t。现在每年对各类包装材料的平均回收利用率达到了 65% 以上，总量近 70 万 t。

6.1.5 奥地利包装废弃物回收利用体系

ARA（altstoff recycling Austria）系统是一套适用于奥地利全国的，以回收利用所有的家庭和商业包装废弃物回收利用系统（刘晓枚和刘国靖，2002）。它由奥地利贸易与工业界在 1993 年组建，代表这些主体执行奥地利包装条例的规定，用以维持包装物的生态循环系统。

奥地利通过 ARA 系统来对全国的包装废弃物进行回收利用，ARA 机构与超过 200 家的地方性处理公司、废物管理协会以及奥地利的地方社区进行合作，建立了一套高效的严密网络来对包装废弃物进行分类回收，如图 6-4 所示（赵宝元等，2009）。奥地利包装条例是建立在废物管理法的基础之上的，该条例在 1993 年 10 月 1 日生效。修订后的包装条例在 2006 年 10 月 1 日开始生效，该包装条例要求所有在奥地利市场上销售的包装物或者经过包装物包装过的产品生产商、经销商、进口商、贸易商和其他商业机构免费回收它们的包装进行再利用。最重要的是，包装条例以法律的形式保障了 ARA 机构的诞生，使得回收义务代为履行有了生存的土壤。

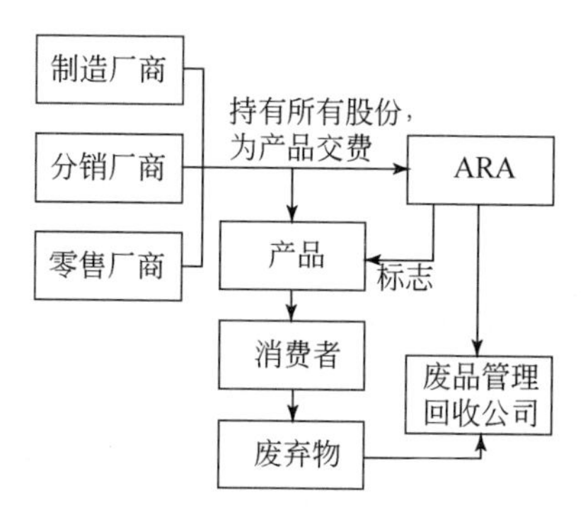

图 6-4　奥地利包装废弃物回收利用体系

该机构由来自包装生产企业、包装工厂、经销商、零售商等超过 230 家会员组成，机构内设置了三个委员会，并持有该机构所有股份。废物管理公司排除在了会员范围之外，为了防止这类企业在机构内引发利益争端。

各类市场主体可以与ARA机构签订合同，加入ARA回收利用体系，这些市场主体被称为“授权合作伙伴”。这些授权伙伴获得该机构“绿点”标志的使用权，允许其将绿点标志粘贴或印刷在他们生产的将在奥地利市场上进行销售、流通的产品上。通过这些合作者的共同努力，ARA机构在奥地利设置了覆盖全国的包装物回收网络。

回收系统每年回收处理的包装废弃物比率在67%左右，目前已有100万个家庭使用此种方式，并且机构已签约了150家回收合作者，形成了1000个回收站点，88万个回收容器的回收网络。制品厂商、分销厂商、零售厂商作为会员单位成为ARA的股东，而废品管理公司与回收机构不能拥有该机构的股份，目的是为了防止在内部产生利益分配上的事端。ARA废弃物回收机构强调所有下属机构都必须执行不营利原则，废弃物回收机构的盈余不进行分配，只用于抵减企业相关费用的支出。

6.1.6 西班牙包装废弃物回收利用体系

由政府组织西班牙回收集团Eco-Embalages对整个包装废弃物回收系统进行管理。地方政府需同时对回收企业和西班牙回收集团负责。在此系统中回收废弃物的主动权转移至地方政府的手中。西班牙包装废弃物回收利用体系，如图6-5所示。

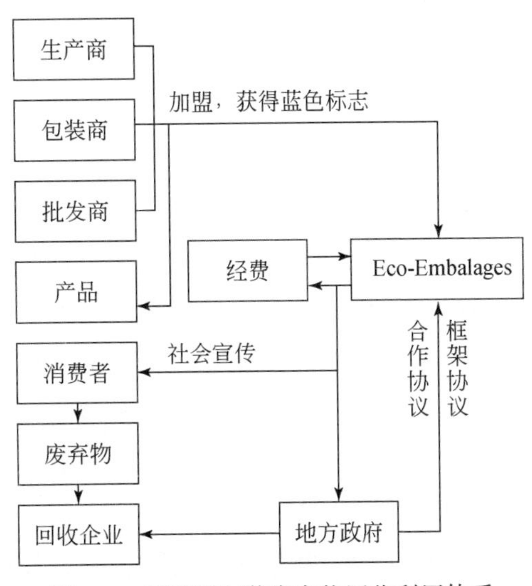

图6-5 西班牙包装废弃物回收利用体系

目前，地方政府共与 Eco-Embalages 签订了 79 份协议，其中 67 份为开展本地区包装废弃物分类回收工作的合作协议，12 份为地方政府同意实施的框架协议。整个回收系统所得的经费除了用于日常办公与回收活动外，绝大部分用于技术更新与环保宣传，Eco-Embalages 下属机构不定期在各个社区进行相关的环保宣传教育。

6.1.7 欧盟包装废弃物回收利用体系

欧盟 1994 年 12 月提出《欧盟包装和包装废弃物指南》，目的在于避免或降低包装废弃物可能对环境产生的不良影响。《欧盟包装和包装废弃物指南》文本包括 6 个主要标准和一系列支持性标准。该标准还包括一些报告，如《包装材料中存在的重金属和其他有害物质》《为避免继续对环境造成妨碍而对包装材料制定的规定》等。1994 年 12 月，欧盟理事会还通过了《包装和包装废弃物指令》，以统一和协调各国的相关立法。该指令要求各成员国必须根据本国的具体情况，建立相应的包装品管理体系，以提高包装品的回收和再利用率。为此欧盟规定了明确的目标，要求各成员国分阶段实现。2002 年，欧洲议会又通过一项修改 1994 年关于包装回收要求的提议，要求欧洲各国从 2007 年 1 月 1 日起，旧包装的回收率必须达到 65%，且回收垃圾的 60% 必须用来产生能源。具体地说，每个行业的回收率要求并不相同，其中塑料包装为 20%、金属为 50%、废纸和纸筒为 55%、玻璃为 60%。

6.1.8 美国包装废弃物回收利用体系

美国有路边回收、零散回收和分散回收系统。路边回收是规定居民将报纸、金属、玻璃、塑料瓶、罐等可以作为再生资源循环利用的废弃物分类置于路边，由地方有关部门收集到分离中心，再按类挑选，整理后送相应的工厂利用。路边回收通常被认为是最有效的回收方法。零散回收成本与路边回收成本相差不多，但因为不太方便，通常只有较少的人参加。分散回收是对于一些不能在路边收集的东西进行收集，如瓦楞纸板等。

规定个人、家庭或商业公司必须将塑料等废物分类，放在分类回收容器中。2006 年各州已经建立了 8660 个路边回收点，截至 2005 年已建立 500 个回收站用于收集废物。例如，在美国纽约，标有“recycle”的回收物垃圾桶随处可见（张宏伟等，2002）。同时，政府也要求住户将必须要收回的垃圾，如废物、旧报纸和纸箱等，折好后用绳子捆绑；玻璃瓶、塑料瓶、饮料和牛奶纸盒、金属罐等，用透明塑料垃圾袋或专用回收垃圾桶盛载，放在指定地点，等待卫生人员收取。若住户将各类废物和回收物混合堆放，将罚款处理。

美国有很多全国性组织促进废塑料的回收工作，包括美国塑料工业协会（SPI）、塑料回收基金会（PRE）、塑料回收研究中心（CPRR）等。其中，最为著名的是SPI，该协会为便于分类，制定了塑料制品的材质符号，分别标在容器底部。目前有39个州在执行SPI的相关法规。

在废弃物的回收体系上，美国和欧盟有许多不同之处，具体如下：

1）美国回收体系强调制定总体回收目标，而不对某种具体材料提出指令，对于不同材料和产品采用不同回收方式。欧盟一些国家则注重各种材料的回收目标。

2）美国回收体系强调让市场、经济和环境的因素决定各种材料的回收率，并认为可回收物品也是商品。欧洲回收体系较注重立法作用和统一回收率以及行动时间表。

3）美国回收体系尽量避免制定不合理的高回收目标或建立不现实的短期组织机构，提倡长期回收运动。欧洲回收体系较注重制定高回收目标及保证体系。欧洲回收体系运行成本较高，有时回收材料会充斥市场。美国回收材料主要由市场因素驱动，因此更适合市场需要。

4）美国回收体系主张让最基本的废弃物的收集，分类和处理由政府机构来做。

6.1.9 巴西包装废弃物回收利用体系

巴西政府实施了“可持续的城市废弃物管理模式”，使得巴西各类包装废弃物的回收率都达到了世界先进水平，虽然没有针对包装废弃物的回收利用体系，但是巴西整个垃圾回收利用体系值得借鉴（卢英芳，2007；许江萍，2005；杨斌，2010）。

巴西城市废弃物回收利用系统分五级（自上而下为4、3、2、1A、1级），其中：4级为大型回收（使用）企业；3级为大型回收公司，有车辆设备和回收资源控制能力；2 级为私人卡车回收户，通过“3”卖给“4”；1A 级为大回收站，为政府和大企业支持下的合作社形式，负责进行分拣、压缩打包、出售给使用企业；1 级为回收员，巴西有 50 万回收员（个体或合作社社员）。

著名的“促进包装废弃物回收利用联合会”（简称塞普利）就是在这种政府扶持下建立的（余晖，2009）。该机构成立于 1992 年，是由企业资助成立的一家促进巴西回收再利用产业发展的非营利组织，协会共有 21 个成员，行业涵盖啤酒、可乐、香水、化妆品、纸业、咖啡、巧克力等。这些成员有国内企业，也包括了跨国企业。这一协会的设立主要是解决巴西的城市垃圾问题。通过回收利用体系，来实施组合环保计划。机构在运行过程中坚持实施 3R 原则，即减量化、再利用、循环化来应对城市垃圾问题。同时作为一家咨询与指导机构，塞普利还要出版各种出版物，向市政府、拾荒者等进行分发，接受任何机构、企业、个人有关环保事宜的咨询意见（邹祖烨，2006）。

塞普利向拾荒者分发教育资料，同时将他们组织起来成立拾荒者合作社。通过合作社改进拾荒者的工作条件，给予他们生活保障，并提供了良好的工作环境。合作社只要少量的设施进行分类收集，最主要的核心设备压缩打包机是由塞普利及政府部门免费发放的（缴志远，2007）。巴西的塞普利模式主要有以下优点。

（1）政府与拾荒者的双赢

塞普利模式不仅减少了政府财政支出，而且使广大拾荒者得到了巨大的经济利益。通过合作社与大量拾荒者的参与，一方面解决了城市富余人员的就业问题，另一方面减少了政府的财政支出。而且合作社的运营成本低廉，运营效果却非常良好，实现了双赢。

（2）提高包装废弃物回收率

通过塞普利机构的管理，使得全国拾荒者合作社都能够有序、规范地开展回收工作，对于各类包装废弃物的分类收集比欧洲一些实行机器作业的国家的分类状况还要好。

（3）回收利用体系透明规范

塞普利出版的各类宣传出版物的正确引导与管理以及进行的大量环境宣传工

作，使得巴西整个回收利用体系在健康良性的轨道上发展，通过实施统一的标准和管理，使得整个回收利用体系能够协调运行。

（4）促进整个社会和谐发展

塞普利积极组建拾荒者合作社，为合作社提供各种咨询与服务，免费提供部分设备，进而为巴西创造了很多劳动岗位，使拾荒大军有了稳定的收入与较强的社会责任感。同时，塞普利重视环境宣传，发布各种环境公益广告，提倡垃圾分类，使得整个社会的环境意识得到加强。

目前，巴西有将近435个这样的拾荒者合作社。合作社的运作不仅提高了巴西境内各种资源的回收率，减少了生活垃圾造成的各种环境问题，更是为巴西劳动力市场创造了80多万个就业机会。而且，这种回收工作为每个拾荒者带来了较高的月收入（270美元），这种收入水平是巴西最低工资标准的2倍多。因此，巴西企业再生利用协会通过组织各种活动来表彰回收业绩优秀的合作社和回收员，加深了他们的职业认同感和自豪感。同时，不同的环境宣传教育也使回收员有了社会责任感，认识到他们进行的是造福社会，造福子孙万代的环境工作。

巴西拾荒者合作社的成功，为拾荒者找到了很好的发展方向，给予了他们尊重和收益。对拾荒大军进行收编，通过拾荒合作社进行组织管理。一方面，减少了巴西社会不安定因素，提高了拾荒者的就业率，提供了优良的回收环境，促进了社会的和谐；另一方面，提高了城市废弃物的回收率，减少了城市生活垃圾对环境造成的巨大影响，节省了填埋场地的使用量。

6.1.10 日本包装废弃物回收利用体系

在日本，每年大约有5000万t的生活垃圾被丢弃。其中，丢弃的容器和包装占到了垃圾总体积的60%，如何减少包装废弃物的体积以及再生利用包装废弃物成了一个重要的问题（Shin-ichi Sakai，2000）。在这一背景下，日本1995年制定了《容器包装循环再利用促进法》，明确了容器和包装的具体含义，即“容器”是指瓶、罐、盒、袋或其他，主要用于将商品放置其中。而“包装”是指纸张或其他，主要将商品包裹在其中（Mangalang，2003）。根据《容器包装循环再利用促进法》，丢弃的容器和包装是指那些“当内容已消耗或移除，成为不必要的”物品，包括玻璃容器（无颜色、棕色、其他颜色）；PET容器（由于装载酒类或非酒类饮料)；纸质容器和纸质包装；塑料容器和塑料包装。

日本通过立法形式确立了经营实体回收他们生产或销售包装物的责任。在新的《废弃物处理法》中，明确要求在包装上印上回收再利用标志。为了提供援助，日本建立了一种方法，即允许日本容器及包装回收协会来完成这些指定商家的回收责任，但这些经营实体需支付给协会一定的回收费用。这一协会是政府指定的组织，通过出版简讯、创建各种小册子、通过网页进行公关、生产视频节目、开办合作说明会和讲座等方式来进行环保宣传与教育；收集容器和包装回收利用的各种信息提供给公众；与有关组织的非正式磋商，与外国组织进行交流与合作（Yasuo Kondol et al.，2001）。

为了减少一次性饮料包装废弃物，日本率先在运动场馆、娱乐场所等公众聚集的地方，提倡使用可再循环使用的饮料包装，主要方法就是实行押金制度。日本公共场所押金制度及饮料包装的循环利用流程，如图 6-6 所示。

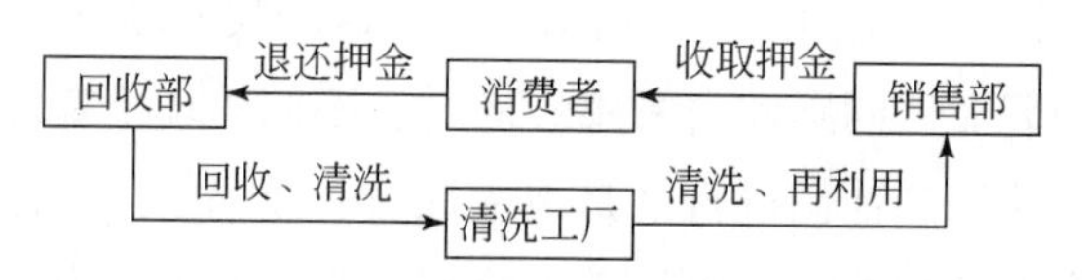

图 6-6　日本公共场所押金制度及饮料包装的循环

包装容器的使用是日本社会生产和消费的一个重要方面，其再生利用反映循环型社会建设的进程和水平。日本地方自治法明确规定，为达到垃圾减量、资源有效利用，占家庭垃圾约 60%（容积）的玻璃容器、聚乙烯瓶、纸制包装容器、塑料包装容器必须循环利用。其回收途径主要有以下两种方式：①消费者对包装废弃物清洗分类堆放→市町村分类回收→地方公共团体派车辆及多名清洁人员，分赴各不同路线地点回收已分类好的包装容器废弃物→再生公司再生产品；②消费者对包装废弃物清洗→超市/便利店回收箱→容器公司回收后分类→再生公司再生产品。容器包装回收产生的费用主要由地方政府承担，一般地方政府负担费用占 88.5%，包装容器利用企业负担占 11%，包装容器制造企业负担占 0.5%。

《容器包装循环再利用促进法》要求消费者定时定点丢弃包装垃圾，并由地方政府的有关部门或者指定的回收企业进行回收，最后送到专门的回收处理工厂进行重新加工再利用（郭玲玲和尹亮亮，2008）。规定日本对于各类包装废弃物都进行分类回收，每种包装废弃物都规定了不同的回收方式。因此，可以将日本包装废弃物的回收利用体系定义为综合型的回收利用体系。

6.1.11　国外包装废弃物回收利用体系的分析比较

由上述国外包装废弃物回收利用体系的介绍可知，国外包装废弃物回收体系具有以下几方面特点：

(1) 政策高度强制

国外包装废弃物回收系统都是通过强制的法律规定，高度明确生产者的责任，强调生产者必须对自身产品所造成的污染负责。一方面，有利于整个国家的可持续发展；另一方面，也可以使生产企业对包装物及其他产品的衍生物品的使用进行科学的规划，有利于在整个国家范围内达到废弃物排放减量的目的。

(2) 社会责任明确

绝大多数的回收组织都是独立于政府的民间组织，是由承担回收包装物法律义务的公司发起成立并自行承担相关营运费用的组织。奥地利的 ARA 回收系统规定不允许回收企业以营利为目标，只是以收入来抵减相关的费用支出，西班牙的 Eco-Embalages 也是将主要的收入用于环保宣传。

(3) 监督机制完备

法国、奥地利两国的回收机构均由生产及制造厂商作为其股东从而拥有该机构的股份，各国内部具体持有比例不同，法国在此机制中另外引入 10% 的保证人。这样能够保证回收机构有完备的监督机制，各项规章制度的实施不至于在会员单位中造成不平衡，保证了整个回收系统的公允性。

(4) 系统结构合理

德国与西班牙的回收机构隶属上级政府的监管，能够很好地执行政府的环保方针，使政府可以通过回收机构直接了解整个国家或地区的废弃物回收情况，从而为其制定可持续发展战略和相关能源法案提供依据。

(5) 内控效果显著

在国外的回收系统中，各个环节紧密相扣，各级之间都签订了大量的协议书及约定书，责任分工明确，所以这些回收系统都具有很好的内部控制效果，为相关行业所产生的包装废弃物的高度回收提供了很好的保证。

（6）宣传教育普及

重视对公众（从小学生即开始）的宣传教育与普及工作，主要包括回收再利用废弃物对城市良性发展和个人利益相关的重要意义，同时加强必要的法制管理。可见，国外包装废弃物回收体系政策法规的宏观调控、回收网络的规模化经营、经济激励的充分运用以及全社会的公众参与，已成为包装废弃物回收体系构建的国际趋势。

6.2 国外包装废弃物回收利用的法律法规

6.2.1 德国包装废弃物回收利用的法律法规

1972年，德国出台了《废弃物处理法》，确定了无害化、污染者付费等几个关键原则，从而迈出了德国废物管理立法的第一步。1975年，德国政府发布了第一个国家废物管理计划，提出了废物处置的优先顺序，即从预防、减少到循环和重复利用依次递减的优先等级顺序。1986年，德国政府在1972年法律基础上修订颁布了《废弃物限制处理法》，规定了预防优先和垃圾处理后重复使用原则，并首次对产品生产者的责任进行了规定，管理思路从只重末端治理向兼顾源头削减转变。

1990年，德国政府颁布了第一部包装废弃物处理法规《包装与再生利用包装废弃物指令》，该法规旨在减少包装废弃物产生，对不可避免的一次性包装废弃物，规定必须再利用或再循环。法规还强制性要求各生产企业不仅对产品负责，而且还要对包装的回收负责，并责成从事运输、代理、销售的企业、包装企业及批发商回收其使用后的包装废弃物，同时也可选择将回收责任委托给专门从事回收处理的公司（李超，1999）。德国绿点公司就是根据该法令成立的专门从事废物回收的公司。

1991年，德国政府通过了《减少包装物垃圾条例》，其目的在于避免或减少包装废弃物的环境影响。该法律强制生产者必须回收包装废物，同时也允许生产者和销售者通过与一家或多家私人代理机构建立协议，由代理机构完成对包装废弃物的收集和回收，其目标是包装废弃物应回收 65%，循环利用 45%，饮料包装废弃物中可循环利用的或是生态友好的一次性包装废弃物达 80%。

1994 年，德国联邦议院通过了《循环经济及废物法》，明确了废物管理政策方面的新措施，其中心思想就是将循环经济理念系统地从包装推广到所有的生产部门，促使更多的废弃物回收利用。该法要求生产商、销售商以及个人消费者，从一开始就要考虑废物的再生利用问题。在再生产和消费的初始阶段，不仅要注重产品的用途和适用性，而且要考虑该产品在其生命周期终结时将发生的问题。同年，德国公布了《包装法》，这法律、法令具有很明确的系统思想。它不仅规范了包装垃圾的处理技术要求，而且对废弃物的源头，即包装材料的制作和使用，有许多限制和要求，把环境保护看得比经济效益更重要，把保护人的健康、保护生态平衡当作最高目标去追求。在《包装法》中明文规定，国家将实行一个“绿色工作场所”的制度，并规定公司必须分类收集包装材料并回收利用，从而减少包装材料的总消耗的 8% ~10%。德国包装废弃物料及其他废料处理的重点是包装塑料的再生处理，约有 50% 的环保开支用于废料处理技术的研究与开发，德国包装回收再利用的成功，在于实行瓶子充填制度使其重复使用，强制使用二次包装及轻量包装材料。

1996 年，进一步制定《循环经济与废物管理法》，把废物处理提高到由系统配套的法律体系支撑的循环经济管理体制与国民意识上来。规定商品生产者和经销者回收包装垃圾，要求容器及包装废弃物要贴绿色标志。绿色标志使用费根据包装垃圾再生利用的难易程度而定，为了尽量减少支付绿色标志的使用费，有关企业在容器包装材料上力求包装简单、轻便。同时，德国政府对进口货物包装的环保要求也非常严格，其要求包括：进口货物纸箱的连接要求采用黏合工艺；纸箱上的名称印刷必须用水溶性颜料；不能用油溶性油墨；纸箱的表面上不能上蜡、上油，也不能涂塑料沥青等防潮材料。德国政府认为，利用包装夸大真实的内装物容量的行为属欺骗行为。

2002 年德国最高法院颁布了《包装管理条例》，要求所有商店从 2003 年 1 月开始收取罐装和瓶装材料的包装回收押金。

2007 年德国第五次修订了《包装与再生利用包装废弃物指令》，对一次性销售包装体系制定了更为详细的规定，以减少该类包装物废物的产生。

6.2.2 奥地利包装废弃物回收利用的法律法规

奥地利50%的公民按《包装法规》自觉认真将家中包装废弃物分类。720万人参与收集玻璃包装废弃物，家庭废弃物在大城市降低了10%，小城市和乡村降低了25%。同时，该国在饮料和牛奶容器回收中采用“生态箱”，消费者在回收站和邮电局等地可免费取得这种“生态箱”，能容纳80个折叠好的饮料盒，装满后送到回收站，生态袋免费送到居民家中装满后被收走。

奥地利旁克特市使用再循环组织的商标，要使用这个商标的公司必须获得许可证，而许可证费用高达25亿奥地利先令。

6.2.3 法国包装废弃物回收利用的法律法规

18世纪末期，法国家庭所产生的垃圾大部分采用填埋方式进行消纳，结果1132个政府批准的填埋场很快被填满。此外，大约6000个非政府批准的填埋场也趋于填满。1990年，5800万法国人产生的垃圾人均360kg，其中包装废弃物占总重量的27%，占体积的50%。

鉴于此，法国政府于1992年4月1日出台了包装条例（No. 92-377），是欧洲紧随德国之后的第二个国家。包装条例以环境管理为名，要求组建一家包装废弃物回收公司，在改变原地方政府对处理垃圾的传统方式下，责成分装商与进口商对他们的包装废弃物负责。所制定的目标是2002年根据包装材料与回收方式的不同，所有包装废弃物必须回收75%。条例要求以Eco-Emballages. S. A命名的包装废弃物回收体系于1992年8月建成，它的股东是产品生产厂、包装材料制造商、进口商和贸易公司。具体由Ecopar. S. A控制运行，共同解决包装废弃物所引发的垃圾问题。1993年1月，运营许可证得到批准，同时批准Adelphe负责回收葡萄酒与其他酒类的玻璃瓶，Cuclame负责回收医疗包装。法国包装法中还包括运输包装条例（No. 94-1008）与家庭废弃物的处理规定（No. 96-1008）。此外，于1997年成立的国家包装委员会吸收来自政界与工商部门的代表，共同制定包装废弃物处理的长远规划。

6.2.4 欧盟包装废弃物回收利用的法律法规

欧盟《包装和包装废物指令》，首先旨在防止包装废物的产生，其次着眼于通过再利用、再处理和其他的各种回收利用方式来减少对这些废物的最终处理量。欧盟委员会制定指令后，各成员国根据国情选择采取什么样的法规和什么方法来实现这个目标，欧盟希望建立统一的管理机制，不希望各成员国采取单方面的导致市场分割的措施。

6.2.5 澳大利亚包装废弃物回收利用的法律法规

澳大利亚除1991年出版《国家包装指南》外，各州都有自己的立法，昆士兰州于1994年5月颁布了《废弃物管理战略（草案)》，该草案不但对国家重要的政府机构都产生了很大影响，并且还明确规定无论是企业还是消费者，都要对废弃物的处理负责。该州有60%的居民参与了废弃物的回收系统工程，从而为300多万居民创造了良好的生存环境。澳大利亚政府把昆士兰州列为典范，用以推动全国包装废弃物的回收利用。

6.2.6 美国包装废弃物回收利用的法律法规

美国至今也没有一部全国性的包装物循环利用法，但联邦政府和各州政府在1984年《危害性和固体废弃物修正案》和1990年《污染预防法》等体现循环经济思路法律法规的指导下，制定了自己的包装法律。到1994年，已经有37个州制定了包装废弃物管理法，100多项回收、再生法，77项议案生效。另外，有44个州和许多城市根据自己的情况制定了相关法律。

虽然美国的包装立法不如其他国家系统，各州的规定也不尽一致，但总的思想和方向是一致的。1996年，美国环境保护总局确立了垃圾管理政策：垃圾源头减量（source reduction）优先，包括重新使用（reuse）和庭院垃圾就地堆肥；其次是再循环（recycle）和堆肥；最后才进行焚烧和填埋处理。在总思想的指导下，美国主要从以下几个方面对包装利用进行管理。

(1) 标准控制

20 世纪 90 年代，美国包装工业的发展方案有两种：按 15% 减少原材料和包装制品，或其中至少 25% 可回收利用。这两种方案都得到美国包装行业的认可。美国至今已有 37 个州分别立法，并各自确定包装废弃物的回收定额。例如，威斯康星州规定塑料容器必须使用 10% ~25% 的再生材料；加州规定玻璃瓶必须使用 15% ~65% 的再生材料，塑料垃圾袋必须使用 30% 的再生材料。

(2) 经济措施

佛罗里达州向本地市场上出售的所有饮料容器征收 5 美分的预付处理税。西雅图实施排污收费制度，规定每月为每户居民运走 4 桶垃圾的费用是 13.75 美元，每增加一桶加收 9 美元，这一措施实施后，西雅图市的垃圾一下减少了 25%。美国环保局每年对回收情况进行统计，凡回收率达 50% 的包装可免除预收费。纽约州 1989 年开始禁止使用非生物降解蔬菜袋，对生产降解塑料的厂家给予补贴，并要求市民将可再生与不可再生垃圾分开，否则罚款 500 美元。

(3) 押金制度

密歇根州等 9 个州实施包装强制押金制度，而纽约州在实施包装押金制度后的 2 年中，节约了约 5000 万美元的清洗费、1990 万美元的固体废弃物处理费和 5000 万到 1 亿美元的能源费。加利福尼亚州于 1989 年通过了《综合废物管理法规》，要求 2000 年以前，对 50% 的废物要通过源消减和再循环的方式进行处理，未达到要求的城市将处于以每天 1 万美元的行政性罚款。该州于 1991 年制定的法令要求到 1995 年废物塑料回收率应达到 25%，或做到所有容器含 25% 废塑料，减少 10% 的原料，重复使用 5 次；1993 年该州政府专门制定了“饮料容器赎金制”，规定所有的硬塑容器再回收利用必须符合 1991 年提出的减少 10% 的原料用量，或必须包含 25% 的可回收物的要求；1995 年规定垃圾袋中要用 30% 的回收塑料。

(4) 建立回收系统

美国尽量避免不合理的高回收目标和不实际的短期组织机构，而坚持长期的回收运动，逐步形成了路边回收、分散回收、零散回收相结合的回收系统，其中路边回收是最有效的回收方式。目前美国每年纸盒回收量高达 4000 万 t。

6.2.7　日本包装废弃物回收利用的法律法规

日本是制定包装废弃物处理立法最早的国家之一。早在 20 世纪 70 年代，日本国会就颁布了《废物处理法》，全面、系统地对包装废弃物从研究到制造、排放、回收、再利用等过程做出明确规定，开始了对包装废弃物的法律化管理。

1990 年，日本通产省制定了《再生资源利用法》，该法案实施后，日本国内家庭废弃的包装容器将由各市、村收集在一起，然后由容器包装材料生产者及利用者取走，并设法进行再生利用（赵立祥，2007）。同时，在塑料的回收利用上，法律也确定了以下原则：① 废塑料进行再生资源利用；② 要求各方面配合和支持回收利用；③ 废塑料循环利用多样化。

通产省对废塑料的回收利用规定了一些具体的措施：① 促进废塑料的资源化，能作为原材料的废弃塑料尽量资源化；② 推行作为资源回收利用，难以作为原材料的废弃塑料尽可能采用适当的焚烧法转化为能源加以回收利用；③ 减少废塑料的数量。

1991 年，制定的《再生资源利用法》推动了日本玻璃瓶、铝铁罐、废纸等资源的有效回收。

1993 年，实施的《能源保护和促进回收法》使日本 97% 的啤酒瓶和 81% 的米酒瓶得以回收利用。

1995 年，日本政府效仿欧洲，以“污染者付款”原则为基础，提出了由消费者负责将包装废弃物分类，市政府负责收集已分类的包装废弃物，私有企业获政府批准后对包装废弃物再处理的回收利用方式。同年，日本政府颁布了《容器包装再生利用法》，其中规定：容器及包装品的生产企业和利用企业，按照产量和销售量进行折算后，要向日本容器包装循环利用协会缴纳处理费。协会利用这笔费用委托废物处理企业对容器和保障废弃物进行分解还原，使之成为工业原料，重新进入循环过程中（秦鹏，2003；张帆，2009）。企业的包装废弃物排出量越大，支付的费用越多，从而间接制约了企业的过度包装行为。

1997 年，日本的《容器包装再生利用法》出台，确定了生产者、销售者、国家、地方公共团体和消费者在包装废弃物回收利用和再生利用中的责任和义务，改变了以往仅依靠市町村负责垃圾回收的状况。该法律强调：国家需致力于促进包装废弃物分类收集和再生利用资金的筹措，用于推进包装废弃物再利用技术的开发和成果的普及；市町村负责对包装废弃物进行分类收集，同时按照国家政策采取必要的措施促进包装废弃物再生利用；地方公共团体需每三年制订一个五年计划，估计各个领域将被丢弃废物中的容器和包装的数量以及分类回收所能达到的目标；包装废弃物的生产企业和行业对收集的包装废弃物进行再生利用，可以自己或委托容器和包装废弃物协会实施该类废物的循环利用，生产商的回收量必须要进行估算，并且每三年要制订一个五年回收计划，其中包括配套设备。消费者则需要根据规定对包装废弃物实施分类投放。同时，《促进容器与包装分类回收法》也明确要求大型企业回收玻璃和聚酯瓶，并针对玻璃瓶和聚酯瓶制定了相应的条款，具体内容为：设定了聚酯瓶的瓶身、瓶盖、商标、颜色的生产要求；生产聚酯瓶的生产商和使用聚酯瓶的饮料生产商都要承担相应的回收费用，消费者也必须对垃圾实行分类且按时回收，乱扔垃圾会被罚款甚至判刑；收集所得的塑料瓶，经工厂分类压碎后，可再商品化成纤维制品、衣架、垃圾箱等。

2000 年 6 月，将最初在 1970 年制定，后于 1991 年和 1997 年两次修改的《再生资源利用促进法》修订为《资源有效利用促进法》。它明确指定了一些行业和产品领域对资源的有效利用和再利用应承担的法律责任，旨在促进废物的再生利用及确保废物的适当处理（日本環境厅水質保全局企画課，2000）。具体包括：① 源减量方面，设计小型轻便易于修理的产品，完善修理体制，通过升级等手段延长产品寿命。② 零部件的再使用方面，选用标准化易于再使用再生修理的零部件。③ 循环利用方面，生产者有义务回收废弃产品，同时，生产者有义务添加材料标号使不同材料的废物在回收时易于区别。

2001 年，由日本饮料制造商和塑料瓶生产厂家共同组成的“塑料瓶循环利用促进协议会”决定，将停止生产彩色塑料瓶，将全部透明塑料瓶用标签覆盖解决紫外线照射问题，以提高再生制品的质量，降低人工处理难度。

2002 年，日本政府为推进生物塑料等可再生资源的使用出台了《生物技术战略大纲》和《生物质日本综合战略》，其中提到，扩大生物塑料的使用是一项重要课题。《生物技术战略大纲》设定的目标是，到 2020 年 20% 的塑料瓶要用可再生资源制造。

2004 年，日本政府对 1997 年制定的《容器包装再生利用法》进行了再次修改，将塑料容器也列入了回收范围。

2006 年，日本内阁会议通过《容器包装再生利用法》修正案，规定销售企业在向顾客提供塑料购物袋时，必须根据国家标准设定合理使用容器包装的目标。为减少塑料购物袋的使用，商家在结账时应主动提示顾客，若需要使用塑料购物袋时必须付费，并给自备购物袋的顾客提供积分优惠等。该法还规定，若商家在当年的包装材料使用量超过 50t，就必须制定减少购物袋和包装纸用量的目标，并向政府报告每个年度的消减成绩；如果商家采取的措施不利，政府将通过批评及罚款等手段敦促其履行消减计划。

与德国以单行法规加以管制不同，日本对包装物回收利用的规定主要依靠系统的循环经济法，可以说日本的循环经济法是世界上最完善的。日本关于循环经济、废物管理的立法都适用于包装领域，加之单行的“产品包装分类回收法”使得日本在包装物循环利用方面取得显著成效。目前，日本的废旧包装纸的回收率已经超过 50%，使得日本成为世界第二大产纸国，200 多个玻璃回收处理中心使日本垃圾减少了 5% ~8%。

6.2.8 韩国包装废弃物回收利用的法律法规

1992 年，韩国环境部推出了《废弃物预付金制度》，规定生产企业要按产品包装如金属罐盒、玻璃瓶、纸箱等出库的数量先预付部分资金，再根据其对包装废弃物回收利用的比例返还相应的预付金。2000 年，韩国环境部试行由环保部门与生产企业签订限排协议书的方式，减少废弃物的排放，为推行由生产者负责回收利用废弃物的制度做准备。2003 年 1 月，韩国政府正式开始推行《生产者责任再利用制度》，将包装废弃物回收利用的责任加于生产者，由其负责包装废弃物，如合成树脂包装材料、方便面盒和内包装用塑料托盘等的回收利用。2004 年 1 月起禁止将 PVC 用于对鸡蛋、油炸食品、汉堡包、三明治等食品的包装。根据韩国政府的有关统计，自 1993 年开始采取废弃物限排措施后的 10 年间，包括包装废弃物在内的生活废弃物总量已减少了约 20%；生活废弃物的回收利用率则由 1993 年的 13% 提高到 44%，到 2008 年将提高到 50%。

由此可见，各国立法虽有不同，但还是有规律可循的，具体如下：

1）以法律法规的形式管理包装的使用和处理，强调绿色包装、简化包装、回收利用、资源循环。

2）明确指导思想和原则，即物质闭合循环指导思想和“3R1D”原则[①]，为包装物循环利用指明方向。

3）明确责任，建立了生产者、销售者、政府、消费者责任体系，特别是要求生产者对包装的整个生命周期负责。

4）建立符合本国国情的回收体系。

5）制定具体回收指标，促进包装资源的回收利用。

6）征收各种原材料费、产品包装费、废物处置费，以经济手段促进包装物循环利用。

6.3 国外包装废弃物回收利用的管理政策

6.3.1 德国包装废弃物回收利用的管理政策

德国对包装废弃物管理的管理政策的特点是，突出源头控制，加强过程循环利用，实施末端回收，主要有以下几点。

(1) 源头控制——可交换的许可证制度

“可交换的许可证制度”是指包装供应链中的每一个公司必须获得许可证来说明自己已经有一个适当吨位的材料被再生，以满足公司的回收再生责任。剩余的许可证可以买卖，许可证可再售的价值给再加工者以进一步的激励以扩展它的生产能力。

将“可交换的许可证制度”作为市场分享再充填饮料容器配额的一种选择，在“许可证模型”下，德国希望使用一次性饮料容器的饮料生厂商购买定量的一次性包装的许可证。许可证规定了包装的额定数量，不随整个市场的增长而自动增长，从而达到限制市场配额的目的。

(2) 循环利用——垃圾收费制度

目前，德国大多数城市都采用按户征收垃圾处理费的方式。居民生活垃圾的

---

① “3R1D”原则为减少包装材料消耗（reduce）、包装容器的使用（reuse）、包装材料的循环再利用（recycle）和包装材料具有降解性（degradable）。

收集、处理处置由专业企业进行，这些企业有国营的、私营的，也有公私合营的，而垃圾处理费由政府制定和收缴，然后转给相关企业。部分城市开始试用计量收费制，但由于对计量收费制度的研究还不完善，并没有得到广泛推广。

由于对居民征收垃圾清理费，导致消费者将没用的包装材料留于商店，而最终由制造商完成处理工作，从而迫使制造商不得不减少包装材料的用量。垃圾收费政策不但为垃圾的治理积累了资金，也推动了垃圾减量化和资源化。

(3) 末端回收——抵押金制度

为了提高包装品回收率，德国环境部制定了抵押金制度。德国包装法明确规定，如果一次性饮料包装的回收率低于72%，则必须强制实行的押金制度。自从开始强制实行这项制度以来，顾客在购买所有用塑料瓶和易拉罐包装的矿泉水、啤酒、可乐和汽水时均要支付相应的押金，1.5L以下需支付0.25欧元，1.5L以上需支付0.5欧元。顾客在退还包装时，领取押金。押金制度不仅能提高包装品的回收率，更能促进包装循环使用的比例。由于啤酒、可乐、汽水等包装大多为一次性易拉罐或塑料瓶，尽管被收集后会被再制成新的包装，但这一过程无论是回炉再生产，还是重复的交通运输，都将造成较大的能源消耗。

6.3.2 美国包装废弃物回收利用的管理政策

为了鼓励地方政府加入减少废物和回收目标行动中，对于采取了全面计划或达到特定目标的机构，州政府会给予其财政上的奖励、税费优惠及其他鼓励措施，这些财政奖励的奖金往往来源于废物回收处理的预付费用。主要措施如下：

(1) 路边回收计划

规定个人、家庭或商业公司必须将塑料等废物分类，放在分类回收容器中。2005年已建立500个回收站用于收集废物，2006年各州经建立了8660个路边回收点。同时，政府也要求住户将必须要收回的垃圾，如废物、旧报纸和纸箱等，折好后用绳子捆绑；玻璃瓶、塑料瓶、饮料和牛奶纸盒、金属罐等，用透明塑料垃圾袋或专用回收垃圾桶盛载，放在指定地点，等待卫生人员收取。若住户将各类废物和回收物混合堆放，将罚款处理。

(2) 税费优惠及其他鼓励措施

为鼓励地方政府加入减少废物和回收目标行动，对于采取全面计划或达到特定目标的机构，州政府会给予一定的财政奖励，这些财政奖励的奖金往往来源于废物回收处理的预付费用。例如，佛罗里达州对向本地市场出售的所有饮料容器征收 5 美分的预付处理税，所征费用直接划入州循环发展基金，以开展循环经济发展的相关研究。对饮料容器，9 个州有保证金制度，要求消费者在购买商品时预付饮料容器的押金，再通过归还容器领回押金。

(3) 塑料协会协助回收

美国有很多全国性组织促进废塑料的回收工作，包括美国塑料工业协会、塑料回收基金会、塑料回收研究中心等。其中，最为著名的是美国塑料工业协会，该协会为便于分类，制定了塑料制品的材质符号，分别标在容器底部。目前，有 39 个州在执行美国塑料工业协会的相关法规。

6.3.3 日本包装废弃物回收利用的管理政策

日本主要从 7 个方面对包装废弃物进行管理，具体如下。

(1) 减量化制度

在国家层面，应率先做到避免采购包装过剩商品，积极采购用完后可再装入简易包装的商品以及在可重复利用容器中的商品。同时，对于使用简易包装及可重复使用的容器等这些控制包装废弃物的措施，国家应采取必要措施进行调查研究，并对消费者进行普及、教育等工作。

地方公共团体应依照国家的政策采取必要的措施控制容器包装废弃物的排放。消费者在购买时通过自带购物袋，选择简易包装的商品，用完后可再装入简易包装的商品以及使用装在可重复使用容器中的商品，尽量控制容器包装废弃物的排放。企业在购买生产活动所需商品时，应该尽量控制容器包装废弃物的排放。另外，在使用和制造容器包装时，应该通过推动散装出售来控制容器包装废弃物的产生，同时通过将容器包装规格化以及在材料和构造上下功夫、使用可重复使用的容器、采用用完后可再装入简易包装的方式等积极推动容器包装的减量。具体来讲，正确认识容器包装的再利用所需的成本，通过生产既轻又薄的容器包装、实施简易包装化、缩小空间面积、生产用完后再装入简易包装的商品、根据需要将洗涤剂等产品浓缩的方法等，在不妨碍容器包装作用的前提下使之成为效率最高的容器包装。

（2）分类回收制度

关于包装废弃物的回收运输及处理，在征收处理手续费的同时，也需采取必要的措施，促进排放者按照分类标准正确地对包装废弃物进行分类收集。其中，为正确实施分类回收应设立回收基地及规定回收次数等措施，以确保包装废弃物的分类回收效果。

生产企业应对制造及使用容易分类排放的容器包装进行研究，主要内容为在容器包装上正确的标明材质，对不同原材料分别研究其容易分离的结构，在使用的材料上下功夫等。

（3）再商品化制度

使用容器包装的企业、制造容器包装的企业以及制造用于容器包装材料的企业，应该尽量使用容易进行再商品化的容器包装，在容器包装规格以及包装材料及构造上下功夫。销售使用容器包装商品的使用者，也应积极销售使用容易进行再商品化的容器包装商品，进口使用容器包装的商品；进口容器包装废弃物的使用者应该选择进口那些易于进行再商品化的容器包装的商品，或易于进行再商品化的容器包装废弃物。

（4）垃圾收费制度

根据日本的《废物处理法》，垃圾回收属于公共服务，相关费用一般由各级政府的税收支出。在政府和社会公益团体的倡导下，“对垃圾收费有利于减少垃圾排放量”和“根据垃圾排放量制定收费标准有利于公平负担垃圾处理费用”等观念，逐渐为社会所接受，实行垃圾收费的地区呈增加趋势。目前，日本绝大多数地区已实行对垃圾征收处理费的制度。

日本垃圾处理费的形式主要有两种，具体如下：

1）对家庭排放的垃圾主要采取强制使用收费垃圾袋的办法。居民根据需要到超市专门购买统一的垃圾收集袋，一般垃圾袋分为5L、10L、45L三种不同容积。同时，居民还必须购买专门的垃圾处理票，只有用贴有垃圾票的专门垃圾袋装的垃圾才能得到环卫部门的及时处理。

2）对企事业单位多采取下达缴费通知单和使用收费垃圾袋的垃圾收费方式。近年日本的相关调查和政策实效评估显示，垃圾收费制度确实有助于减少废物的排放量。

（5）垃圾课税制度

为减少废物，日本地方政府正在探讨增加对废物的课税。2004 年，在日本 47 个都道府县中，有 11 个地区已经增加了对产业废物课税的条例，其他一些地区也在积极酝酿废物课税制度。

（6）押金制度

通过实行押金制度，促进社会使用可循环可利用的物品。其中，为了减少一次性饮料包装废弃物，率先在运动场馆、娱乐场所等公众聚集的地方，提倡使用可再循环使用的饮料包装，主要方法是实行押金制度。在这些场所的饮料销售部门，每销售一杯饮料都收取一定押金，消费者将凭使用完毕的杯子到回收部门取回押金。

（7）优惠财政鼓励措施

日本制定了一系列支持包装废弃物资源化的财政措施，用经济手段刺激和促进废弃物资源化的快速持续发展。例如，对各类废弃包装再生处理设备在规定年限内进行退税；在《个别物品再生利用法》中规定了废弃者应当支付与废弃包装再生利用相关费用（即废弃者应该支付与废弃包装收集、资源化利用等有关的费用）；企业设置资源回收系统的，由非营利性的金融机构提供中长期优惠利率贷款、价格优惠政策；生态工业园区补偿金制度，国家对入园企业给予初步建设经费总额 1/3 ~ 1/2 的经费补助，地方政府也有一定的补贴；政府奖励政策，日本设立资源回收奖，旨在提高市民参与回收有用废弃物的积极性。

由上可见，在国外包装废弃物回收再利用管理政策中，具有以下特点：

1）各国都强调了包装物的生产、使用和销售（进口）者对于包装废物的回收再利用必须承担一定的责任，即所谓“生产者责任延伸制”。既明确了责任的承担者，又在一定程度上迫使这些责任承担者必须尽量采取有效措施，在包装物的使用过程中尽量减少其用量，最终实现了包装废弃物的源头减量化。这与国外对于固体废物管理的技术路线的优先顺序是一致的。

2）国外的包装废弃物回收再利用管理制度中，并不是孤立的某一种政策，而是将包括限制使用、强制回收、收取押金和处置费用等一系列政策相结合。对包装物从生产到最终处置的全生命周期内的每一个环节都提出了相应的环境保护要求，能够最大限度地减少包装废物造成的环境污染。

3）国外在对包装废弃物进行回收再利用时，多是以资源循环为目标，而不仅仅是环境污染防治。因为环境保护的最终目标是提高资源循环利用率，最终达到最大限度节约资源使用率的目的，而不是单纯的防治污染。

4）各国的包装废弃物回收再利用经济调控手段，主要包括相应的税收优惠政策（包括环境税、土地填埋税、销售税、关税财产税、所得税等）、押金制度、排污收费制度、罚金制度等，通过这些经济激励手段的作用，鼓励减少包装废弃物的产生量，并且增加了政府的税收，拓宽了废物回收利用的资金来源。

5）在对于包装废弃物回收利用体系的建设上，发达国家通常是由政府成立的非营利性公司或协会代替政府来具体负责包装废弃物回收利用的组织实施工作。这将更有利于包装废弃物回收再利用工作的实际操作，尤其是在经济手段的运用上。

6.4　国外包装废弃物回收管理体系

国外包装废弃物管理充分利用分级管理体系，即减量—重复使用—循环利用—堆肥—焚烧—填埋，如图 6-7 所示。这一体系，提倡包装废弃物管理的最佳途径，具体内容如下：

1）减少废弃物的产生量，并在源头对可循环利用的包装进行分类，提高重复使用的包装质量。

2）不能减量的应尽可能重复使用。

3）不能重复使用的应进行循环利用和材料再生，特别是二级原料，如金属和纸。

4）不能循环利用和材料再生的废弃物应进行有机物再生，一般是通过微生物分解，如通过堆肥或厌氧处理，对可生物降解的有机物进行再生。

5）对不能回收再生但有较高热值的包装废弃物进行焚烧以进行能量回收。

包装废弃物的分级管理能减少转运和处理量，减少填埋场的使用，减少对不可再生资源的开采，减少对森林的砍伐，减少温室气体产生量，提供有价值的再

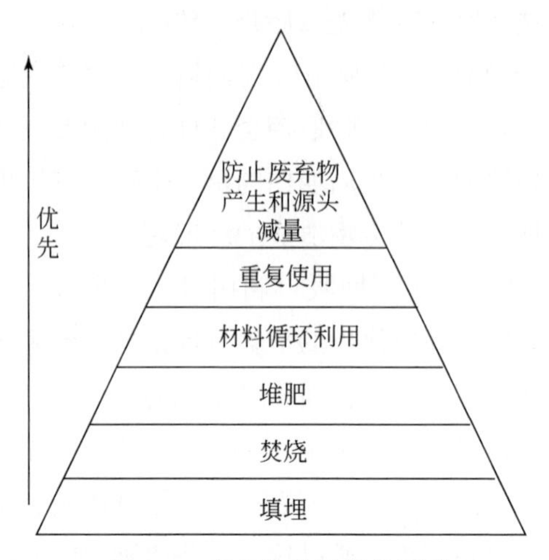

图 6-7　废弃物分级管理原则

生资源，提供就业岗位和经济效益。废弃物减量和源头分类是所有废弃物生产者直接参与环境改善过程的一种方式。

6.5　国外包装废弃物回收利用技术

20 世纪 50 年代，随着固体废弃物管理方面研究的深入，人们发现以垃圾填埋和焚烧为代表的传统垃圾处理处置模式，不仅带来严重的环境污染和公众健康安全问题，而且造成了大量的资源浪费。因此，欧洲各国都制定了相应的政策，根据自己的实际情况采取了不同的方法（European Environment Agency，2007；Office of Solid Waste and Emergency Response of USEPA，2002；Office of Solid Waste of USEPA，2006；Stephan et al.，2003；William，2001），欧洲出现了资源化处理技术。例如，产品以及物质的循环利用、有控制的填埋、有能量回收的焚烧、带有分类收集、拣选等的堆肥等（Fonteyne，1997；Tilton and Jon，2001）。

无论从技术上还是经济上，各个国家为解决包装废弃物问题所制定的各种措施都有很大的差别。荷兰和德国把各种处理技术分成不同的优先等级：避免产生、资源重新利用、资源再生、回收能量的焚烧方法、填埋以外的其他处置方法，最后才是填埋。它们要求所有的国家或是私人企业都必须遵循这样的层次，并且只有在没有更优的解决办法时，才能采取下一级的解决方法。这样，在整个国家都强行采用同种技术方法，势必会使费用越来越高，从而推动了废弃物处理新技术以及新的管理技术的发展。欧盟依据污染者负担的原则和责任分担的原则，任何经济主体、制造业者、进口业者、流通业者、消费者必须承担相应的减少废物产生、循环再生和处置的责任。欧盟包装废弃物的回收利用技术路线是，抑制产生→循环再生→处置。另外，法国、意大利和希腊则根据各自不同的情况让各企业在整个技术领域自主选择所采用的技术，这样更符合各个地区的情况（John，2002）。

可见，上述国家在制定废物管理法规时都考虑了下面五个原则：资源化原则、减量化原则、就近原则、自产自销原则以及污染付费原则，但每个国家的实施方式不同（Kondo et al.，2001；Ross et al.，2003）。一般而言，资源化包括资源再生，能量回收和堆肥。虽然各个国家的侧重点不同，但每个国家都发展了资源再生技术。在荷兰、德国、法国，堆肥技术占据相当重要的地位。能量回收技术则在法国、意大利和希腊受到广泛欢迎。

德国于1992年禁止采用有能量回收的焚烧技术处理包装废物，必须优先考虑包装废物的再生利用。荷兰也持同样的观点，但是目前荷兰还允许有效利用现有的焚烧炉处理包装废物。由于德国和荷兰优先考虑避免垃圾产生原则，在这种情况下，资源化原则在划分的技术层次上处于较低的水平。值得注意的是，法国、意大利、希腊三个国家都没有采取避免垃圾及包装废弃物产生原则（李丽等，2010）。

法国提出的能源化技术互补原则值得推广。法国政府既不强制执行家庭包装废弃物管理技术，也不指定要结合何种基本技术。相反，1992年法律还尽量缩小各种资源化技术的费用差别。技术互补使得在给定的资源化率下废物处理费用最小化，特别是当带有能量回收的焚烧运用到处理计划中时，该计划将拣选，以再生为目的的回收和堆肥等技术结合起来。分类收集和带有能量回收的焚烧的结合利用，能够减少家庭废物总的资源化费用。其中，对发热量较低或没有发热量的废物（玻璃，金属）的分类收集，能减少焚烧费用和改善燃烧条件。在既定的处理能力下，利用这两种技术的互补能够节省很多费用。同时，分类收集计划的实施能延长焚烧厂的使用寿命，通过接收废物量的增加，节省建立新的工厂或附加设备的固定投资费用。

1991年4月，日本政府制定了“再生资料利用促进法”，其中规定了饮料等包装瓶在生产时应加上材料种类标志，以便于废弃后回收重用（日本環境省，2008）。1993年通产省发表了“21世纪废旧塑料处理规划”，计划2000年废旧塑料回收重用率达到65%，其中热能回收50%、材料回收15%，21世纪初回收重用率达到90%，其中热能回收70%、材料回收20%。日本固体废弃物回收利用的技术路线为，抑制产生→再使用→再生利用→热回收→合理处置。

由上可见，在过去几十年中，几乎所有的工业化国家在城市生活垃圾及包装废弃物问题上，都在由单纯的处理向综合治理方向转变，从根本上改变了包装废弃物处理的内涵，注重源头减量和综合利用，从而能够有效控制污染、回收资源，减少包装废弃物的处理量。他们制定的治理包装废弃物战略目标，是通过选择较高层次的管理目标。一是避免产生包装废弃物，如果产生，产生量最少；二是最大可能地进行回收利用。但目前在解决包装废弃物的问题时，我国较多的注意力是放在如何处理产生的包装废弃物，即末端治理。从国内外实践证明，末端治理处理量大，投资也大，运行费用也高，不符合可持续发展战略。因此，我们可以通过借鉴欧盟工业发达国家的有关法规，结合本身情况，制定包装废弃物管理模式，加速我国包装废弃物管理事业的发展。

6.6 国外包装废弃物回收利用重点

目前，国外包装废弃物回收利用的重点在于废弃纸及纸制品包装物、废弃玻璃包装物、废弃塑料包装物和废弃金属包装物的回收利用，具体如下：

(1) 注重废弃纸及纸制品包装物的回收利用

美国大约有15万人依靠回收废纸箱为生，每年回收包装废纸4000万t以上，回收后经化学方法处理，能重复回炉多次。目前，德国利用废旧包装纸生产新闻纸的比例已达50%～60%。早在80年代初，日本纸包装回收率就达50%，进入90年代达80%，相当于为日本的造纸工业提供一半原料。有关资料表明，回收利用全世界的废旧包装纸差不多可以满足75%的新纸需求量，可节约500万hm^2的森林。因此，美国学者把废旧包装纸称之为“大街上的森林”（王国华，2007）。

(2) 注重废弃玻璃包装物的回收利用

日本全国约有200个废旧玻璃回收处理中心。由于玻璃的大量回收利用，使日本的垃圾处理量减少5%～8%。瑞士目前正执行一个有关PET和玻璃瓶回收利用计划，1988年瑞士国内包装材料的再循环率已达80%。欧共体各成员国计划2~3年内把各种废旧玻璃回收量增加1倍，估计通过这一措施，可节约石油2500万L，节约原料200万t，节省垃圾处理费1180.4万美元，且使垃圾中的废弃玻璃减少20%。目前，世界还有些国家相继开发利用废弃玻璃粉碎后做填料的新用途，如做建筑材料等。

(3) 注重废弃塑料包装物的回收利用

日本2000年就已经建立了5个加工能力为1000t的工厂，重点负责回收塑料再生。美国采取下列措施：减少塑料包装的厚度，增加强度；开发可降解塑料；限制非降解塑料包装的生产；推广易回收再利用的塑料包装。美国可口可乐公司专门成立了回收公司，每年处理来自130个回收站的1200t铝罐和500t PET瓶。意大利一家回收公司研制出可回收处理混合废旧塑料的装置，可处理混有灰尘、木材、铝和纸板等严重污染的废旧塑料，用于制造建材、排水管和代替木材的产品。

(4) 注重废弃金属包装物的回收利用

金属废弃包装物回收主要品种是铝制易拉罐和马口铁罐。美国铝制易拉罐的回收率达75%上，年回收量达900亿只；美国一年回收铝罐节省来下的电力可供纽约这样的大城市整整使用一年；日本铝罐的回收率达40%；德国每年回收马口铁30万t，占马口铁罐消耗总量的60%。

6.7 国外包装废弃物回收利用成效

6.7.1 德国包装废弃物回收利用的成效

自1991年以来，德国包装废弃物产生量呈下降趋势，从1991年的765万t降至2004年的695万t。其中有相当一部分得益于DSD的回收网络。该网络覆盖面广，除了回收废纸和纸皮、铝罐及塑料瓶外，亦回收复合包装（如纸包饮品包装）、各类塑料及玻璃包装等。表6-1是1991~2004年德国包装废弃物产生量和回收利用量。

表 6-1　1991～2004 年德国包装废弃物产生量和回收利用量

年份	产生量/万 t	回收利用量/万 t	回收利用率/%
1991	765	285	37.25
1994	702	434	61.82
1997	685	535	78.10
2000	737	561	76.12
2003	706	540	76.49
2004	695	513	73.81

数据来源：周廷美.2007.包装及包装废弃物管理与环境经济.北京：化学工业出版社

表6-2是2006年德国各种包装废弃物回收利用情况。由表6-2可见，2006年德国包装废弃物的总体回收利用率达到66.5%，远远超过了2004年欧盟制定的预期目标。同时，玻璃、塑料、纸张、金属、木材的总体回收率分别高达82.4%、81.7%、95.5%、90.1%、82.2%，均远超过了2004年德国制定的分类回收物质换回收利用的预期目标。德国包装废弃物的回收利用体系已经达到世界先进水平。

表 6-2　2006 年德国各种包装废弃物的产生量、回收量和回收率

物质		产生量/万 t	再用量/万 t	其他形式回收量/万 t	总回收量/万 t	回收率/%
玻璃		289.49	238.48	0	238.48	82.4
塑料		259.12	98.753	8.163	106.916	41.3
纸张和纸板		710.41	565.84	3.8	569.64	80.2
金属	铝	8.83	6.76	0	6.76	76.6
	钢	79.89	72.04	0	72.04	90.2
	总量	88.72	78.8	0	78.8	88.8
木材		363.2965	76.0	3.0	79.0	30.0
其他		2.24	0	0	0	0.0
总量		1701.9965	1136.673	14.963	1151.636	66.5

数据来源：周廷美.2007.包装及包装废弃物管理与环境经济.北京：化学工业出版社

6.7.2　日本包装废弃物开发应用的成效

表6-3和表6-4分别给出了2000～2007年日本包装废弃物的回收利用量和包

装废弃物的回收利用单位成本。由表 6-3 可见，2000 ~2007 年日本各种包装容器的实际分类收集总量和资源化率逐年提高，其中 PET 瓶的回收利用量明显增加，从 2000 年的 9. 6584 万 t 上升到 2007 年的 27. 2850 万 t，年均递增 15. 99%。由表 6-4 可见，2000 ~2007 年日本各种包装废弃物的回收利用成本也不同程度的下降，其中下降最快的也是 PET 瓶，它由 2000 年的 88. 8 日元/kg，下降到 2007 年的 1. 8 日元/kg，年均下降率高达 42. 70%。由上可见，随着包装废弃物处理成本的下降，一定程度上也促进了日本包装废弃物回收利用量的增加。

表 6-3　2000 ~2007 年日本包装废弃物的回收利用量　（单位：万 t）

项目	2000 年	2001 年	2002 年	2003 年	2004 年	2005 年	2006 年	2007 年
无色玻璃瓶	18. 4713	20. 5579	21. 6254	21. 6751	22. 5281	23. 9224	13. 2721	13. 1666
茶色玻璃瓶	9. 2992	11. 676	13. 9364	15. 7127	15. 8375	14. 3613	10. 5369	10. 7754
其他色玻璃瓶	9. 2992	9. 3923	9. 5341	11. 8268	14. 8036	16. 1255	11. 8368	11. 2495
PET 瓶	9. 6584	19. 6256	23. 0684	23. 6203	25. 3396	25. 5019	29. 8523	27. 285
纸包装	4. 7815	9. 0044	10. 582	5. 6203	6. 3982	7. 258	4. 1749	5. 6364
塑料包装	15. 147	25. 6448	31. 1801	44. 1559	54. 6635	65. 8282	67. 0482	80. 2036

数据来源：周廷美 . 2007. 包装及包装废弃物管理与环境经济 . 北京：化学工业出版社

表 6-4　2000 ~2007 年日本包装废弃物的回收利用单位成本　（单位：JPY/kg）

项目	2000 年	2001 年	2002 年	2003 年	2004 年	2005 年	2006 年	2007 年
无色玻璃瓶	4. 2	4. 0	3. 6	3. 0	2. 8	2. 6	3. 9	3. 5
茶色玻璃瓶	7. 7	7. 7	7. 8	5. 7	4. 8	4. 8	4. 8	5. 2
其他色玻璃瓶	8. 1	9. 1	9. 1	8. 6	8. 0	6. 4	7. 1	5. 8
PET 瓶	88. 8	83. 8	75. 1	64. 0	48. 0	31. 2	9. 1	1. 8
纸包装	58. 6	58. 6	42. 0	25. 2	19. 2	12. 6	20. 4	12. 5
塑料包装	105. 0	105. 0	82. 0	76. 0	73. 0	80. 0	89. 1	85. 8

数据来源：周廷美 . 2007. 包装及包装废弃物管理与环境经济 . 北京：化学工业出版社

6. 8　国外包装废弃物回收利用的经验与启示

6. 8. 1　管理经验

目前，发达国家在包装废弃物成功管理经验，主要有以下几个方面：

1）按照“源头减量→循环利用→最终处理”的管理原则，减少源头垃圾的产生，注重废弃资源的循环利用，从而最大限度地降低对自然生态系统负担。

2）坚持“谁污染，谁付费”原则，即通过政府、科学经济管理及有效的法律控制手段，将回收、利用、处置包装废弃物的义务落实到生产、销售、消费该商品的各个实体当中。

3）采用“生产者责任延伸制”的制度，即以法律形式延伸生产者的责任范围，使其对产品整个生命周期中的环境影响承担责任，从而促进生产企业在产品开发设计的源头就充分考虑生态化原则，以使产品整个生命周期的环境影响达到最小化，并减少市政府负担，使其更好地履行其监督和指导职责。

6.8.2 启示

国外包装及包装废弃物回收利用体系、法律法规和管理措施，给了我们深刻的启示，主要内容如下：

(1) 提高包装环保意识

大力开展全民环保意识教育，不仅要利用大众媒体加大宣传，而且要深入广大群众，利用展览、宣传栏、宣传车等各种形式，开展社区环保教育活动。要将有关环保知识列入中、小学教育课本，开展形象生动的环保教育活动，让他们从小树立环保意识。

大力宣传使用绿色包装，教育广大公众，尽量不使用对环境造成污染的包装和一次性包装如泡沫塑料餐盒和“白色垃圾”等将不同的包装废弃物放置在不同的垃圾箱内，并尽量做一些初级的处理，如减少包装体积等。

(2) 政府立法

尽快制定切实可行的有关包装及包装废弃物处置的法律法规及各类技术标准，明确规定包装物应达到的环保标准确立生产者责任制原则，规定生产者和销售者对包装物的回收应承担相应的义务，努力促成全社会对包装废弃物的“减量、再用、再生”。

制定有利于包装废弃物回收处置企业发展的扶持政策，除在税收方面已给予优惠外，还应由产生废弃物的企业给予回收企业一定的补偿，建立废旧物资回收再生利用基金制度。对包装废弃物再加工企业的技术改造和设备更新提供低息贷款和部分资金的扶持。

(3) 开发使用环保包装

开发使用环保包装，包装企业应做到：①包装材料的低量化、薄型化、轻量化，降低包装废弃物的数量；② 包装容器如果是多种材料组成，使用后能分离成单组材料，以便回收；③ 开发可多次使用的包装，减少一次性包装；④ 包装废弃物若以燃烧方式处理，其材料应具有低热效应和不产生有害气体；⑤ 包装废弃物可以在自然环境条件下分解。

(4) 适当的组织形式

在我国包装废弃物回收利用中，应该明确生产者的主体地位，但是不应该过分强调生产者承担回收责任，更多地应该是让其承担经济责任。虽然在欧洲也存在单个生产者无法在全国范围内建立回收系统的问题，而是由生产者通过产业联盟或者行业协会，共同组织覆盖全国的废弃物回收体系。在我国，由于产业联盟或者行业协会功能普遍较弱，目前还没有承担构建废弃物回收体系的责任。但从长远来看，如果完全依靠政府管理部门组织和建立废旧产品的回收处理体系，并向生产者征收废弃物处理费，无论是从职能归属还是管理运作都是不完善的。而行业协会作为行业的协调组织机构，很多协会原本就是行业的政府管理部门，与行业内的生产者联系紧密，具有组织管理经验。因此，我国不能照搬国外建立在生产者延伸责任制基础上的资源再生产业的运行机制，而必须结合我国的实际情况，综合考虑，选择适合我国国情的资源再生产业运行机制。

(5) 资源的整合

我国的包装废弃物回收再生行业的历史并不短。新中国建立之后，各大城市的包装废弃物都由各自的国营供销社负责。改革开放后，国营包装废弃物回收网络逐渐衰落，回收行业从业人员呈现零散化、无序化状态。近年来，许多城市正在着力改建和整顿城市包装废弃物回收再生市场，一些地方政府也鼓励民营资本进入固体废物处置行业。在具体操作和实践上，DSD 整合已有资源整合、发展技术填补行业空白、构建回收再生封闭循环回路的经验，为我国创建有序运转的包装废弃物回收体系提供了一条可供对比、参考和借鉴的新颖思路。

第 7 章　我国包装废弃物的回收利用与管理

包装废弃物既可视其为垃圾，又可视其为财富。若将它有效回收利用，它就是资源，就是宝；如将它丢弃，不注意回收利用，它就会变成垃圾而污染环境，以至危害人体健康和动植物的生存安全。开展包装废弃物回收利用，构建包装废弃物回收利用体系，加强政策措施建设，是提高我国包装废弃物回收利用率，改善生态环境的重要措施。

7.1　我国废弃物回收利用体系的发展历程

由过去废旧物资或废品的概念演变成现在的再生资源概念，包装废弃物作为再生资源的重要一类，其回收体系是融入于整个再生资源回收体系之中，我国再生资源回收体系发展大概经历了三个阶段。

第一阶段，改革开放前的计划经济时代。改革开放前，我国生产企业较少，物质资源匮乏，商品社会远没有现在发达、生活水平不高，生活垃圾中可回收的资源总量不多，凡是能用的废品基本不会直接进入生活垃圾中，典型的废旧物资有废铜烂铁、废鞋底、废棉布（纱）、废玻璃等。虽然过去的物资回收体系比较简单，但比现在的回收体系要健全和实用，废旧物资回收种类比现在要多。从20世纪七、八十年代的700多种，减少至现在的400多种，废旧物资回收系统是依托政府的行政行为建立和支撑的。

第二阶段，计划经济体制转型阶段。改革开放后，我国经济发展进入体制转型阶段，由计划经济逐步向市场经济过渡。一方面，改革换来了生机和效益提高，老百姓的生活水平逐步提高，生活垃圾以及日常生活中可回收利用的废旧资源多了起来，一部分可回收利用的资源进入垃圾中，一部分没有进入垃圾中便直接回收。另一方面，经济发展增长迅速，出现了资源需求大量增长趋势，带动了城乡以及企业的废旧物资回收。原来由政府主导的回收方式难以适应社会变革的需要，传统的国营回收企业纷纷解散，各种形式的回收主体和资本纷纷登场，出现了大量个体人员、回收公司等，回收体系和体制变得更加庞大、复杂，管理主体和回收业者多而杂，长时期处于一种混沌发展状态。

第三阶段，市场经济体制下回收体系调整和规范发展阶段。我国现有废旧物资回收体系还处于调整和规范发展阶段，现有法规并未得到很好的执行，回收依托企业需要而存在。目前再生资源回收市场参与对象多且复杂，既有依托生活垃圾清运收集体系建立的回收渠道，也有商业部门和供销部门的物资回收体系，还有大量的个体废旧物资回收公司以及再生资源利用企业参与建立的回收体系。再生资源产业回收体系的市场化应是政府控制的有限竞争，政府必须积极参与，在市场准入、市场容量等方面实施有效调控。市场因素和政府规划与监管需要有效结合起来，政府在理顺回收机制和指导建立规范体系上仍要处于主导地位。从目前看，再生资源回收体系仍处于调整和规范发展阶段，并且还将维持较长时间。

7.2　我国包装废弃物回收利用模式

下面从不同角度归纳出的我国包装废弃物回收模式，各种回收模式相互之间存在交叉，具体如下：

（1）生活垃圾回收体系为主的回收模式

对于主要来自居民生活消费后的包装废弃物，尤其是大量进入生活垃圾回收处理系统的包装物，依托生活垃圾回收体系进行回收具有优势，这种回收模式在我国具有较好的基础和广阔的市场，是一种传统的回收模式，包含各类包装废弃物，其来源具有相对稳定和可控的特点，但从垃圾中回收的包装物污染严重，在城市的生活垃圾收集点、收集站、中转站、填埋场、焚烧厂，都可看到不怕苦、脏、累的进城务工人员，从垃圾中回收废物的现象，各种有价值的玻璃瓶、塑料袋、纸箱纸盒、金属罐、塑料瓶等都可得到回收，也就是所谓的“靠垃圾吃垃圾”，回收人员基本上是依赖于垃圾清运体系有组织的人员。在宣传不够和回收意识不强的情况下，居民消费后的包装物应首先装入家庭垃圾袋中，随后将其扔进小区垃圾桶或垃圾箱中，如果没有捡拾人员翻检，便自然进入生活垃圾清运系统中。

（2）居民社区和其他社会回收为主的回收模式

包装废弃物的居民社区回收在我国是另一类主要回收模式，和生活垃圾回收体系的区别在于包装废弃物产生后不直接进入生活垃圾中，而是通过社区的各个参与者进行回收。社区回收是包装废弃物回收体系的前端，具有以下特点：

1）各回收主体相对容易进入，导致社区回收体系中参与者较多，如固定或半固定回收者、流动个体回收者、专业回收者、居民、居委会、物业公司等。

2）社区回收经营比较分散，回收规模小，居民可以通过出售废物取得经济收入，且这种交易行为占据主导地位。社区回收具有为居民服务的性质，因而在社区建设规划中应该将社区回收纳入到居民的服务项目中。

3）社区回收基本上属于劳动力密集型行业，从业者社会地位不高，以外来进城务工人员为主。

4）社区回收具有分散、非标准化、非流程化特点，对制定政策提出了特殊要求，如流动回收缩短了居民和回收地之间的距离，极大地方便了居民，制定政策时就不能搞一刀切的取缔措施。

除了居民社区外，学校、机关、企事业单位、写字楼、车站、公园、景点等社会单位都产生包装废弃物。回收人员包括固定回收人员（如保洁员、承包人员）和流动回收人员（如蹬板车的人员）；类别也包括各类包装废弃物，如生活垃圾中很少见的纸箱、聚丙烯（PP）塑料编织袋、大包装纸袋、金属饮料罐等，大部分是通过社会回收模式进行回收的。

（3）工业包装回收模式

工业生产中很多原辅材料、产品都要进行包装，生产环节不可避免地产生大量的包装废弃物，这类工业包装废弃物或工业产品包装废弃物一般不会流向最终的消费者，也不会流向环境中。一方面作为包装物重复使用，另一方面作为再生原料重新进入生产过程，一般会有固定的回收渠道。例如，包装容器生产中的边角废料就是非常好的再生原料，会被直接送到专业生产厂家利用；大型的周转桶和周转箱，会多次重复使用；工厂废弃的金属桶会进入废金属回收市场，最终回炉冶炼。

（4）再生利用企业为主的回收模式

这种回收模式实际上是以再生利用企业为主要推动力建立的包装废弃物回收体系，企业参与回收体系建设，在回收体系中起到关键作用。因为再生利用企业不可能直接面对广大分散的回收体系前端。因此，这种模式并不是由企业建立完全独立的回收体系。主要适应于以下情况：

1）新包装废弃物种类回收体系的建立初期，再生利用企业要花工夫去培育和开拓市场。例如，我国纸塑铝复合包装回收开始依赖的是复合包装分离企业的大量投入和艰苦创业过程，建立起初步的回收体系需要 3 ~4 年的时间。

2）在再生利用或回收市场比较薄弱的地方投资建设利用企业的情况，在一定的区域范围内，如果没有相应的包装废弃物再生利用企业，那么这类废弃物就很难得到好的回收效果，当有企业进入时，往往要在回收体系上去打开局面。

3）当再生利用企业要做强做大时，必然要占领更大的回收市场，需要更多回收商的支持，为了保证稳定的原材料供应，要与对手竞争，这时再生利用企业会参与回收体系的建设，或者扶持一些中间回收商。

(5) 商品流通领域为主的回收模式

这种回收模式主要是商品的包装物在流通销售环节得到回收，有两种典型情形：

1）很多二类包装（二类包装是用来装数个一类包装的包装；一类包装是直接与产品接触的包装，是消费者带回家的包装产生于销售环节），这部分包装相对比较集中而且比较干净，由商场、商店直接负责回收。

2）销售环节采取一些经济、鼓励措施，回收消费者消费商品后的包装，如通过收取押金回收啤酒瓶。

(6) 生产者责任延伸制度下责任方为主的回收模式

法律强调生产者有责任回收包装废弃物，但一般生产者很难直接面对产品消费的分散市场，不可能直接建立回收体系，但可以通过授权委托中间机构或第三方机构代为履行回收责任。这种回收模式的好处是生产者既履行了法律回收责任，又没有陷于自建回收体系的烦恼中。中间机构也只是起到联系生产者、基础回收网点、再生利用企业的纽带作用，本身需要获得政府主管部门的授权才行。目前这种回收模式在我国还处于初级阶段，经验不多，在广大包装生产企业和包装使用企业不具备推行的条件。例如，利乐中国公司支持建立的牛奶复合包装回收体系，虽然体现了生产者责任延伸制度，但更多的是出于企业的一种自觉社会责任行动。

(7) 专业化回收体系为主的回收模式

有组织的专业化回收公司是包装废弃物回收体系的中坚力量，是构成回收体系的关键层次和节点。分散的个体回收者回收的包装废弃物几乎不能直接送到再生利用企业，大多会卖给回收公司，由公司卖给再生利用企业或者送到再生资源交易市场或集散市场，最终流向再生企业。从组织管理来说全国供销合作社系统的回收网络是一支非常重要的力量，还有物资系统的回收网络，当然还有其他行业协会或联合组织联络的各类回收公司。有实力的专业化回收公司会通过建立一些回收连锁经营新形式来扩展回收业务范围。

(8) 规模化、集约化发展回收模式

一些量大面广的通用包装废弃物，在分散回收、小规模回收发展到一定阶段后，会逐步形成一些影响区域产业发展的集散市场、交易市场，在我国有很多地方建立了专业化的或综合的再生资源集散市场，带动了当地该类废物再生利用产业的发展。例如，再生塑料，其在我国中东部地区形成了以中心城市为依托的大量加工、交易集散地。在《商务部关于加快再生资源回收体系建设指导意见》及《试点城市再生资源回收站（点）建设规范》中，强调建立“集散市场为核心”的回收体系。这表明规模化、集约化回收模式是今后我国包装废弃物回收体系建设的重点方向，而且是建立在扶持规模化的再生利用企业基础之上。

7.3 我国包装废弃物回收利用的法律法规

我国包装废弃物资源化利用管理法律法规框架，由法律、法规、规章、国家标准、地方法规五部分组成。具体如下：

7.3.1 法律

7.3.1.1 循环经济促进法

《循环经济促进法》（2008 年 9 月 1 日）是一部综合管理法，遵循减量化优先的原则，包括了生产、流通和消费领域内所有的减量化活动。在此前提下，做到再利用和资源化（孙佑海和张蕾，2008）。该法提出了规划制度、评价指标体系和考核制度、标准标识和认证制度、生产者为主的责任延伸制度、定额管理制度、限制高消耗高污染的产业政策制度、政策激励制度、责任分担制度等八项基本制度。包装废弃物从生产、流通、消费、回收、利用过程中的一些问题正好都是循环经济法中关注的问题，解决过度包装、回收困难、体系不健全、二次污染等问题都要坚持“循环”这一根本理念和方法。该法关于废弃产品的强制回收、利用、处置的责任并提出加强废物产生和利用的统计和产品及包装物的设计的预防责任，限制一次性消费品的生产和销售，鼓励和推进废物回收体系建设，鼓励多种方式回收废物等规定，对包装废弃物的管理具有很强的适应性（中华人民共和国循环经济促进法，2009）。

7.3.1.2　清洁生产促进法

《清洁生产促进法》（2012 年 9 月 1 日）将可持续发展的环境保护核心思想渗透到工业企业的生产过程和监督管理过程，明确规定企业具有减少包装物的使用和回收包装物的法律责任，是包装生产企业和包装废弃物管理中必须遵守的法律。立法的基本思路包括：工业发展与环境保护一体化的思路，力求从根本上解决我国长期以来存在的工业发展与环境保护“两张皮”现象；政策性与操作性相结合的思路，既体现政策法特征和清洁生产政策法律地位，又增强立法在实践中的操作性，发挥行政推动作用；市场拉动与政府推动相结合的思路，既要利用市场机制自身的作用，形成清洁生产的市场拉动力，增加企业对清洁生产的内在需求，又要发挥政府对清洁生产的行政推动作用，以及运用税收、贷款、投资、补贴等政府经济宏观调控手段，形成企业清洁生产的外在推动力。强调清洁生产法律制度创新的思路，围绕禁止性、强制性、鼓励性和倡导性四种法律规范形式，加强清洁生产立法的制度创新等。

7.3.1.3　固体废物污染环境防治法

《固体废物污染环境防治法》（2005 年 4 月 1 日）是固体废物管理的专门法律，它全面规定了固体废物环境管理制度和体系，包括监督管理、污染防治、法律责任等。该法中有些条款非常适应包装废弃物的管理，如实行减少固体废物的产生量和危害性，充分合理地利用固体废物和无害化处置固体废物；实行污染者依法负责的原则，产品的生产者、销售者、进口者、使用者对其产生的固体废物承担污染防治责任；产品和包装物的设计、制造应当遵守有关清洁生产的规定和防止过度包装造成环境污染；生产、销售、进口依法被列入强制回收目录的产品和包装物的企业，必须按照国家有关规定对该产品和包装物进行回收；国家鼓励研究和生产易回收利用、易处置或者在环境中可降解的薄膜覆盖物和商品包装物等。这些规定奠定了包装废弃物环境监督管理的基本内容，是包装废弃物产生、回收、利用、处置过程中应当遵守的要求。

7.3.1.4 中国21世纪议程

《中国21世纪议程》（1994年3月25日）中提出城市垃圾应逐步做到分类收集，其中就包括包装废弃物。《中国21世纪议程》明确规定建立闭合生产圈，综合利用二次物料和能源，同时改进产品包装，加强废品回收，减少废物的产生；发展可降解塑料包装，逐步实行垃圾袋装和分类收集处理；大宗包装材料实行循环回收利用，在全社会开展废旧物资弃置最少量化工作，使社会废旧物资弃置量减少80%。

7.3.2 法规

国务院办公厅于2008年1月9日下发《关于限制生产销售使用塑料购物袋的通知》(简称《通知》)。《通知》禁止生产、销售、使用超薄塑料购物袋；实行塑料购物袋有偿使用制度；提高废塑料的回收利用水平。

7.3.3 规章

7.3.3.1 再生资源回收管理办法

《再生资源回收管理办法》（2007年5月1日）对包装废弃物回收管理具有直接的作用和影响，包装废弃物属于再生资源中的一大类，其回收过程中的管理、回收体系的建立、回收目标和标准制定、回收过程中的经济措施等都不能脱离该办法的原则。《再生资源回收管理办法》第二章明确了从事再生资源回收经营活动的规则，要进行法定登记，要遵守相关法规，要提交相关材料，可以采取多种回收形式；第三章是各相关监督管理部门的责任划分和行业协会的职责，明确商务主管部门是再生资源回收的行业主管部门，负责制定和实施再生资源回收产业政策、标准和行业发展规划。

7.3.3.2　包装资源回收利用暂行管理办法

《包装资源回收利用暂行管理办法》（1996 年）第 27 ~ 30 条分别确立了回收原则：

（1）节约原则

第 27 条第 3 项规定：回收包装应遵循先复用，后回炉和可回炉，不废弃以及以“原物复用为主，加工改制为辅”的原则，尽量使回收包装略经改制修复就能使用。第 6 项规定：商品生产者与销售者，为保护商品在进行适度包装的同时，应尽量减少各种包装物或各种包装容器的体积与重量，以节约使用包装原材料。

（2）安全原则

第 28 条规定：复用包装应符合国家相关产品包装的技术标准和本“办法”的要求，保证商品在运输、储存和使用过程中的安全；复用食品包装和药品包装应符合国家“食品卫生法”、“药品法”和相关卫生标准的规定；危险品包装的回收利用应符合国家有关危险品包装和有害固体废物管理的有关标准及规定。同时，危险品包装应实行定向定点回收复用，未经无害处理前，不得包装其他物品，不得同普通包装混杂或出售。

（3）防假冒原则

第 29 条规定：申请有外观设计专利的或具有驰名商标的商品销售包装容器，只能由商品的原生产厂家回收和复用。其他任何单位或个人不得回收复用。回收比较完好的包装应严加控制和管理，严禁任何单位或个人将其用来包装假冒伪劣商品，违者将依照国家有关法规给予相应的处罚。

（4）经营原则

第 30 条规定：包装回收利用应遵循社会效益与经济效益相结合、无偿回收与有偿回收相结合的原则；包装回收利用的经营原则是“有利两头，兼顾中间”，“两头”指回交单位和复用单位，“中间”指包装回收利用经营单位；包装回收利用经营单位应做好服务工作，在回收、加工、使用、结算等方面都要方便回交单位和复用单位。《包装资源回收利用暂行管理办法》第31条规定了回收渠道：充分发挥商业、粮食、供销、物资、外贸、轻工、化工、医药以及一切从事商品经营各部门、各单位主渠道的作用，鼓励在销售商品时，对具有一定价值，又有可能回收的各类包装，应做到尽量回收；组织专业机构（即包装资源回收公司）和专业队伍进行回收；推选垃圾分类，组织城镇居委会、环卫清洁队和销售摊贩进行回收；发挥个体和废旧物资回收站（点）的作用进行回收。第32条规定根据各地区、各部门的具体情况，可采取十种不同办法回收：门市回收、上门回收、流动回收、委托回收、柜台回收、对口回收、周转回收、定点回收、押金回收、奖励回收。加之废弃包装的储存和运输、回收复用种类、复用办法、复用技术、试验方法、检验规则、包装废弃物处理与奖惩措施等规定初步构建了我国相对完善的包装利用与回收体系。

7.3.3.3 再生资源回收利用“十五”规划的通知

《再生资源回收利用“十五”规划的通知》(2002年1月10日)，要求大力开展再生资源回收利用，提高资源利用效率，保护环境，建立资源节约型社会。

7.3.4 国家标准

(1) 包装回收标志

《包装回收标志》(GB18455—2001)，规定了可回收复用包装即可再生利用包装标志的种类、名称、尺寸及颜色等。

(2) 包装废弃物的处理与利用通则

《包装废弃物的处理与利用通则》(GBT16716—1996)，主要规定了与包装废弃物有关的系列定义和分类，同时规定了包装废弃物处理与利用的效果评价准则应包括经济效益与环境保护效果，并应作为包装功能、方便性和销售性综合评价的一部分。

7.3.5　地方法规

《上海市农药经营使用管理规定》（2009 年 6 月 1 日），要求农药经营单位建立剧毒、高毒农药使用后的容器、包装回收登记制度，对盛装农药的容器和包装物实行有偿回收。明确区县农业部门、定点回收点、农药经营门店的责任与分工，细化了农药包装废弃物的回收、转运和处置等工作。

7.4　我国包装废弃物回收利用的管理政策

7.4.1　技术政策

为了引导城市生活垃圾处理及污染防治技术发展，提高城市生活垃圾处理水平，防治环境污染，促进社会、经济和环境的可持续发展，根据《中华人民共和国固体废物污染环境防治法》（1995）和国家相关法律、法规，建设部、国家环境保护总局、科学技术部于 2000 年 5 月 29 日联合发文《城市生活垃圾处理及污染防治技术政策》（建成［2000］120 号）并于 2000 年 5 月 29 日实施。

该技术政策规定：应按照减量化、资源化、无害化的原则，加强对垃圾产生的全过程管理，从源头减少垃圾的产生。对已经产生的垃圾，要积极进行无害化处理和回收利用，防止污染环境；限制过度包装，建立消费品包装物回收体系，减少一次性消费品产生的垃圾；积极发展综合利用技术，鼓励开展对废纸、废金属、废玻璃、废塑料等的回收利用，逐步建立和完善废旧物资回收网络。积极开展垃圾分类收集。垃圾分类收集应与分类处理相结合，并根据处理方式进行分类。

为进一步推动资源综合利用，提高资源利用效率，发展循环经济，建设资源节约型、环境友好型社会，国家发展和改革委员会、科学技术部、工业和信息化部、国土资源部、住房和城乡建设部、商务部组织编写了《中国资源综合利用技术政策大纲》并于 2010 年 7 月 1 日起施行。该技术政策大纲积极鼓励推广再生资源回收利用技术包括：废旧金属再生利用技术、废纸板和废纸再生利用技术、废塑料再生利用技术、废玻璃再生利用技术。

7.4.2 管理政策

(1) 包装废弃物综合利用税收政策

根据财政部国家税务总局《关于再生资源增值税政策的通知》（财税[2008] 157号）从2009年1月开始实施了再生资源新的税收政策，废旧物资回收利用在经历了2009年征17%退70%，2010年退50%的过渡期之后，2011年将全额征收17%的增值税，不再减免。

(2) 包装废弃物资源化利用全过程管理的重要制度

《循环经济促进法》第十五条在《固体废弃物污染防治法》原来规定的基础之上，对生产者的责任延伸制度专门又做了四项规定：① 规定生产者自行回收、利用和处置；② 规定委托回收利用和处置；③ 规定了消费者的义务；④ 规定了国务院有关部门制定强制回收目录和管理办法。

强制回收制度是生产者责任延伸制度的重要内容，对于包装废弃物的回收，国家采用由国务院循环经济发展综合管理部门制定强制回收目录的方法，规定“生产列入强制回收名录的产品或者包装物的企业，必须对废弃的产品或者包装物负责回收”。

7.5 建立包装废弃物回收利用的运行机制

我国包装废弃物回收利用体系的建设，可借鉴国外包装废弃物回收利用体系的成功经验，按照政府调控和市场运作的原则，结合我国或地区的经济模式，对包装废弃物的回收实行社会化服务、企业化经营、法制化管理的作业体制，并且在全国范围内形成比较完善的包装废弃物回收体系，建立“企业主体+行业自律+政府推动+公众参与+科技支撑”五位一体的运行机制。兼顾产品生产企业、回收处理企业、政府和消费者的各自利益，共同促进我国包装废弃物资源化的可持续发展。

7.5.1 企业主体

包装废弃物回收利用体系应注重发挥企业主体的作用。探索建立生产者责任制的试点。采用有利于产品回收和再利用的设计方案，选择无毒无害物质、材料及可回收再利用材料，在产品说明书中或包装上注明有毒有害物质的名称、含量以及产品是否可回收利用等标识。承担回收处理义务，自行进行包装废弃物回收处理，没有回收处理能力的企业可委托试点企业回收处置。加强包装生产企业在产品的生态设计和制造、分选和回收标示等，为再生资源回收利用创造条件。建立以企业为龙头的包装废弃物回收体系，明确回收分类、收集、技术处理路线。包装生产者应对其产品被最终消费后继续承担环境责任，消费者有义务对包装废弃物按要求进行分类并送到相应的回收处。国家或地区支持和培育一批区域性的包装废弃物回收处理基地，回收处理企业实行市场化运作。

7.5.2 行业自律

行业自律已经成为我国包装废弃物回收利用的根本。通过成立“包装废弃物回收利用行业协会”，由协会组织业内企业，参与该行业的立法工作，配合政府制定行业标准，组织建立“交易市场”、“绿色通道”、“生态园区”。引导包装企业自觉遵守国家和地方的法律法规，自觉规范自身行为，加强包装废弃物的回收利用，重视包装废弃物回收处理的环境保护，加大技术改造。规范回收利用企业管理，建立包装企业良好信誉，提高行业的形象，寻求全社会的支持和理解，创造一个良好的企业生存和发展环境。

7.5.3 政府推动

目前，包装废弃物回收利用要做到完全的市场化运作还不现实，必须依靠政府的政策支持。政府要制定出与我国实际情况相适应的法律法规、准入制度、环境标准及检验检疫制度、处罚制度、就业政策、回收标准、技术政策和管理制度等。政府要充分发挥财政、金融等经济政策引导和推动包装废弃物回收体系的建设。例如，通过绿色补贴、税收减免等财政政策来激发回收利用企业节约资源、提高资源回收利用率、加强环境保护的动力。对包装废弃物回收利用企业给予土地规划用地指标优惠政策。建立资源环境有偿使用的价格体系和机制，调动回收处理企业利用再生资源的积极性。

7.5.4 公众参与

包装产品的直接消费主体和排放主体是广大群众。大力宣传包装废弃物回收利用的价值和资源、环境忧患意识，引导教育公众进行垃圾分类。将废弃物回收利用纳入到全民教育体系中，在全社会开展绿色消费教育，培养绿色消费理念，积极倡导绿色采购，优先购买和使用再生品，减少一次性产品、过度包装等的使用，建立绿色生活方式。

7.5.5 技术支撑

包装废弃物回收利用很重要的一个条件就是需要科技的支撑。只有大量的包装废弃物回收利用技术的应用，才能实现资源消耗的减量化、资源的再利用和资源的再循环。要鼓励对包装废弃物回收利用的技术创新的研发，加强对创新技术的保护和先进技术的推广及应用。

7.6 包装废弃物回收利用体系的结构与基本条件

7.6.1 包装废弃物回收利用体系的结构特性

包装废弃物回收体系相比传统意义上的物流有其特殊性。因此，包装废弃物回收体系有其不同于传统物流网络的特征，其结构特征是：

(1) 高度复杂性

从消费者或终端市场回收的包装在时间、数量和质量上具有高度不确定性以及回收体系内部物流相互影响，导致体系对废弃物回收缺乏有效控制，从而增加了包装废弃物回收利用体系的复杂性。

(2) 目标的多样性

包装废弃物回收利用体系结构的设计除了要满足成本和供应的要求外，还要考虑环境保护等因素。回收利用体系结构的设计不仅仅要达到降低企业运营费用，提高企业利润，同时要考虑到环境收益的最大化。

(3) 具有天生的供需失衡本性

包装的供应常常与生产商的需求不匹配，很多包装生产或使用厂商并没有构建包装废弃物回收利用体系，造成了很多可以直接利用的包装废弃物无法直接返回原包装生产商，自然造成供需失衡。而且包装废弃物被送到包装加工厂加工作为它用，不仅是对生产辅料的一个浪费，同时也抬高了包装的处理费用，进而影响包装的回收成本。

(4) 高度的不确定性

在包装废弃物回收过程中，不仅要考虑市场对再生产品需求的不确定性，而且还要考虑废品回收供给的不确定性，主要包括回收物品的数量、质量和到达时间等，尤其是数量上的不确定性，是包装废弃物回收体系构建中极其需要考虑的因素。

(5) 集中程度高

涉及完成同种操作活动的地点数目，在集中包装废弃物回收利用体系中，同类型操作活动都尽量安排在同一地点完成，形成规模经济，节约人力物力，它是完成网络横向整合的有效措施。

(6) 构建方式灵活

包装废弃物回收利用体系可以由企业单独建立，也可以在原有网络基础上改扩建。

(7) 合作程度高

涉及回收体系建设中的各方，包装废弃物回收利用体系的构建也许发起人是某一个企业，但不可避免地会通过签订合同或联合的方式与其他企业合作，企业利用第三方回收物流企业来开展回收物流业务就是一种合作方式。

(8) 具有“从多到少”的特性

包装废弃物回收体系从多个方向，向少数地点汇聚，包装废弃物回收体系比传统的“生产——分销”物流系统更具复杂性，复杂性不仅体现在体系内部各成员的相互影响，而且还体现在特定的修复操作过程随着回收包装类型的不同而不同。

7.6.2 包装废弃物回收利用体系的基本条件

消费后的包装废弃物能够进入回收利用体系，并保持该过程的循环流动，要满四个基本条件，具体如下。

1) 具备对回收利用包装进行高效处理的技术，使得经过回收处理过的包装，各项指标能够达到再次使用的标准。

2) 在包装废弃物中，要有大量的二级物质或产品存在，如有可回收利用的易拉罐、钢铁、纸、塑料和玻璃等。

3) 能架起包装产品供货商和包装产品使用商之间的营销体系，而且这种营销体系可营利。

4) 存在对最终产品，即对包装废弃物的市场需求。

包装废弃物回收利用体系的建立是个复杂的系统工程，它既可充分利用和节约地球资源，又可保护生态环境，争创效益，是一举多得的公益事业。因此，需要政府，包装材料的生产者和包材使用者，和专门从事回收利用的企业以及作为消费者的社会一般公众共同参与和努力，才能改善我国的落后现状，才能把这个“功在当代，利在千秋”的伟大事业推广开来。

7.6.3 包装废弃物成功回收利用的衡量标准

包装废弃物回收利用是否成功或回收企业能否生存的衡量标准，具体如下：①有连续不断的包装废料来源；②有可行的回收和再处理方法；③用废料再生产出来的产品有用途，并有市场；④具有较好的经济效益。

在以上四项标准中，任何一项标准不能满足要求则会导致失败。影响经济效益的因素包括收集的方便性和处理方法的成本。

第 8 章　绿 色 包 装

绿色包装是人类进入高度文明，世界经济进入高度发展的必然需要和必然产物，它是在人类要求保持生存环境的呼声中和世界绿色革命的浪潮中应运而生的，是必然发展趋势。发展绿色包装，保护生态环境，促进经济可持续发展，已成为世界上许多工业发达国家包装界的共识，对于经济、社会、环境的可持续发展具有重要意义。本章将从国内外绿色包装概况、内涵、设计、材料与分类以及评价标准与环境标志几个方面进行介绍。

8.1　绿色包装概况

8.1.1　绿色包装的由来

绿色，象征着生命，象征着环境和环境保护。人类利用大自然，向大自然索取的模式已从消极依靠大自然的恩赐转向积极向大自然索取。然而伴随着人类向大自然索取和创造活动，对环境的影响也呈几何级数增长，资源的消费和废弃物的排放超出地球的再生能力和自我净化能力，地球的资源日益匮乏。绿色包装是随着人们对世界环境危机、资源危机的认识不断深化，为保卫自己赖以生存的地球生态环境掀起绿色革命而兴起和发展的。

早在 19 世纪末，西方学者已有了“绿色意识”，到了 20 世纪 50 年代，发达国家的“绿色思想”已相当盛行。当今世界绿色生态意识更是深入人心，人们对保持和恢复良好的生态环境要求与日俱增。许多人已经意识到大自然的绿色对人的身心健康的重要，人们开始追求无污染的“绿色食品”，追求天然纤维织成的“绿色服装”，使用清洁生产技术生产的“绿色产品”，“绿色思想”已经广泛地渗透到各个生产领域和生活领域。

20 世纪 70 年代以来，全球掀起的一场空前的绿色革命，正从经济到政治，从观念到行为，对整个世界和人类生活产生巨大冲击和影响。在绿色浪潮席卷全球，绿色革命风起云涌的大背景下，20 世纪 80 年代以来，绿色营销理念在市场营销领域出现并发展起来。绿色营销为传统的市场营销理论和实践引入了一种新的理念和思维方式，引起了理论界和企业界的普遍关注。随着人们日益重视生态环境的保护，各国都在走可持续发展的道路，企业也在从新材料选用、新产品开发、新包装材料、新市场营销等各个方面注入环保和绿色的理念，发展到现在绿色营销正在成为 21 世纪市场营销的主流。

绿色营销要求企业制定绿色营销战略计划，树立良好的绿色企业形象。搜集绿色信息，开发绿色资源，开发绿色产品，实行绿色包装，制定适宜的绿色价格，选择绿色销售渠道，开展绿色产品的绿色促销。总之，在整个营销过程中，全面贯彻绿色理念，遵循可持续发展原则。在传统营销组合中，包装是作为产品策略的一部分。随着绿色革命和绿色意识深入人心，绿色包装已逐渐成为消费者作购买决策时的重要考虑对象。据日本一项调查显示，37% 的批发商发现其顾客挑选和购买有环境保护标志的商品，73% 的制造商和 50% 的批发商愿意开发生产和销售有绿色标志和绿色包装的产品。正是由于绿色包装对绿色营销的重大意义，所以有的营销学者把包装上升到继传统 4P（product，pricing，place，promotion）之后的第五个 P（packing），以强调绿色包装的重要意义。

1993 年，我国包装行业采用“绿色包装”一词；1996 年 6 月，中国环境保护白皮书指出：我国政府将在“九五”期间实施《中国跨世纪绿色工程计划》，为创造绿色产品，绿色包装指明了方向，使企业有法可循，有法可依。

可见，绿色包装在世界环保大潮的推动下，于 20 世纪 80 年代兴起，而在 20 世纪 90 年代随着全世界环保意识的深化，可持续发展战略的确立，使绿色包装获得了大发展。毫无疑问，21 世纪是绿色世纪，绿色包装必将获得更大发展，绿色包装是世界包装发展不可逆转的大趋势。

8.1.2 国外绿色包装现状

20 世纪 70 年代，迫于资源危机和防治污染的双重压力，掀起了“绿色革命”运动。70 年代末，西德首先使用“环境标志”。随后，加拿大、日本、美国、澳大利亚、芬兰、法国、瑞士、瑞典、挪威、意大利、英国等国家也先后开始实行产品包装的环境标志。1992 年 6 月，联合国环境与发展大会通过了“里约环境与发展宣言”，随即在全世界范围内掀起了一个以保护生态环境为核心的绿色浪潮。

在此期间，国际标准化组织制定了ISO14000环境管理标准。美国的企业界、包装界纷纷实施ISO14000标准，对包装进行生命周期评定，完善包装企业的环境管理制度。日本自1995年开始大力宣传包装的生命周期评定，1996年日本包装技术协会出版“ISO14000专辑”，为包装行业创造了良好的国际环境标准实施条件。

近年来，发达国家纷纷开发绿色包装材料。同时，包装材料资源再生回收利用也已在欧美等发达国家形成新的工业体系。国外经济发达国家纸袋包装工业很发达，市场上大量流通的购物袋为纸袋。用纸包装制品代替塑料及玻璃包装制品，是绿色包装发展的方向，国外很盛行。另外，西欧、北美、日本和韩国等国已开发生产完全降解塑料技术。例如，韩国利用遗传工程生产出可完全降解塑料，这种塑料已在英国、德国、日本等国作为一次性包装袋和医疗材料。其他的一些易于回收复用和资源再循环使用的绿色包装产品，如金属、玻璃包装，在一些发达国家，其产量和成品质量上都相当成熟，这为绿色包装的实施奠定了技术基础。

目前，在欧美发达国家，包装材料的回收利用已经形成拳头产业体系。美国的一些州政府纷纷采用法律措施强制回收包装废弃物，掀起“保护美国的美丽”的生态保护运动。德国把大力推行“绿色包装”作为一项政府行为，德国制定的“循环经济法”，就是以法律的形式来保证“绿色包装”的实施。德国是绿点“标识”的创始国，1995年包装废弃物回收率达到80%，分拣率也达到80%，即64%的消费后包装材料被成功地回收利用。日本尤其注重开发纸包装，现在的日本商人在为食品包装时，尽量采用不污染环境的原料。法国政府的环保机构鼓励和帮助厂商投入巨额研制、开发和生产“绿色包装”，政府环保部门明确规定在产品包装上必须印有“循环利用”的环保标志。环保标志走进法国的大小超市，琳琅满目的商品货架上，商品包装大部分都采用了纸包装，而绝大多数的奶制品、果汁和液体食品都采用利乐砖型无菌纸盒保鲜包装。利乐砖包装是瑞典人发明的“绿色包装”，瑞典是木材资源极其丰富的国家，但瑞典人“惜林如金”却由来已久。早在第二次世界大战后，瑞典利乐公司的创始人鲁宾·劳辛博士就试图以纸来包装液体牛奶。经过十余年研究试验，终于发明了被誉为“天生就有‘绿色包装’基因”的利乐砖纸包装。用这种“绿色包装”包装的牛奶、果汁、饮料，无需冷藏，在常温下可保鲜六个月，节约了大量因冷藏而耗费的能源。同时，这种纸包装回收后可做成“彩乐板”，制作家具、地板、玩具、音响设备等。由于利乐砖是名副其实的“绿色包装”，因此很快推广到整个欧洲，已成为欧洲液体食品包装的主流。目前，有近1/3的瑞典人积极寻找并购买有“绿色标志”即“环保标志”的商品，几乎有一半的瑞典人愿为购置环保产品多支出20%的价格。

世界上发达国家已确定了包装要符合“4R+1D”原则，即低消耗、开发新绿色材料、再利用、再循环和可降解。环境保护已日益成为各国实施经济可持续发展战略的根本着眼点。同时，西方发达国家为保护本国市场，利用其先进的技术和环境优势，实行“绿色标志”，形成一种最大的非关税贸易壁垒。有些发达国家拒绝进口没有绿色标志的产品，或在价格和关税方面不给予优惠。因此，“绿色包装”已由西方政府所推崇，成为一种商品交易准则。

目前，欧洲的大小超市和食品店，琳琅满目的商品货架上“绿色包装”的商品比比皆是。欧洲入对环境保护已越来越多地付诸日常的消费行为中。“绿色包装”不仅是连接环保与市场的枢纽，同时也成为人们表现自身对环保强烈愿望的手段，“消费者是上帝”这条定律，在环保上也同样适用。如今，欧洲人在选择商品时，还附带一个更高的要求——商品应有利于人类的环境保护。选用“绿色包装”的产品，便是在这种消费观念下出现的一种新潮流和时尚。

8.1.3 国内绿色包装现状

改革开放以来，我国包装工业迅速发展，基本改变了以往“一等产品、二等包装、三等价格”的落后状况。同时，国内环保事业的兴起，政府的支持，使我国的绿色包装产业快速发展。环保包装材料的使用越来越多，绿色包装产业的市场在不断扩大。我国对环保非常重视，国家经贸委1998年下发了583号文，转发了全国包装改进办公室《关于加强全国包装改进工作的意见》，1999年又发布了6号令对环境污染严重产品的淘汰作了规定，其中规定一次性发泡塑料餐具到2000年底不能再生产使用。为了寻求替代产品，包装界的专家、学者、企业家共同努力，已开发出了不少可供替代的产品。目前，全国已拥有纸浆模塑企业、纸板（箱）生产企业、各种纸盒生产企业、草类纤维制品生产企业及相关单位2000多家，其中制品生产企业600余家，设备生产企业近200家，涉及包装、造纸、印刷、食品、机械、化工、煤炭、电子、电力、铁路、航空、航天、航运、船舶、教育等若干行业和部门，遍布于全国东北、华北、华中、华南、西南及西北各地区。除西藏等少数偏远省区，到处都可以见到绿色包装企业的踪迹。全国对该行业的投资已超过100亿元（含固定资产），直接从业人员超过10万人，年产纸类包装数十万t，纸类餐具能力可超过50亿只（件），设备生产线1000余条，行业年总产值超过120亿人民币，为发展我国绿色包装打下了很好的基础。

我国绿色包装发展趋势主要表现为新老交替趋势明显，全行业素质不断提高；绿色包装原材料多样，设备、技术不断更新改进。绿色包装制品应用领域广泛，为环保不断增添新手段；绿色包装系列产品由单纯内销型向外向扩张型转变。

与发达国家相比，我国的绿色包装产业还远远落后，发展的速度也不够快。国家在绿色包装上的投资远远低于包装产业的投资总量。特别是废弃包装的处理，充其量是一种放任自流的状态。这种产业结构的失调，将导致资源浪费和环境污染的加重，若此状况得不到扭转，必将阻碍包装工业的健康发展。

我国的纸袋工业不够发达，近年来虽有所发展，但与世界水平仍有相当大的差距，市场上的购物袋以塑料购物袋为主，造成了不小的后期处理负担。有中国特色的绿色包装产品天然绿色材料是我国传统包装材料，其资源来源广泛并易回收再生，对环境不造成污染，是真正的绿色包装制品。但由于植物携带植物病菌，在对外贸易方面，因为绿色壁垒的存在，易遭到国外抵制。在生产降解塑料技术方面，国内有的大学早已开始这方面研究与开发，应用辐射诱变、基因工程等高新技术采用生物工程法生产完全可降解塑料，并已取得初步成果。

目前，我国绿色包装主要存在以下一些问题：

1）对绿色包装概念模糊，错误地将使用易降解材料制成的包装产品视为绿色包装。没有从包装产品的整个生命周期来考虑包装对环境的影响，将塑料包装置于绿色包装的对立面，甚至提倡全面实行以纸代塑。

2）绿色包装发展失衡。绿色包装在出口型企业和国内市场为主的企业间发展不同步，不同地区间的发展也不平衡，在对包装废弃物的处理上，各地政策和法律也不一致，造成包装污染向经济不发达地区转移。

3）资金、技术投入的不足，使绿色包装产品不具备价格优势，从而在市场竞争中处于劣势。与国外技术水平的差距，严重制约了绿色包装的发展。

4）绿色包装消费待开发。由于我国的绿色消费起步较晚，消费者接受程度有限，很多的绿色包装企业忽视国内市场，只关心国外市场。

我国应跟上世界绿色包装工业发展的步伐，缩小与世界发达国家在这方面的差距。将发展绿色包装、减少包装对环境污染、保护和改善生态环境、促进国民经济持续发展作为战略主攻方向。要发展绿色包装，需要开发绿色包装材料，实施包装设计绿色化，注重绿色包装管理，制定绿色包装法规，推广绿色包装的应用，将绿色设计理念渗透进包装设计的整个过程，把绿色包装当作潜力巨大的产业做大做强。

8.2 绿色包装内涵

8.2.1 绿色包装的定义

目前，世界各国对绿色包装的确切定义尚未取得共识，欧洲各国普遍认为绿色包装应符合3R+1D，即reduce，reuse，recycle，degradable。联合国环境规划署1987年发表“我们共同的未来”宣言，提出“人类生活方式应调整为对环境更为友善与无害，控制污染不应只放在污染产生之后，而应放在生活方式和生产方式调整之中”，这一原则导致了生命周期评价理论（life cycle assessment，LCA）的产生。我国学者根据LCA理论将绿色包装定义为：能够重复利用或循环再生或降解腐化，且在产品整个生命周期中不对人体及环境造成危害的适度包装。该定义包括了对绿色包装无毒无害、减量化、再使用、再循环、可降解、生命周期全过程等要求，更全面、科学地反映了绿色包装的含义。

绿色包装也称为“生态包装”、“环境之友包装”或“无公害包装”。绿色包装的关键是可持续发展，其核心内容如下：

1）保护环境和经济发展的相互依赖性。现代文明的发展越来越依赖环境与资源的支撑，经济发展越快，环境和资源的保护就越重要。

2）传统生产方式和生活方式的转变。传统的高消耗、高投入、高污染、高消费的模式转变为依靠科技进步和提高人的素质，降低能源消耗，少投入，多产出的模式。

8.2.2 绿色包装的内涵

作为绿色的内涵是要与自然融为一体，即能取之于自然，又能回归于自然。引申到绿色包装上来也就是说它所用的材料要来自于自然，通过无污染的加工形成绿色产品，经使用后丢弃又可以回收处理，或回到自然或循环再造。其整个循环过程可描述为，从绿色自然原材料、到绿色生产、绿色包装材料、绿色加工、绿色包装产品，使用后丢弃，最后到绿色回收处理，然后又回到绿色自然原材料，如图 8-1 所示。从这个循环圈中可以看出，绿色包装涵括了保护环境和自然资源消耗最少或资源再生两方面的意义。因此，在整个绿色包装系统中，只要人们在包装产品的制造与加工的过程中以及在使用和丢弃的行为中能够遵守这一符合生态平衡的规律，人类的生存就能获得良好的环境，那么人类所需的资源将会更长久的维持。

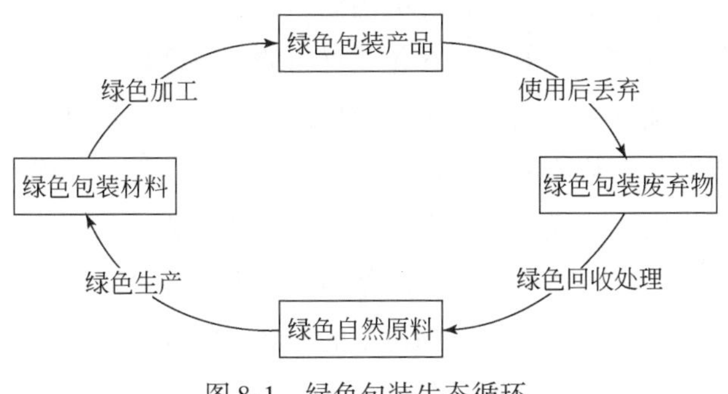

图 8-1 绿色包装生态循环

具体说来，绿色包装内涵主要有以下几个方面：

1）实行包装减量化（reduce）。绿色包装在满足保护、方便、销售等功能的条件下，应是体积最小化、材料最少化的适度包装。欧美等国将包装减量化列为发展绿色包装的首选措施。

2）包装应易于重复利用（reuse）。全部包装或部分包装在使用过后进行回收，进行处理，再次使用。

3）包装再循环处理（recycle）。把使用过的包装回收，进行处理和再加工，使用于不同领域。例如，生产再生制品、焚烧利用热能、培肥化改善土壤等，既不污染环境，又可充分利用资源。

4）获取新价值（recover）。获得新价值，如通过焚烧利用回收热能。

5）包装废弃物可降解腐化（degradable）。为了避免形成永久垃圾，不可回收利用的包装废弃物要能分解腐化，进而达到改良土壤的目的。当前世界各工业国家均重视发展利用生物或光降解的可降解包装材料。

6）包装材料对人体和生物应无毒无害。包装材料中不应含有毒的元素、卤素、重金属或含量应控制在相关标准以下。

7）在包装产品的整个生命周期中，均不应对环境产生污染或造成公害。即包装产品从原材料采集、材料加工、制造产品、产品使用、废弃物回收再生，直至最终处理的生命周期全过程均不应对人体及环境造成危害。

前面六点是绿色包装必须具备的要求，最后一点是依据生命周期分析方法，用系统工程的观点，对绿色包装提出的理想化的最高要求。

一般认为绿色包装是对生态环境和人体健康无害，能重复使用或再生利用，符合可持续发展原则的包装。当然绿色往往是相对的，随着科技的进步和环保的需求，绿色包装也在不断地更新自己的内涵。

根据绿色包装的定义和内涵，在包装材料的生态循环中，不仅作为包装产品本身是绿色的，不损害人体，作为废弃物后也不污染环境，可以回收再利用或回归自然。更重要的是它从原料变成产品的加工、生产过程中，或在回收处理的过程中都不能造成污染，这样才能算得上真正的绿色包装，若包装生产中任何一个环节有污染存在，终究将污染环境，严格地说均不能称为真正的绿色包装。

绿色包装的兴起源于包装废弃物污染的泛滥，特别是白色污染，当然这白色污染绝非仅是塑料包装废弃物的代名词，也包括所有随便丢弃的环境污染物，所以在研究两者的关系时，必须要清楚以下几个问题：

1）包装是取之于自然，但不一定是绝对天然，关键取决于它是否能够回收处理，能否回归于自然。当然，绝对天然的包装废弃后，它可以经过自然风化而回归大地。而一些包装也取自于自然，但还需要进一步的生产处理才形成包装材料的。例如，用小分子合成的无毒塑料，它们在成为废弃物后，只要能回收处理再利用，仍然属于绿色包装。

2）包装废弃物污染的程度，取决于材料的性质与回收处理的实施。但现实中很大程度上却取决于条件因素和人为因素。例如，造成污染的塑料包装，虽然有一些像发泡聚苯乙烯（EPS）类的物质是难以回收处理的，然而绝大部分是能够处理再生的。可是基于目前科技水平的能力、经济杠杆的作用以及人们对环境意识的欠缺和国家环保法令法规的不完善，致使能处理的塑料无法处理，该回收的没人去收。没有确定的实施部门，没有有效的监督机构，没有任何经济附加条件，使废弃的塑料到处丢弃，不受任何约束地散落在城市的大街小巷、田野和海洋，并且塑料包装的制造商、销售商和消费者均不承担责任。

3）发展绿色包装与充分进行包装废弃物的回收和处理再生并不冲突，它们是一个事物的两个方面，是循环链中的两个不同环节。回收处理是绿色包装的一个必要条件，一个不可缺少的部分。

8.2.3 绿色包装的意义

发展绿色包装是实现资源环境与经济协调发展的重大举措，有利于促进包装技术含量的提高，增强综合实力；有利于加强国际贸易，减少损失；有利于调整包装工业结构，推动集约化生产；有利于优化生产结构，推行清洁生产；有利于推动环保法制建设和加强政策导向力度。

传统包装观念认为，包装除了具有保护商品和便于储运的基本功能外，还具有吸引消费者、促进销售的促销功能。所以，传统包装的出发点是激发消费者的购买欲望，为满足消费者求新、求美、求异的心理需求，不惜采用豪华、精美和过度的包装，而不考虑包装对资源和环境的不良影响（于鑫等，2000）。这与绿色观念和可持续发展战略很不相符。因此，必须改变传统的包装观念，积极发展绿色包装。必须以环境保护和资源的可再利用与资源节约为出发点，在包装的设计和实施中，考虑对环境的影响问题，在材料的选择上选用无毒害、可分解和再生利用等包装材料；从以刺激购买为包装的主要出发点，转向以保护资源环境出发，从以追求精美、繁复的包装，转向追求简单和环保的包装。这样既可以减少资源的消耗量，保护了生态环境，又可以减轻消费者的负担，维护消费者的利益。

采用绿色包装既是可持续发展的需要，也是应对绿色贸易壁垒的最佳选择。随着各国环境保护意识的提高，各国的环境保护标准、相应的法律法规越来越严格和苛刻，绿色贸易壁垒成为国际贸易中主要的非关税壁垒，而利用包装设置技术性的贸易壁垒又是绿色贸易壁垒的主要内容。包装绿色壁垒的设置主要是通过环保标志来实现的（陈磊，2006）。自德国1978年开始推行“蓝衣天使”环保标志以来，发达国家均通过国内立法的形式推出自己的环保标志。环保标志又称绿色标志，是一种张贴在产品或者包装上的图形，表明该产品不但质量符合标准，而且在生产、使用、消费和处置过程中也符合规定的环境保护要求，对生态环境和人体的健康没有损害。它由各国政府的有关部门依据有关的环境保护标准和相应的法律，通过严格的检验后向某些产品颁发（李沛生，2009）。由于各国绿色标志均以本国经济发展水平和法律为基础制定，标准不一。发达国家往往借此对没有绿色标志的产品加以种种进口限制，没有绿色标志基本不准进入该国市场。我国的冰箱出口，因没有绿色标志，出口创汇曾一度从 14 亿美元下降到 5100 万美元，教训深刻。因此，只有大力发展出口产品的绿色包装，才能更加有效地打破新贸易保护主义者利用包装设置的技术性壁垒。

8.3 绿色包装设计

8.3.1 绿色包装设计的基本概念

绿色包装设计是指在产品及其生命周期全过程的设计中，要充分考虑对资源和环境的影响，在充分考虑产品的功能、质量、开发周期和成本的同时，更要优化各种相关因素，使产品及其制造过程中对环境总体负影响减到最小，使产品的各项指标符合绿色环保的要求。绿色包装设计的核心是减量化、易回收、再使用，不仅要减少物质和能源的消耗，减少有害物质的排放，而且要使包装制品和包装废弃物能够方便分类回收并再生循环或重新利用。

绿色包装设计除了在设计上满足包装体的保护功能、视觉功能、经济等方面满足消费的心愿之外，还要十分注意产品应符合绿色的标准，即对人体、环境有益，包装产品的整个生产过程符合绿色的生产过程，即生产中所有的原料、辅料要无毒无害；生产工艺中不产生对大气及水源的污染，以及流通、储存中保证产品的绿色质量，以达到产品整个生命周期符合国际绿色标准为目标（宋蓓蓓等，2005）。

绿色包装设计是绿色包装的源头。因此，一定要在包装制品制造行业通过实施绿色包装标准，坚决贯彻执行绿色包装设计。只有严把绿色包装设计关，绿色包装才有实现的开始。

倡导绿色包装，设计先行的意义在于：由于设计的改变而改变包装，由于包装的改变而改变环境，由于环境的改变而使人类生活发生深刻变化，促使包装产业与人类社会和谐发展，绿色发展、循环发展、低碳发展。

8.3.2 绿色包装设计的设计思想

“绿色设计”的设计理念内涵丰富，它着眼于人与自然的生态平衡关系，主要包括可持续发展的设计思想、环保意识和自然主义等。在设计过程的每一个决策中，都充分考虑到环境效益，尽量减少对环境的破坏。绿色设计不仅仅是一种技术层面上的考虑，更重要的是一种观念上的变革，要求设计师放弃那种过分强调产品在外观设计上标新立异的做法，以一种更为负责的方法去创造产品的形态、结构、色彩等要素。

同样，绿色包装设计思想要求包装所用的材料要来自于自然，通过无污染的加工形成绿色产品，经使用后丢弃又可以回收处理，或回到自然或循环再造（张新昌，2007）。与此同时，由于绿色包装概念的丰富内涵，决定了绿色包装设计理念的多元性。绿色包装设计思想，主要概括为以下几点：

（1）包装减量化

通常，我国包装的空间容积率在20%以上的商品约占总额一半，甚至空间容积100%以上者仍有存在，这类包装多出现在保健品以及化妆品中。例如，国内的一种儿童钙产品，包装甚至超出产品容积150%。另外，一些食品类包装亦是“身大内容小”。因此，作为设计者要进行绿色包装设计，应尽量使包装减量化。在对包装的品质根本不影响的条件下，应本着以最少的材料来设计。

（2）物质循环化

包装设计的可循环性，是指包装产品的物质输入和输出都在有意义的时间段内成为整个生态圈循环的一部分。设计时应避免将有机或无机的资源变成对人类毫无用处的成分，形成资源的封闭循环。

通过用“从摇篮到摇篮”的设计思想设计产品和包装，试图改变整个工业，这种设计理念中所用的材料将永远在一个封闭的环中循环，保证在没有破坏生态系统的前提下使材料的价值最大化。当产品在有用的生命周期结束时又回到工厂，其材料又可用作制造相同价值的新产品。因此，“从摇篮到摇篮”的设计是用自然的、安全可降解的材料设计的产品，用后又可回到土壤中为生态系统增加肥料，而不是消耗。

因此，要求绿色包装设计要积极合理地采用易降解、可再生的材料，并合理设计包装的结构和外观，方便回收处理。利用其他系统的输出物质，尤其是针对某些一次性或短时间使用的产品。例如，宣传手册、各种包装容器等，使它们以另一种形式发挥作用，通过一些创造性的思路使用这些材料，寻找新的造型语言、材质表现和功能诉求。

(3) 材料绿色化

包装材料的绿色化包括材料的单一化、减量化、无毒害化及易降解、高性能材料的选用等。其目的是既节省资源，又经济，同时还减少废弃物的数量，并对人体健康不造成危害。具体要求如下：

1）尽量选用少能耗，低污染的材料。优先选用可重复再用和再生的包装材料、可食性包装材料、可降解材料、纸材料等，提高资源利用率，实现可持续发展。

2）避免选用有毒、有害、有辐射性的材料，尤其是食品类包装中。包装设计选用的涂料和黏合剂也应尽量采用以水为基本液的产品，保证对空气和周围环境的危害最小。

3）选用的包装材料货源要充足，要有良好的加工性能、成型性能、印刷着色性能，能使绿色包装材料在“清洁生产”下完成。

4）在外包装表面对包装材料进行文字型的说明，如标明塑料材料的种类等，将有助于包装材料的绿色处理，主动传达一些关于安全处理的信息也将减少产品的可能性危害。

(4) 同一材料化

减少材料种类，尽量使用同一材料进行设计，不是限制包装设计的多样性，而主要是出于方便回收的考虑。复合材料的分解回收是影响回收成本的一大因素，如果在回收过程中产生二次污染或所需能耗远大于一次性抛弃，这种损失也是巨大的。例如，德国 Whirlpool 公司曾把用于包装的材料由 20 种减少到 4 种，使处理废弃物的成本降低了 50%。

(5) 包装拆卸化

在设计包装结构时，应考虑可拆卸、易压缩、易折叠等特点，使之便于运输和回收。例如，法国依云矿泉水的瓶体设计在废弃后可以轻易地压缩至原来体积的1/3，有效地降低了回收成本。

(6) 结构简单化

绿色包装设计要考虑商品的结构设计，它要求包装在满足功能性需求的前提下，尽量使包装结构简单化。商品的过度包装不仅浪费了资源，而且加重了环境污染，绿色包装应尽量避免这种情况。例如，以往的月饼包装，其包装的价值要高于商品价值的好几倍，造成的污染和浪费现象特别严重（郎芳等，2006）。目前，提倡适量化的月饼包装已越来越适应市场需求。

合理设计包装的结构形式，不仅可以改善、降低成本，而且可以减少对环境的不利影响（维克多·帕帕奈克，2012）。例如，在相同体积的情况下，各种几何体中，球形体的表面积最小。当我们需要用最少的包装材料来包裹最多的物品时，球体是最佳的选择。这样可以最大限度地节约原材料，如球体的酒瓶、化妆品瓶、香水瓶等。同样的，在方形结构中，立方体的结构应作为首选。圆柱体是接近于球体的一种包装结构，比方形材料省料。并且经过计算，当圆柱体的高是半径的2倍时，其表面积最小，此时最为省料。

(7) 功用延伸化

包装的功用延伸设计是指包装物在完成其流通过程到达消费者手中后，仍能发挥"余热"，或继续具有"使用价值"，可以多次再利用。主要在于解决如何延长包装的使用寿命及循环周期，从而减少对包装材料，生产能源的消耗和对环境的污染等问题。

任何包装物都不可避免地要循环、再生、复用，包装功用延伸设计必须体现设计"以人为本"的宗旨，遵循"实用、实在、实惠"的务实原则。包装的功用延伸设计要求包装既要做到好看，又要保证好用，能为使用者提供更多方便与精神享受。只有消费者乐于接受和使用，才能实现重复利用的目的，体现延伸包装功能的作用。相反，盲目追求包装功能的多样，注重形式忽略实质，就与设计初衷背道而驰，华而不实、形同虚设的功能设计名存实亡，不宜提倡。

(8) 成本最小化

包装设计成本是指在设计阶段，在保证包装一定功能，满足生产、流通和消费需要的基础上，通过各种技术经济比较，预测产品在未来的生产及流通过程中可能发生的全部消耗和费用的总和。通常，包装产品成本的60%～80%，在产品设计阶段就已确定了。产品一旦投入生产，降低成本的余地不大。因此，如果设计本身不合理，必然造成先天缺陷，给投产后的成本管理带来困难。

绿色包装设计，要求在设计过程中进行成本预算，合理控制包装费用。目的在于保证包装产品设计的经济性、有效性和可行性。因为包装设计方案很多，在择优的时候，成本水平是其中一个条件。而成本高低是竞争的一个核心要素，市场竞争也要求企业能生产出物美价廉、结构先进、耐用性强、成本较低的产品。绿色设计理念要求将成本意识贯穿于包装设计过程的始终，合理利用一切经济资源、以较低的价格为社会为企业增加利润，为消费提供方便，促进包装业及至整个社会的经济发展。

8.3.3 绿色包装的设计技术

绿色包装的设计技术主要体现在8个方面，即回收技术、减量化技术、重复利用技术、循环再生技术、塑料可降解技术、清洁生产技术、包装材料成分精密检测技术和食品包装材料安全性检测技术，这些技术也代表了绿色包装技术发展的8个阶段。具体如下：

(1) 包装回收技术

包装回收技术主要包括包装废弃物回收分选利用设备及各类包装材料的回收利用等相关技术。

(2) 包装减量化技术

绿色包装在满足保护、方便、销售等功能的条件下，应是用量最少的适度包装。欧美等国将包装减量化列为发展无公害环保包装的首选措施，欧盟94/62/EC指令规定降低资源能源损耗首先要实行减量化，防止包装废弃物产生，严禁过度包装；其次要求再资源化（再利用或再循环）。我国则是按包装与商品的成本比和按包装内空隙占商品体积的空隙比来限制过度包装，实行减量化。

(3) 重复利用技术

欧盟94/62/EC规定包装设计并商品化时，必须具有重复使用或回收利用、回收再生的性质。我国规定包装回收再利用的原则是“先复用，后回炉”“可回炉，不废弃”“原物复用为主，加工改制为辅”。

(4) 循环再生技术

纸、塑、金属、玻璃4类包装的废弃物均可回收再生，这是当前研究开发的重点；该技术可划分为材料再生型（包括原料回收再生、改性回收再生、化学回收再生），能源回收型（焚烧），合成型（合成物能用手分开，对其中有机可降解成份进行堆肥化再利用）。

(5) 塑料可降解技术

塑料是高分子聚合物，性能稳定，不能自行降解，废弃物200年不腐烂，形成永久垃圾。因此，需要对不能或不易回收的塑料包装，如塑料袋、垃圾袋、一次性医疗用品、农用地膜等，都采用可降解塑料制作。可降解塑料包装需要在使用时具有足够强度，而在废弃后能迅速降解，因而研发难度大。可降解塑料主要有生物降解、光降解、光/生物双降解及水降解等4种类型，其中依靠微生物降解的生物降解塑料发展前景最好。

(6) 清洁生产技术

为使包装产品在整个生命周期中不对人体及环境造成公害，完全达到绿色包装的要求，包装企业应当实施清洁生产。对生产过程而言，清洁生产包括节约原材料和能源，淘汰有毒原材料并在全部排放物和废物离开生产过程以前减少它的数量和毒性；对产品而言，清洁生产旨在减少产品整个生命周期过程中对人类和环境的影响。清洁生产的核心是实现“三清洁”，即清洁的能源和原材料、清洁的生产工艺过程和清洁的产品。其中，清洁的生产工艺过程更为关键，通过改进生产工艺，使废物在工艺过程中转化成新的原材料和副产品，使产出的废弃物最少。包装企业实施清洁生产为建立包装循环经济奠定了坚实基础。

(7) 包装材料成分精密检测技术

为保障人体生命安全，欧盟94/62/EC指令要求所有包装材料、包装和包装组件中，铅、镉、汞和六价铬的浓度总量最大允许极限为10^{-4}mol/L；对多溴联苯、有机氯化物、有机溴化物、芳族胺等有毒有害散发物以及油墨中锌铬黄和苯残留量均有严格限制。美、欧等工业发达国家均将上述成分列为包装材料的必测项目，这是我国包装要和世界接轨而必须高度重视的。

(8) 食品包装材料安全性检测技术

食品包装材料安全性检测技术是食品安全的重要组成部分，常规的食品包装材料安全性检测项目有阻隔性能、机械性能、溶剂残留量、密封性能、材料的爽滑性能。美欧高度重视食品安全，已将包装材料成分和食品包装材料的迁移列为食品包装材料，尤其是新材料的必测项目。由于包装材料中的有害物质向食品迁移而伤害人体健康，故成为近年影响食品安全的突出问题。欧盟规定食品包装材料的总迁移量不得超过60 mg/kg，对某些单独授权物质还规定了特定迁移极限；欧美还规定严禁用易发生迁移的聚氯乙烯材料作食品包装。

8.4 绿色包装的材料与分类

绿色包装材料是人类进入高度文明、世界经济进入高度发展时期的必然需要和必然产物，它是在人类要求保持生存环境的呼声中、世界绿色革命的浪潮中应运而生的，是必然发展趋势，对造福人类有着十分重大的意义。

8.4.1 绿色包装材料发展过程

追溯到原始时期，人类就已经用没有加工过的或粗略加工的天然资源作为包装材料或包装容器。例如，用动物的皮革制成皮裹，用黏土烧结的陶器做成容器，用藤条、竹条制成筐篓，木头做成木箱、木桶等。在这一时期，包装的特征是材料取自纯天然，且加工方法仅限于物理方式的手工制作。

随着工业的兴起，人们开始将一些工业产品当做包装材料，例如，纸张、金属板材、玻璃等，通过加工，使材料直接成为包装体和包装容器。此阶段的特征是材料通过取自自然但经加工处理而成。例如，纸张要通过将木材、芦苇等制成浆，再漂白、过滤压制成纸，而玻璃、金属要通过采矿石、冶炼，然后再进一步加工成材，加工制作方式是工业化生产。

20 世纪 60 年代化学合成科学的发展，使合成材料层出不穷，于是大量的塑料材料被用于包装。从此形成了一个明显的分界线，结束了包装材料完全天然化的状态，推进了工业化生产包装材料企业的发展，造就了现代四类包装材料的格局，即纸、玻璃、金属、塑料。这阶段的特征是原材料取自自然，但经过深加工，或再一次合成而成为可使用的包装材料。加工与制作方式立足于现代化大工业生产方式。

随着包装业的快速发展，包装材料丰富多彩，塑料包装占有了相当的比例。因此，随之而来的是包装废弃物及垃圾越来越多，难于治理，污染了环境，危及了人们的身体健康，于是爆发了世界性的绿色革命（Paul and Margaret，2005）。绿色包装的研究和开发在全世界兴起，在短短的时间内卓见成效。例如，光降解、生物降解材料的出现，天然纤维、天然贝壳填充降解材料、生物合成材料相继出现。进一步推动了绿色包装的发展。此阶段的特征是采用先进的科学技术，把天然原料与合成原料配合在一起制成包装材料，这种材料不污染环境，可以回收再利用，也可环境降解回归自然，是高科技时代的产物。

8.4.2 绿色包装材料的概念

绿色包装材料又称环境协调材料，是指原料在选择、生产、加工、使用、废弃、回收处理及复用的整个生命周期中，对人体健康和生态环境不造成公害，减少能源的消耗，包装废弃物可以在自然界中快速降解或回收再加工利用，不影响生态环境。另外，绿色包装材料的来源相对广泛，循环使用率高且易回收加工再生利用的生态绿色材料和绿色包装制品。

绿色包装材料的内涵，主要包括如下两个方面：

1）在满足包装基本功能的同时，能尽可能减少包装用量，减少包装废弃物，限制过度包装，发展适度包装，从而减少资源消耗并减轻对环境的污染。

2）使用这些材料制造的包装废弃后能方便顺利回收，使其成为一种资源有效循环利用的方法。因此，要重视开发包装材料无公害回收再生技术，尤其是塑料包装材料的回收再生技术，使包装用完后废弃材料可再资源化，这也是我国当前发展循环经济所大力提倡的。

8.4.3 绿色包装材料的特性

作为包装材料、无论是绿色包装材料还是非绿色包装材料，在应具备的性能方面大多是共性的基本性能，如保护性、加工操作性、外观装饰性、经济性、易回收处理性等，但作为绿色包装材料最突出的性能就是对人体健康及生态环境均无害，易回收再利用，又可环境降解回归自然。其特性如下：

1）保护性，即对包装物具有良好的保护性。根据不同的包装物，能防潮防水、防腐蚀；能耐热、耐寒、耐油、耐光，具有高阻隔性，以达到防止内装物的变质、保持原有本质和气味的目的。还有，材料应具备一定的机械强度，以保持内装物的形状及使用功能。

2）加工操作性，主要指材料易加工的性能，也是材料自身的属性，如刚性、平整性、光滑性以及在包装时的方便性，并适应包装机械的操作。

3）外观装饰性，即材料是否易于进一步美化和装饰，在色彩、造型、装饰上是否能方便地操作。具体指材料的印刷适性、光泽度及透明度、抗尘性等。

4）经济性，即材料的性能价格比合理，并能够节省人力、能源和机械设备费用。

5）材料的优质轻量性，即材料在能很好地履行保护、运输、销售功能的同时，能够轻量化，这样既节省能源又经济，同时还可减少废弃物的数量。

6）易回收处理性，即材料废弃后易回收处理和再生利用，既节省资源又节省能源，又有利于环境保护。

作为绿色材料一个突出的特性，是在易回收处理和再生的基础上，还可环境降解，回归自然。更重要的是绿色材料从原料到加工的过程再到产品使用后，均不产生环境污染，并对人体健康无害。再一个性能是有优良的透气性，使内装物得到很好的保护，不失味，不变质。

8.4.4 绿色包装材料的种类

绿色包装材料正处于研究和发展过程中，随着科技的快速发展，绿色包装材料将进一步完善和丰富，不断满足商品包装的多样性需求。按照绿色环保要求及材料用毕后的归属，将其分为8大类，具体如下：

8.4.4.1 可回收再利用的包装材料

包装材料的回收再用、再生利用、能源利用是现阶段发展绿色包装材料最切实可行的一步，是保护环境、促进包装材料再循环使用的一种最积极的废弃物处理方法，也是开发绿色包装材料最重要的思维取向。

（1）重复利用材料

世界上许多国家重视开发制品重复利用技术，并通过押金回收制度，使啤酒、饮料、酱油、醋等玻璃瓶或聚酯瓶的多次重复使用。例如，瑞典等国开发出一种灭菌洗涤技术，使PET饮料瓶和PE奶瓶的重复再用达20次以上。荷兰Welman公司与美国Johnson公司对PET容器进行100%的回收，并且获得FDA批准，可热灌装而不发生降解，且比一般纯净PET或有夹层的PET更便宜，在欧美均可直接用于饮料食品的包装。德国对碳酸脂瓶罐回收后，经水洗和高温灭菌杀毒后，可重复利用100次。

（2）再生利用材料

再生利用是解决固体废弃物的好方法，已成为不少国家解决材料来源、缓解环境污染的有效途径。我国资源短缺，因此开发可回收再生的包装材料及相应的再生技术尤其重要。但再生树脂的成本一般均高于原生树脂，而且质量和用途也不如原生树脂，多用作一些廉价的材料、塑料薄膜、塑料瓶等。塑料包装废弃物的再生利用现在已得到了许多工业发达国家大公司的重视，并投入了大量的人力和物力进行塑料废弃物的回收再生技术的研究，而且再生利用的比例正逐年增长。例如，聚酯瓶在回收之后，可用物理和化学两种方法进行再生。对于高发泡聚苯乙烯包装材料，日本索尼公司采用了柑橘油溶解法，把回收的发泡聚苯乙烯在室温下溶解于从柑橘中提取的油之中，使其体积缩小至原来的5%以下，然后再分离出再生的优质聚苯乙烯，实现了发泡聚苯乙烯百分之百的回收再生。

8.4.4.2 可降解塑料包装材料

可降解塑料被认为是最具有发展前景的绿色包装材料，是一种废弃后在自然环境中能够快速自行降解消失、不造成环境污染的新型塑料，我国从20世纪80

年代初开始着手研究掺混型降解塑料。可降解塑料根据其降解机理可以分为：光降解塑料、生物降解塑料及光和生物双降解塑料三种，具体如下：

（1）光降解塑料

光降解塑料是在紫外光的照射下，聚合链能够有序的进行分解的材料。国内外对以纤维素材料为基质的光降解塑料进行了广泛的研究。其基本方法是将光敏基团引入主链，或者在聚合物中加入有光增敏作用的化学物质、过渡络合物等。在紫外光的照射下，纤维素发生链断裂，生成无污染化学物质，如木糖、木二糖、右螺旋葡萄糖、纤维二糖、乙醛、乙酸、二氧化碳、水蒸气等。

（2）生物降解塑料

生物降解塑料是指在自然界各种生物的作用下，可完全降解为低分子化合物的塑料材料，包括高分子化合物及其配合物。由于其中含有一定量能为微生物及其酶降解的成分，如糖类、纤维素、有机酸等，所以是较为理想的一种塑料。生物降解塑料的降解形式大致有三种：① 生物物理作用，由于微生物侵蚀后其细胞的增长而使聚合物发生机械性破坏；② 生物化学作用，微生物对聚合物的作用而产生新的物质；③ 酶的直接作用，微生物侵蚀导致塑料分裂或氧化崩裂。

由于大多数天然高分子材料加工性能、热性能和力学性能较差。因此，必须对这些分子进行改性或共混来实现其应用价值。在包装材料领域中，比较常见的是以淀粉、纤维素等为基料的复合材料。

1）淀粉基生物降解塑料。淀粉基完全生物降解塑料是目前研究发展快、产业化成果多，并有望继续降低成本的材料。为了改善淀粉与高聚物的共混相容性，必须对淀粉进行改性处理，改性后的淀粉颗粒表面被烷基等覆盖，减弱了氢键的作用，与一些合成树脂，诸如聚乙烯、聚乙烯醇、聚氯乙烯、聚酯、聚苯乙烯等高聚物的相容性可得到不同程度的改善，共混物性能比原淀粉填充体系更为强韧。由于这种材料中塑料的不连续性，塑料中淀粉被微生物逐渐分解成小颗粒，从而达到了塑料降解的目的。但是这种包装材料的机械强度较小，不能用于要求较高的场合，并且降解不彻底，在土壤中仍留有塑料残片，因而其使用范围受到限制。即使如此，在未来的包装材料领域中，特别是在一次性塑料包装制品市场中，它将占有一席之地。

在美国、德国、意大利等发达国家，淀粉基生物降解材料商品化产品，已在食品包装、餐具、缓冲材料中得到应用。美国伊利诺伊州大学的科研人员开发成功的玉米淀粉塑料，可以加工成快餐饭盒等食品包装容器。我国武汉远东绿世界生产的淀粉基生物降解塑料，采用这种塑料建设一次性餐具产业化基地，产品的热性能、保温性能和形状稳定性均可满足包装及使用要求。经国家环境测试中心检测表明，10天左右可降解90%以上，一个月内可完全降解。天津大学与天津丹海股份公司合作，以特种变性淀粉为改性剂，开发研究成功的生物降解型聚乙烯，达到了当代国际先进水平，被列为国家重大科技成果产业化项目，建成了国内最大的降解塑料生产基地，其生物降解包装制品不仅具有良好的生物降解性能和物理力学性能，而且成本低廉，在市场上有较强的竞争力，被批准为国家环保标志产品。

淀粉降解塑料的问题在于：降解时仅仅是淀粉部分在短时间内发生生物降解，而塑料部分即聚合物如PE、PS、PVC等却不能进行生物降解，其降解结果是共混物虽劣化、性能下降，但仍残留在土壤或环境中，要达到完全降解进入生态环境中，至少要20年。因此，这是一类不完全的生物分解性材料，只能对塑料垃圾的处理起到缓和作用，而不是根本的治理。

2）纤维素基生物降解塑料。天然高分子纤维素与淀粉一样，属于非热塑性材料，不能用常规方法加工，其应用也须进行改性，破坏纤维素的氢键，使纤维素分子上的烃基发生反应，得到纤维素的衍生物，再与一些合成树脂共混，加工成力学性能好、生产成本低、降解速度快的各种制品或膜材，用于食品、日用品的包装。日本四国技术试验所将粉碎的微细纤维素、壳聚糖醋酸水溶液、增塑剂等搅拌均匀后，在玻璃板等上流延干燥成膜，其气密性是PE的10~100倍，抗拉强度是PE的10倍，抗撕裂强度与玻璃纸相似。这类材料具有完全生物降解性、良好透气性，但属非热塑性材料，不易用吹塑等成型方法加工，性能有待改进，用途有待开发。

（3）光和生物双降解塑料

在生物降解塑料中，材料的降解行为必须在具有生物活性的环境介质中才能进行。添加适量的光敏剂，可以使塑料同时具有光和生物双重降解性能，在一定条件下，明显提高了降解速度的可控性。因此，光/生物降解塑料的开发受到国内外普遍关注，已成为降解塑料的重要研发方向之一。这类材料既克服了光降解在无光或光照不足时降解不充分的缺陷，又克服了生物降解塑料工艺复杂、成本高的缺陷，因而是最为理想的一种塑料。这类材料多用来生产农用地膜，但在包装方面的应用也时有报道。例如，福州兴创轻工机械技术开发有限公司开发的光和生物降解聚丙烯快餐盒生产技术，通过了国家塑料检测中心的鉴定。这种餐盒的生产成本较低，是目前符合国家技术标准的5种一次性餐具中较好的一种。

8.4.4.3 可食性包装材料

可食性包装材料以其原料丰富齐全，可以食用，对人体无害甚至有利，具有一定强度等特点，近几年来获得了迅速发展。可食性包装材料现已广泛地用于食品、药品的包装。使用的方式主要是将可食性包装材料制成薄膜，作为商品的内包装及外包装，裹包糖果，作为黏性糕点的衬垫，作为包装袋用以密封包装食品，浸涂商品而将商品包于膜壳内，制成一次性的饮料杯或快餐盛具等刚性与半刚性容器，制成肠衣、果衣与胶囊等。

可食性包装材料的原料主要有淀粉、蛋白质、植物纤维和其他天然物质。在以玉米、小麦、土豆、豆类、薯类等农作物为基材的可食性包装材料中，以玉米淀粉改性加工成可食性包装材料最为典型，且加工技术与实际应用都较成熟。根据其所加入的添加剂、酸碱处理，酶处理或氧化处理的方法不同，可以制成薄膜，也可挤出成型，作小食品的膜衣，还可以制成既防水又防油的饮料杯和快餐盒等。

用蛋白质来制作可食性包装材料，有动物蛋白质与植物蛋白质之分。动物蛋白质取材于动物皮、骨、软骨组织等，此类的可食性材料具有非常好的强度、抗水性和透氧性，特别适用于肉类食品的包装，由大豆等提取的植物蛋白质，可加工成膜进行包装，具有较好的防潮隔氧能力，并具有一定的抗菌性，适合含脂肪食品的包装，不仅提高保质期，而且保持油性食品的原汁原味。

植物纤维类可食性包装材料，以农副产品如麦麸、豆渣、海草、海藻等为主要原料，这一类材料虽然营养价值不高，但多有减肥与保健的作用。例如，海藻酸钠，它不为人体所吸收，但却有降血糖，调理肠胃的生理作用，并且可使胆固醇排出体外和具有减缓中毒的功效。植物纤维可制成各种容器，连同食物在热烹后一起食用，或用于包装方便面调料时，遇热即化，遇水即溶，可不必拆包，还可制成果蔬的保鲜包装纸，以海藻酸钠为主要成分的可食性材料，对脂肪与植物油没有渗透性，是耐油包装的一种好材料。

可食性包装材料是一类极有发展前途的绿色包装材料。今后的发展方向是用上述主要原料的几种进行共混改性，以便更好地满足包装使用上的性能要求。例如，用各种蔬菜和淀粉制得的可食性包装纸，用食用明胶、蜂蜜、羟甲纤维素等制成的用于包装方便面调料的水溶性可食包装材料等。

8.4.4.4 天然植物纤维包装材料

由木浆和草浆制作的纸材，是人们最熟悉、应用最广泛的纤维包装材料，其原料来源广泛，废弃物既可以回收再生纸张，在自然环境中又容易腐化，是应用最多的绿色包装材料。近些年，又开发出一些新型的绿色纸包装材料，典型的品种是纸浆模塑和蜂窝纸板制品。纸浆模塑制品以废纸和植物纤维作原料，在模塑机上由特殊的模具塑造出一定形状的制品，是一种立体造纸技术，其制品被用作取代发泡塑料 EPS 的制品，广泛应用于餐具、禽蛋托盘、鲜果托盘、工业托盘、食品及其半成品包装、医疗器具包装等。西北农业大学在这一方面进行了大量的研究，研发了果蔬包装内衬、禽蛋托盘、超市托盘、瓦楞芯纸、一次性餐具等系列产品。其生产工艺已经成熟，且大量推向市场。蜂窝纸板由上下两张面纸和六边形的蜂窝芯纸黏合构成，具有纸质轻、强度高、刚度大、缓冲、隔热、隔音性能好的优点，是节约木材和取代 EPS 作缓冲衬垫的理想环保材料（李东，2009）。

天然植物纤维一般是指除树木外的天然植物如蔗渣、棉秆、谷壳、玉米秸秆、稻草、麦秆等和废纸的纤维，天然植物是一种来源十分丰富的可再生自然资源。据调查，我国每年的农作物秸秆在 5 亿 t 以上。植物秸秆作为包装材料有许多优点，如良好的缓冲性能、无毒、无臭，通气性能好，使用后能完全自然降解。近些年，利用芦苇、稻草、麦秸、甘蔗渣、竹林等天然植物纤维开发出了一系列绿色包装制品。以竹为原料，生产出竹胶板包装箱、竹板箱，用于机电产品和重型机械的包装。将竹、稻草等植物纤维经高温杀菌后压制成纤维板，再经粉碎，加入填充料、黏合剂等搅拌后挤压成形，可制一次性快餐具，如经发泡膨化处理还可制作缓冲衬垫。西安建筑大学应用麦秸秆、稻草等天然植物纤维素为主要材料，配合安全无毒物质，开发出可完全降解的缓冲包装材料，该产品体积小、质量轻、压缩强度高，有一定柔韧性，在自然界中一个月可全降解为有机肥。

8.4.4.5 转基因植物包装材料

目前，利用微生物发酵合成生物降解包装材料的研发工作已取得突破性进展，但仍存一些问题。例如，生产效率低，熔点和降解起始温差不大，结晶速度慢，加工困难，价格昂贵，实际应用受到限制。因此，培育转基因植物生产脂肪聚酯 PHB 和 PHAs 等，就成为研发生物降解塑料的热点领域。

随着植物基因工程的迅速发展，针对微生物发酵生产 PHB 存在价格昂贵等问题，一些大公司相继开展了利用转基因植物作为反应器生产的 PHB 等包装材料的研制工作。英国的 ICI/Zeneca 种子公司确立的长期目标是将细菌生物合成 PHB 的途径导入合适的作物以利用转基因植物大规模生产 PHB/V 包装材料；美国 Monsanto 公司 1996 年启动了一个重大项目，旨在建立用转基因油菜生产包装材料的技术体系。

我国也已从碱杆菌中克隆了 PHB 合成的 2 个关键酶基因（PHBB 和 PHBC），构建原核载体导入大肠杆菌获得了表达，还成功地将此基因导入马铃薯中。为了增加 PHB 产量，他们完成了 PHBA 基因的克隆，并构建了种子特异性表达载体，用以转化油菜，基因产物将定位于油菜籽的按需质体中。

8.4.4.6 轻薄型、高性能包装材料

轻薄型、高性能包装材料是绿色包装材料发展的一个重要方向，主要是对现有的包装材料进行开发、深加工。在保证实现包装功能的基础上，改革过分包装，发展适度包装，尽量缩减使用包装材料，降低包装成本，节约包装材料资源，减少包装材料废弃物的产生量，研发轻量化、薄型化、高性能化的新型包装材料。在轻量化方面，如对啤酒等饮料的包装可采用一次性更轻更薄的玻璃瓶包装。再如，以采用新型的镁质材料部分地代替金属包装材料，制作的小型包装罐质地坚固、外形美观，重量轻，可代替马口铁罐，作涂料、小五金、黄油等的包装容器。

在日本和美国，正采用减薄塑料包装材料的厚度、减少包装材料重量的方法来达到减少包装废弃物的总量。例如，日本花王公司与狮子公司、美国 Chris Craft 公司等对洗涤剂不再使用较厚的 PE 膜进行包装，而采用极薄的含羟基的改性 PVA 和羟基纤维素（GMC）的水溶性薄膜来包装，并且用小包装来分装进行销售，使用时无需打开即可溶于水中。

对用量巨大的缓冲包装材料，人们正积极地寻找取代 EPS 的无氟轻量化的包装材料。例如，采用新型的轻质发泡聚酯或发泡 PP 作包装容器，用于食品、化妆品以及电子产品的包装，对于用来制备缓冲材料的发泡剂，各国纷纷采用新的

发泡剂，如二氯甲烷等，来替代造成环境污染的氟利昂。美国 Sealed Air Corporation 研发出一种新型高效无氟的 Instapack 发泡剂，用于泡沫塑料缓冲材料的生产，可以用很少的材料来提供优越的保护性能，减少了包装废弃物的产生。

8.4.4.7 绿色包装辅助材料

绿色包装辅助材料是指包装中经常用到的黏合剂、印刷油墨和涂料。它们虽占包装材料总量比例不大，但对包装是否“绿色”却影响颇大，会直接影响到是否对生产工人的健康及环境造成危害以及废弃物能否顺利回收利用。

有机溶剂型油墨由于在制造与使用过程中，常使用进行调配的溶剂是汽油、甲苯、二甲苯、煤油、松节油、醇类、芳香族类等有机溶剂，它们在制造中干燥时，或在使用过程中，或废弃后焚烧处置时，均会挥发出有毒的碳氢化合物气体而污染环境，伤害人身。所以，目前开发水溶剂性油墨取代有机溶剂性油墨受到各国高度重视，水溶剂性油墨以水为溶剂，连接料由树脂和水组成，价格便宜，对环境、人身均无害，是一种良好的绿色油墨。随着水性油墨的进一步完善和印刷设备的加强改善，原来水性油墨存在的干燥速度慢，光泽度低，易造成纸张伸缩等三大弊端已有明显改进。从欧美工业国使用情况看，水性油墨凝固点高、黏度低，印迹清晰、墨色牢固、清洗简便，其干燥速度已达到 200m/min 分辨率超过 6 线/mm，四色套印的图像十分清晰，其印迹光泽完全不亚于有机溶剂型油墨。

用水溶剂型取代有机溶剂型也是黏合剂的发展趋势。在纸材的黏合中，由于纸基浸水性强，黏结强度要求相对较低，所以广泛使用水溶剂型的淀粉及其衍生物作黏结剂，为了提高淀粉黏合剂的耐水性和快干性，可在淀粉中加入水溶性的酚醛树脂。糊精是这类淀粉黏合剂的代表，它是一种白色或黄色粉末，是淀粉不完全水解的产物，适用于机械化生产的低黏度、黏接力稳定的黏合剂。

8.4.4.8 绿色包装材料助剂

无论是绿色包装的主材料，或是以水溶剂型取代有机溶剂型的绿色包装辅助材料，为了提高其使用性能，均需在制作过程中添加对人体和环境无毒无害的助剂，助剂分无机材料和有机材料两大类型。目前，采用无机与无机助剂，有机与有机助剂，或有机与无机助剂进行协同作用，以改善其应用范围和施工条件，提高产品档次，赋予产品特殊功能，已成为绿色包装材料制造中不可缺少的重要组成部分。

8.4.5 绿色包装材料选用时应考虑的几个问题

在绿色包装材料选用时，应重点考虑以下几个方面的问题：

1）绿色包装设计要求设计者在选用包装材料的时候，要弄清所包装商品形态、体量、品类、属性、运输范围，同时要考虑包装成本与包装产品的价值。在满足使用功能的前提下，应尽量减少包装材料的消耗，降低包装成本。包装材料的属性同包装用途应配置合理，华而不实的过度包装不仅耗用材料多，使包装体积加重加大，引起资源浪费，而且也使城市垃圾数量增加而不利于环保，甚至增加了消费者的经济负担。

2）绿色包装设计要求设计师在选用材料的时候，对包装物的一些细节，如包装附件、缓冲材料的选择也不能忽视。绿色包装注重包装设计的整体绿色性而非局部绿色性，如采用膨胀技术的纸张，以三层瓦楞、五层瓦楞等来替代发泡塑料加强产品包装的环境安全性。同时，在成本允许的情况下尽量采用新型包装辅助材料，如纸质护角板、纸浆模制品等，不仅能更好保护商品，而且能减小包装体积。

3）设计要求设计师以“发展”的眼光选择绿色包装材料。绿色包装是包装设计可持续发展的产物，也应用可持续发展的眼光选择绿色包装材料。木质包装曾经是设计界公认的绿色包装，但是森林资源的匮乏，使人们不得不重新审视这种材料。相反，塑料包装曾经被敌对地冠以“白色污染”的罪名，但是随着塑料回收利用技术和降解技术的日臻完善，相信塑料包装必将成为绿色包装材料一员。

4）设计师要用创新的视角，去发现新的或者已经存在，但尚未引起人们注意的绿色包装材料。例如，再生纸、再生塑料、再生玻璃等的推广使用，充分利用包装废弃物，在再循环过程中既有物质回收又有能源回收。很多包装废弃物被重新利用稍加改造，能成为既别致又环保的包装。同时，考虑消费与审美心理，只有在材料上求变求新，才能适应包装设计快速更新换代的形势需要。

8.5 绿色包装的评价标准与环境标志

绿色包装评价是指对最终生产出的绿色包装产品进行评价。是针对绿色包装产品全生命周期的评价，从绿色设计信息的搜集，绿色材料的选择，绿色设计方案的提出及选择，绿色设计决策，到绿色包装产品的生产、运输、流通、使用，再到其废弃物的再循环利用等各个环节都需要遵循绿色包装设计的评价指标体系，进行分析和评估，得出最终评价结果。以下将从绿色包装的评价指标体系及建立原则、评价标准、分级标准和环境标志几个方面作介绍。

8.5.1 绿色包装评价指标体系建立原则

评价包装产品的绿色性能时，指标体系的选择和确定是评价工作赖以进行的前提和基础。建立的指标体系不仅能较好地反映包装产品的绿色性能，而且还能在实际中应用。指标体系的选取只有采用统一的标准和方法，才能对包装产品的环境影响做出正确的评价（王秀宇，2009）。在评价指标体系的建立过程中，应遵循以下原则：

1）功能性。被选取的基本指标必须具有描述所研究对象的特性功能，在相似的指标群中，要选择功能性较强的指标，是指标体系建立的基础。

2）整体性。指标体系要通过所选指标全体协同的实现目标，要能全面地、系统地、本质地刻画所评价的对象，指标间的作用要协调互补。

3）科学性。所选取的指标应具有明确的含义，内涵和外延都要尽量清晰，指标体系要符合规范的计量标准，指标应能真实地反映问题的实质和特性。

4）可比性。对所考查的对象、研究系统及选取的指标必须具有普适性，对不同的个体间具有可比性，这样才能实现评价的目的。

5）操作性。所选指标必须切实可行，可以进行定量描述和重复统计，统计过程要有透明度、简明性和明确性，要便于指标数据的搜集和处理。

6）动态性。从动态发展的角度评价。要描述事物或系统的时间过程或变化趋势。必须选用一些指标来刻画系统这一时间特性，需设置一些动态指标，长效指标或机动指标。

8.5.2 绿色包装评价指标体系

绿色包装是众多因素相互影响、相互作用的结果，是产品包装绿色性能的综合体现。为了全面合理地评价包装产品的绿色性能。要确定一整套适当的指标，组成一个考核指标体系；指标体系是否科学、合理，将直接关系到包装评价的效果。因此，所确定的指标体系必须能够科学、客观、合理，并尽可能全面地反映影响产品包装的所有因素。绿色包装的环境性能涉及产品生命周期的全过程，这使得绿色评价成为一项复杂的工作。科学客观的评价包装产品的绿色程度，需要建立合理的评价指标体系，这是绿色包装评价的重要内容，也是绿色包装设计实施的关键。

目前，绿色包装评价尚未有统一的评价指标体系。要对包装的绿色度进行分析，需要遵循绿色包装评价指标体系的建立原则，在产品的设计、生产、包装、运输、销售、使用、废弃后回收处理处置等生命周期的每一个阶段，充分考虑产品的技术、经济及环境属性。因此，绿色包装的评价指标体系要系统地反映绿色包装的四大基本要素，即资源指标、能源指标、环境指标、经济指标，具体如下：

1）资源指标。材料资源、设备资源与人力资源等。

2）能源指标。能源类型、能源利用、再生能源比率与固体回收耗能等。

3）环境指标。大气污染、液体污染、固体污染及噪声污染等。

4）经济指标。在我国的环境影响评价制度中规定，必须对环境影响进行经济损益分析，即对环境影响进行经济评价。根据考虑问题的不同，衡量环境质量价值可以从收益和费用两个方面来评价。一方面，从环境质量的效用，即从其满足人类需要的能力以及人类从中得到益处的角度进行评价；另一方面，环境质量遭到污染，为此进行治理所需要花费的费用来进行评价。

因此，以评价指标体系的建立原则为基础，充分考虑绿色包装的基本要素，给出绿色包装综合评价指标体系的框架结构，如图 8-2 所示。

8.5.3 绿色包装的评价标准

为能更好推进绿色包装的发展，应在对绿色包装实行分级的基础上实行不同的分级评审标准。

AA 级绿色包装，可利用 LCA 制定认证标准或直接利用其清单分析和影响评价数据作为评审标准，并授予相应的环境标志（ISO14000）的 I 型和 Ⅲ 型环境标志。

A 级绿色包装，是目前应推行的重点，可根据其定义制定如下 5 条可操作指

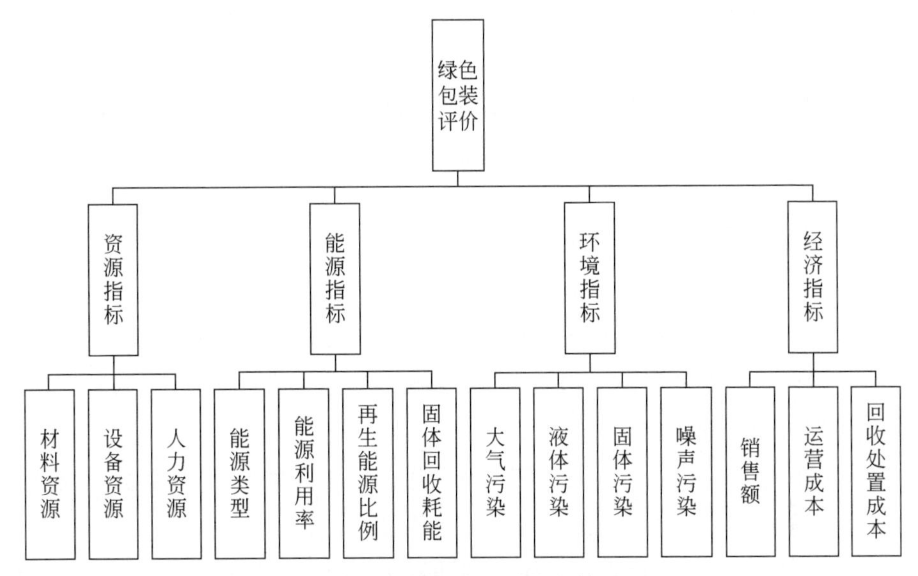

图 8-2 绿色包装评价指标体系

标，符合指标的则授予单因素环境标志。

1）包装应实行减量化，坚决制止过度包装。减量化是国际上普遍认为发展绿色包装的首选措施，它能从源头上节约原材料，减少包装废弃物的数量。包装减量化一般可通过包装结构设计减量化，包装材料或制品薄壁化及轻量化来达到。制止过度包装，提倡适度包装是包装减量化的最低要求。

2）包装材料不得含有超出标准的有毒有害成分。在包装材料全生命周期内，不得释放有害环境和人身健康的受禁物质。在包装期内，包装材料或容器不得向食品迁移有害人体健康的有毒物质。包装材料包括印刷油墨中所含有机溶剂及重金属残留物质以及铅、汞、镉、六价铬、聚溴二苯醚和聚溴联苯等有毒有害物质必须严格限制，不得超出国际流行或国家规定的有关标准。

3）包装产品上必须有生产企业的“自我环境声明”。为了对使用者和环境负责任，企业生产的包装产品应有“自我环境声明”，声明内容应包括：① 包装产品的材料成分，含有毒有害物质是否在国家允许的范围内；② 是否可以回收及回收物质种类；③ 是否可自行降解；④ 固态废弃物数量；⑤ 是否节省能源；⑥ 在使用过程中为避免对人体及环境危害而应注意的事项。

4）包装产品能回收利用（重复利用或回收再生），并明确是由企业本身还是委托其他方（须有回收标志）回收。

5）包装材料能在短时期内自行降解，不对环境造成污染。

凡符合上述5条的，根据分级的A级标准，应属于可回收利用的绿色包装，并授予相应的单因素环境标志；而符合前3条和第5条的，则属于可自行降解的绿色包装，并授予相应的单因素环境标志。

8.5.4 绿色包装分级标准

完全达到绿色包装的要求，需要一个过程。为了既有追求的方向，又有可供操作且能分阶段达到的目标，相关部门可以按照绿色食品分级标准的办法，制定绿色包装的分级标准，具体如下：

A级绿色包装，是指废弃物能够循环复用、再生利用或降解腐化，含有毒物质在规定限量范围内的适度包装。

AA级绿色包装：是指废弃物能够循环复用、再生利用或降解腐化，且在产品整个生命周期中对人体及环境不造成公害，含有毒物质在规定限量范围内的适度包装。

上述分级，主要考虑的是解决包装使用后产生的废弃物问题，这是当前世界各国环境保护工作关注的热点，也是提出发展绿色包装的主要内容。在此基础上，进一步地解决包装生产过程中的污染，实行清洁生产。采用两级分级目标，可使我们在发展绿色包装中突出解决问题的重点，重视发展包装后期产业（回收利用包装废弃物）。我国现阶段，凡是能回收利用或废弃物能在大自然中自行消解的包装，都应认为是绿色包装，给予积极的扶持和促进。

8.5.5 绿色包装的环境标志

符合评审标准的绿色包装，应有标志显示，这种标志即环境标志（Sujit et al.，1995）。联合国贸易与发展会议秘书处对环境标志的定义是：环境标志是对绿色环境产品授予的一种标志，该标志告诉消费者这一产品与其他类似产品相比对环境更加友好。

ISO14000为了消除因各国都搞自己的环境标志而形成绿色贸易壁垒，特将环境标志制度统一规定为3种类型：Ⅰ型为生态标志，表明该产品在全生命周期内对人体及生态环境产生的影响在要求范围内，需经第三方认证；Ⅱ型为企业对产品自我声明式的环境声明；Ⅲ型为数字形式的环境声明，也需经第三方认证，并发予检测评估证书。我国和日本等使用Ⅰ型标志，我国由国家环保总局等部门组成环境标志认证委员会，所以第三方认证是政府认证，在国际上信任程度很高，其环境标志是绿色的十环标志，如图8-3所示。美国等国使用Ⅲ型环境标志，其数字是经LCA计算得到的清单分析及影响评价数据，它是一种先进的环境标志类型，是推动循环经济和可持续发展的市场化手段。三种类型环境标志的特点，如表8-1所示（Lee and Park，2003）。

图8-3 中国环境标志

表8-1 三种类型环境标志的特点

类型	类型Ⅰ	类型Ⅱ	类型Ⅲ
名称	生态标志	自我声明的环境声明	环境声明
目标市场对象	零售消费者	零售消费者	工厂/零售消费者
通讯渠道	环境标志	文本和符号	环境性能数据表单
范围	全生命周期	单个方面	全生命周期
标准	是	没有	没有
是否应用LCA	是	否	是
选择性	前20%～30%	无	无
实施者	第三方	第一方	第三方/第一方
是否需要认证	是	一般不	是/否
管理机构	生态标志小组	公平贸易委员会	鉴定机构

对AA型绿色包装，在使用LCA对包装产品进行环境性能评价的基础上，可应用ISO14000的Ⅰ型和Ⅲ型环境标志来表示；对A型绿色包装则根据前述5条评价标准，应用单因素环境标志，即可回收复用标志，可回收再生标志、可自行

降解标志来表示。具体如下：

(1) Ⅰ型环境标志

利用 LCA 方法的清单分析和影响评价数据制定授予Ⅰ型环境标志的认证标准，以对产品在全生命周期内的资源消耗和废物排放实行合理的开支。凡符合认证标准的包装产品授予Ⅰ型环境标志。

(2) Ⅲ型环境标志

Ⅲ型数字环境标志被定义为带有基于 LCA 结果参数的产品定量环境数据。目前各国对Ⅲ型环境标志有几种类型的项目。表 8-2 是一种印刷电路板的Ⅲ型数字环境标志的表单，其表单被认为是一种最理想的数字环境声明表单。该表单的数据是通过对若干环境影响类型的清单数据及特征化影响结果来表示的。Ⅲ型环境标志的目标对象主要是工厂及消费者，他们对这种用 LCA 获取的数字声明形式有一定的了解。

表 8-2　印刷电路板的Ⅲ型数字环境标志的表单

类别	参数	清单结果/g	特征化影响结果	单位
非生物资源耗竭	总计	–	420.7	人/年
	原油	11 000.0	61.0	%
	天然气	3 590.0	13.3	%
	煤	20 100.0	11.4	%
	铜	1 225.0	7.6	%
	铅	362.0	4.0	%
	天然气	179.3	1.0	%
全球变暖	总计	–	39 177.2	gCO_2 (eq)
	CO_2	36 800.0	93.9	%
	CH_4	88.0	4.7	%
光化学烟雾形成	总计	–	31.5	gC_2H_4 (eq)
	HC	88.6	94.9	%
	CH_4	88.0	2.0	%
	VOC	10.9	1.4	%
	CO	1.3	1.4	%

续表

类别	参数	清单结果/g	特征化影响结果	单位
酸化	总计	–	8 468. 5	gS_2O_4（eq）
	SO_x	7940. 0	93. 8	%
	NO_x	728. 1	6. 0	%
富营养化	总计	–	195. 9	GP O_4^3（eq）
	总 N（aq）	225. 4	47. 4	%
	NO_x	728. 1	47. 6	%
	NH_3	9. 2	1. 6	%
	BOD（aq）	128. 0	1. 4	%
	COD（aq）	107. 9	1. 2	%
毒性物质	排入空气	8 867. 8	–	–
	排入水体	13. 1	–	–
固体废弃物	总计	686 754. 5	–	–
	危险废物	10 429. 4	–	–
	放射性	14. 9	–	–

数据来源：戴宏民，戴佩华. 2005. 绿色包装的评价标准及环境标志. 包装工程，26（5）：14-17，20

(3) 可回收复用标志

生产商或销售商自己负责回收复用或委托其他方回收复用的包装，并经行业协会认证的，可授予此标志。

(4) 可回收再生标志

生产商或销售商自己负责回收再生或委托其他方回收再生的包装，并经行业协会认证的，可授予此标志。

(5) 可自行降解标志

凡能在短期内自行降解的包装，并经行业协会认证的，可授予此标志。

制定绿色包装的评价标准和相应的环境标志将有力推动我国绿色包装的发展。国家应尽快成立 LCA 研究中心，推动我国包装行业的生命周期评价以及清洁生产和循环经济等工作的开展。

绿色包装是国际环保发展趋势的需要，包装对经济发展的促进作用有目共睹，但是包装废弃物对环境的污染和破坏也日显突出。因此，开展绿色包装设计、发展绿色包装材料，推行绿色包装的评价标准和环境标志，是包装行业实施可持续发展战略的重要途径。

第 9 章　包装减量化

包装与人类生活息息相关，然而市场中过度包装比比皆是。过度包装不仅增加了原材料消耗及加工制造成本、装卸和运输成本，也增加了包装废弃后的回收再利用和处理成本，给环境造成很大压力。本章重点介绍包装减量化的内涵，包装减量化的鉴别，包装多级减量化的体系结构、技术途径以及包装减量化的管理经验。

9.1　包装减量化的概况

9.1.1　包装减量化的重要意义

20 世纪 80 年代中期，包装废弃物尤其是不可降解的塑料包装给许多国家城市造成了严重的环境污染，美国环保部门针对如何治理包装废弃物对环境造成的污染进行了一次民意调查，获得了三个方面的意见：① 商品包装过多，应尽量减少包装材料用量或少用包装；② 应尽量回收利用商品使用后的包装容器；③ 对那些不能回收利用的包装材料和包装容器，应该采用生物降解材料，用完之后可以生物降解，不再危害公共环境。由此可见，包装减量化是包装行业发展的首选原则。

包装减量化，从源头上减少了最终废弃物数量，而且在生产过程中减少了原材料、辅助材料等各种资源成分之间以及与能源之间生成的各种废弃物、副产品的可能性，减少了废气、废液、固物的产生，从而保护了生态环境，减少了环境污染（吴玉萍，2011）。因此，包装减量化是实行包装与环境相协调的重要措施，也是实施包装清洁生产、循环经济的最重要途径。

包装是一个资源消耗型工业，生产的产品 70% 以上为一次性使用，使用后即成为废弃物，产品生命周期较其他工业产品短，故消耗资源量大。因此，节约资源，实行包装减量化是减少包装对环境造成污染，保护环境的根本手段，也是包装工业从传统粗放生产转向循环经济模式的重要措施。

9.1.2 包装减量化的内涵

包装减量化是指从源头上，包括原材料选择、产品结构设计、能源利用、加工工艺编制、辅助型添加等方面减少资源、能源的使用量，在满足包装功能的前提下，使包装成为用量最少的适度包装。

减量化是循环经济的重要内容，随着对包装废弃物全过程管理的不断认识，减量化的含义也发生了深刻的变化。这里包装减量化是指对源头减量化、过程减量化以及末端减量化。源头减量主要从改变包装产品设计、包装产品的重复使用以及改变消费者的购买习惯来实施，减少包装废弃物的产生量。过程减量通过分类、收集、压实、破碎等物理手段，采用不同的技术进行回收、处理，减少废弃物的实际排放量。末端减量是对包装废弃物采用不同的技术进行回收、处理后，无法再资源化的废弃物进行焚烧、填埋处理，尽最大可能减少废弃物排放量。

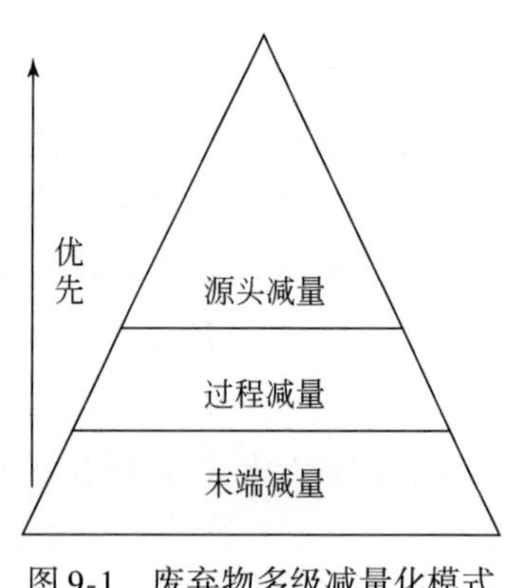

图 9-1 废弃物多级减量化模式

在包装废弃物进行减量化的过程中，应首先源头减量，其次过程减量，最后末端减量，如图 9-1 所示。包装废弃物的处理是一项复杂的系统工程，根据减量化涉及的不同环节与相应措施，应进行综合考虑，从而形成全过程多级减量化，不再是单一的减量化过程，这些减量化都要使各阶段所涉及环节上的能源流和物流都达到最小化，从而实现包装废弃物的多级减量。全过程多级减量化是对包装废弃物处理全过程的综合管理，更加能够体现可持续发展的基本思想。

9.1.3 包装减量化的设计原则

包装减量化的设计原则，具体如下：

（1）适度原则

适度原则是指在设计时，能用简易包装绝不用礼品包装；能用小型包装绝不用大型包装；能用轻包装绝不用重包装；能用黑白包装制品而绝不用彩色包装制品。

（2）适量原则

适量原则是指在设计时，能用一件包装绝不用多件包装；能用单层包装绝不用多层包装；能用单质材料包装绝不用复合材料包装；能用大包装时绝不用小包装。

（3）适时原则

适时原则是指及时处理与及时反馈。在合理的范围内，进行包装设计的优化，并通过消费者的反馈与商家、厂家、技术监督部门等紧密合作，以便改进包装，提高包装的合理性。

（4）适新原则

设计者应树立自觉接受新技术，新理念，新规定的观念。例如，有关部门明文规定禁用一些包装容器、包装材料，应自觉地放弃使用此材料进行设计。设计者更应搜集新的绿色包装材料信息，用于包装设计当中，促进新材料的快速发展。

9.2　包装减量化的鉴别

确定包装是否属于过度包装有两种判断方法，即按包装与商品的成本比和包装内空隙占商品体积的空隙比进行判断。此外，由于在一定程度上，减量化包装就是适度包装，不是过分包装，所以将上述两种判断方法作为包装减量化的重要鉴别手段。

9.2.1　包装与商品的成本比判断

发达国家对不同种类的商品，其包装费用占整个生产成本形成了如下规定：

酒类、罐头，美国分别是 20% ~30% 和 25%，英国是 8% ~15% 和 17%，日本是 18% 和 15%；儿童食品包装，世界各国均为 40%；一般食品，世界多数国家定位为 15%；此外，日本包装成本不应超过产品售价的 15%。

我国《月饼强制国家标准》中规定：包装成本应不超过月饼出厂价格的 25%；《食品和化妆品限制商品过度包装要求》中还规定，除初始包装之外的所有包装成本的总和不宜超过商品销售价格的 12%。

9.2.2　按包装内空隙占商品体积的空隙比判断

国家标准委在《食品和化妆品限制商品过度包装要求》中规定：饮料酒、糕点、茶叶、化妆品这 4 类商品的包装层数必须不超过 3 层，粮食的包装层数必须不超过 2 层；在“包装空隙率”指标上，要求饮料酒、糕点的包装空隙必须不超出商品体积的 55%，化妆品不超出 50%，茶叶不超出 25%，粮食不超出 10%；不属于饮料酒、糕点、茶叶、粮食的其他食品包装空隙率应不大于 45%，包装层数应不多于 3 层。我国《月饼强制国家标准》中规定：单粒包装的空位不超过单粒总容积的 35%，单粒包装与外盒包装内壁及单粒包装间的平均距离不超过 2.5cm。日本在近年制定的《包装新指引》中规定，包装容器内的空位不应超过容器体积的 20%。

9.3　包装多级减量化的体系结构

9.3.1　包装多级减量化的体系结构

包装从产生到最终处置的整个流程，如图 9-2 所示：

包装减量化的技术路线有很多种。有以源头减量为主的，如清洁生产技术和零污染技术等；有以过程减量为主的，强调包装废弃物的分选与回收；还有以资源化为主的末端减量。这些减量化技术路线各有所长，都能对包装废弃物总量削减起到很大的作用，但是从包装的整个生命周期来考虑，单纯的靠一种或两种技术路线还不能达到减量的最佳效果。

若对包装废弃物总量进行有效、高效地削减，就必须在吸取现有减量技术、

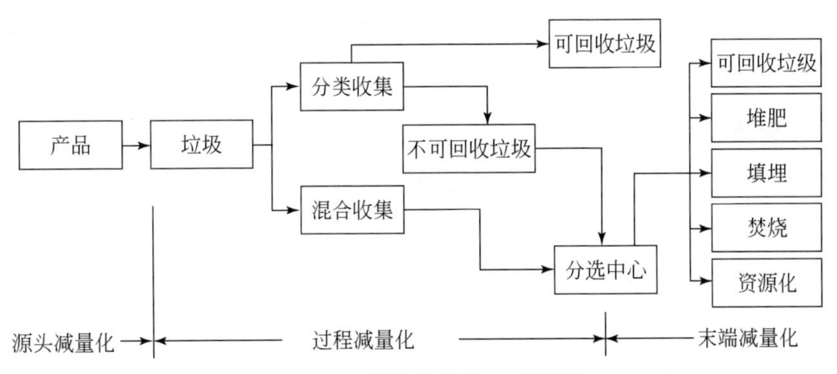

图 9-2　包装废弃物处置流程图

措施优点的基础上，设计出高效的多级减量化技术路线。对包装废弃物的多级减量在理论上形成系统，在实践上注重可操作性。

按照可持续发展理念和循环经济思想，将多级减量化分作源头减量化、过程减量化和末端减量化三个子系统，并提出实施措施。把生态设计、清洁生产、可持续消费和资源再利用融为一体，并从系统的理论出发，对包装废弃物多级减量化进行全过程控制，以达到减量的最佳效果。具体体系结构，如图 9-3 所示。

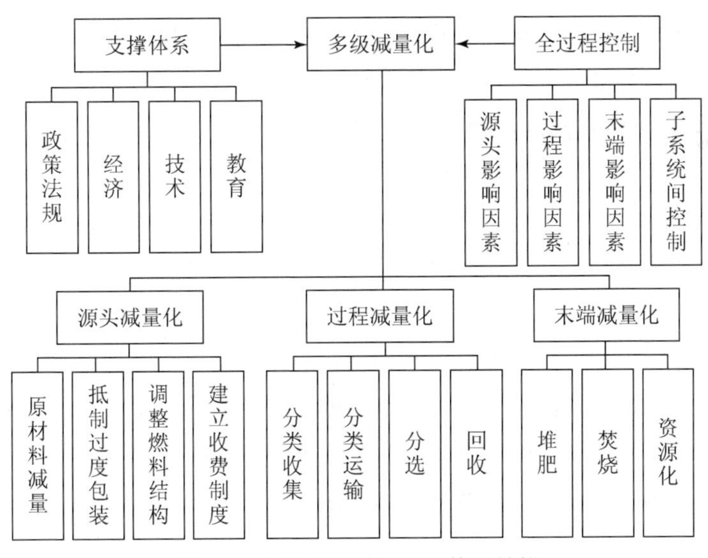

图 9-3　包装多级减量化的体系结构

9.3.2 源头减量化

在多级减量化中，源头减量是指包装产品在变成垃圾之前进行的控制和管理。很多发达国家在多年的包装废弃物管理经验中都充分认识到，包装废弃物末端处理的对策是被动的，对其采取源头减量，是解决包装废弃物问题的关键所在。

我国的包装工业发展很快，在进入 90 年代以后，包装工业产值平均每年以 20% ~30% 的速度递增，但是包装的发展，又带来了一个新的问题，这就是发展包装与保护环境的关系问题。

生活垃圾中以塑料、废纸为代表的包装废物的产生量上升趋势明显，为了抵制过度包装，许多国家制定了相应的法律法规。例如，德国于 1991 年 6 月通过《包装废物避免法》，1996 年 10 月颁布《循环经济法》；欧盟于 1994 年 12 月颁布的《包装和包装废物指令》中规定各成员国包装废物的回收目标为 50% ~ 60%，立法的强制及回收目标的制定促进了各国回收体系的发展。

9.3.3 过程减量化

包装过程减量化是多级减量化系统中从工程技术手段上研究得较多的一个子系统，是研究包装产品变成垃圾后到最终处理处置这个过程的减量化问题。在过程减量化阶段，先将包装废弃物进行分类回收，经过分类运输，再加以分选、回收，最后将不能回收的垃圾输出到下一减量子系统。

包装废弃物分类收集是实现废弃物总量削减的一个重要条件；是使废物变成再生资源、变成财富的必要条件之一；可以简化后续处理工艺并提高效率、降低能耗、降低成本。

包装废弃物处理方法主要有再利用、资源化、焚烧、填埋等方法。各类方法对包装废弃物种类有不同要求，因此，重要前提是搞好分类收集。这样可使包装废弃物中可利用的资源得到再利用，同时又使送去填埋处理的垃圾量大大减少，从而延长填埋场的使用年限，节省土地资源。

9.3.4 末端减量化

包装末端减量化是前两个环节成果的巩固，也是减量化的最后一个环节。末端减量化子系统中的一些措施是被动的，但又是不可缺少的，这些措施包括焚烧、填埋等。

焚烧技术源于 19 世纪末，至第二次世界大战后焚烧技术迅速发展。欧共体、美国和日本的焚烧技术居世界领先地位。焚烧法是使包装废弃物中分拣出的可燃成分在高温（800～1000℃）条件下经过充分燃烧，最终成为稳定的灰渣过程。废弃物的焚烧由于处理量大、减量性好、无害化彻底，并有热能回收。因此，成为各国普遍采用的垃圾处理方法。

焚烧技术在应用中受到很多因素的限制。主要原因如下：① 由于包装废弃物成分复杂，稳定性差，从而造成焚烧的不稳定性，且通常要求城市废弃物的热值不低于 5000kJ/kg 这才可以焚烧。② 焚烧处理废弃物产生的二次污染，治理有一定的难度。③ 焚烧处理设备及运行费用都很高。

瑞士、丹麦、瑞典、法国、德国的废弃物焚烧法处理的比率分别为 80.0%、72.8%、55.0%、38.0% 和 32.0%。美国用焚烧法处理废弃物的比例为16.0%～20.0%，而在日本等可耕地奇缺的国家，焚烧处理的比例达 65.0%～80.0%。

对于包装废弃物无法回收再利用，可实施填埋。然而，填埋场在其漫长的稳定化过程中所产生的大量填埋气体及其废弃物渗滤液，却又能在几十年甚至上百年内持续地对附近的公众健康和环境（如造成水资源污染、大气污染、温室效应、植被破坏、影响周边景观、火灾、爆炸及填埋场的沉降等）构成严重威胁。此外，填埋场又占用了大量的土地资源。因此，必须要高度重视这些问题，并采取有效措施来解决。

9.3.5 包装废弃物减量化全过程控制

多级减量化的三个子系统相对独立，各有各的侧重点。源头减量化、过程减量化以及末端减量化之间是上下游工序的关系，它们之间相互影响，在多级减量化体系中都占有重要的地位，谁也取代不了谁。多级减量化系统并不是三个子系统的简单相加，它是着眼于系统整体，有时某子系统可能处理最佳状态，但是整个系统不一定是最佳的。因此，要用系统工程的观点对子系统间进行全过程控制，以求达到垃圾总量削减的最佳效果。

包装废弃物减量化的全过程可以指逻辑上的全过程，也可以指时序上的全过程。包装废弃物多级减量化全过程控制意味着管理方法的综合，其特点主要包括如下几个方面：

(1) 管理内容的综合集成

包装废弃物减量不仅要掌握包装及其废弃物的性质、处理的方式，还要掌握产品的生产、资源化的技术等，多级减量化全过程控制是一种跨学科、跨行业的管理。

(2) 管理对象的综合集成

减量化管理的对象是人类的社会经济发展行为。从层次上看，有政府行为、企业行为和公众行为；从性质上看，有生产行为、消费行为、文化行为等。其中大多数行为将对减量化产生影响，而且往往会交织在一起出现或连锁式出现。

(3) 管理手段的综合集成

多级减量化系统是一个大系统，其中许多关系都会呈现出较大的随机性和模糊性，因此要用多手段的综合加以管理。

9.4 包装减量化的技术途径

减量化是对传统包装在投入使用前进行的重新定位，通过对其部分功能的改变实现外包装量的减少，避免不必要的材料重复与浪费。它从源头上节约材料的使用，也从源头上减少废弃物的数量。在生产实践中，可以通过不同技术途径实现包装减量化。

9.4.1 包装薄壁化技术

包装薄壁化技术是指在保证实现包装功能所需各项机械力学性能的前提下，通过减少壁厚来减轻包装材料的用量。目前，纸板、瓦楞纸板、塑料薄膜、金属板材均在研发采用这类技术，从而节约了大量包装原材料。北京奥瑞金制罐有限公司通过改进工艺，将三片番茄罐罐身的马口铁薄板从 0.2mm 减少到 0.15mm，1 亿个罐能节约马口铁薄板 278t；将番茄罐上下底盖的马口铁薄板从 0.18mm 减少到 0.16mm，1 亿个罐能节约马口铁薄板 134t；两项合计共节约马口铁薄板

412t，经济效益显著。康师傅企业在确保饮料瓶性能和容积的基础上，将瓶子质量由18g降至16g最终降至12g，大大降低了饮料瓶自身厚度，每年可节约成本7%～10%。我国山东、广东等地企业从国外引进先进技术，使玻璃瓶从平均壁厚3.5mm减薄为2～2.5mm，瓶子重量减轻了30%～40%，节约了资源，降低了流通成本，也提高了在包装材料中的竞争力。因此，包装薄壁化技术使包装减量化效果显著。

9.4.2 包装轻量化技术

包装轻量化技术是指在保证实现包装功能所需各项机械力学性能的前提下，减轻包装材料的重量。从包装材料上看，选用低密度轻量化材料，可有效提高运输能源的利用效率。而同等用料前提下材料抗压强度的提高，不仅有助于实现包装容器的薄壁化，节省材料，还有助于降低货品运输过程中的破损率，利于增加货品的堆放层数，提高仓储空间的利用率。例如，在美国正大力发展聚酯/液晶聚合物的共混材料，其力学性能比PET高220%～550%，阻隔氧气的性能提高了2倍，薄膜厚度却可降低50%，且可回收循环使用。另外应用某些特殊材料，也有助于降低包装内容物在存储、使用过程中的能源与资源消耗。

再如，玻璃瓶轻量化，通过调整配方、采用轻量化结构及瓶形的优化设计、实行理化强化工艺和表面涂层强化方法等综合措施实现轻量化。玻璃瓶由于减轻了容器重量，提高了装载效率、降低了流通成本，从而增强了玻璃在包装材料中的竞争力。

埃克森美孚化工推出125μm厚的重型包装袋，比传统包装材料薄15μm左右，可使原材料成本下降15%。不仅可降低生产商和整个行业的成本，而且提供了更具可持续性发展的包装解决方案，适应当前竞争激烈的市场环境。目前，瓦楞纸箱行业内掀起了一股“低定量、高强度”瓦楞纸板的研究热潮，生产商通过对原纸配方、工艺技术等改进后，可使90g/m^{2}左右的瓦楞纸板达到140g/m^{2}左右的强度指标，瓦楞原纸定量每增加1g/m^2，箱纸板可降低1g/m^2，从而使瓦楞纸板质量减少70%。原纸定量降低了，使用资源变少，成本降低，但成品的质量依然符合国家标准的基本要求。

由东洋制罐开发的塑胶金属复合罐TULC（Toyo Ultimate Can）罐，以PET及铁皮合成的二片罐，主要使用对象是饮料罐。这种复合罐既节约材料，又易于再循环，在制作过程中低能耗、低消耗，属于环境友好型产品。东洋制罐还研发生产一种超轻级的玻璃瓶。用这种材料生产的 187mL 的牛奶瓶的厚度只有 1. 63mm，重量 89g，普通牛奶瓶厚度为 2. 26mm，重 130g，比普通瓶轻 40%，可反复使用 40 次以上。东洋制罐为了使塑料包装桶、瓶在使用后方便处理，减少体积，在塑料桶上设计几根环形折痕，废弃时可很方便折叠缩小体积，这类塑料桶（瓶）容积可以从 0. 5L 到 10L。

9. 4. 3　包装方式减量化技术

包装方式是在不破坏原有包装结构、作用的基础上，打破固有观念，改变局部设计，在旧元素中添加新功能，以最低程度地改变增加材料的利用性。购买电子产品时都会有较大的包装盒，里边放置产品说明、产品附件和产品。但是，产品购买后，包装盒的作用就戛然而止，变成不可再利用的废弃物，从运输、展示到购买也许不足几个小时。例如，手机包装，包装盒将装载功能与说明作用二者结合在一起，减少盒体、手机说明书的二次制造，不仅盒体生命周期延长，而且又具备了另一意义，重复使用率高，且不会随意丢弃。再如，Courtin 包装公司开发的洗发水包装，解决了一次性包装所造成的资源浪费问题。该包装容器是约 500ml 的软塑瓶袋，瓶口向下倒置并固定在墙上，使用时利用空气压力挤压即可。该包装加工工艺简单、经济耐用，广泛应用在宾馆、酒店，不仅方便、卫生，而且节约了包装资源。

9. 4. 4　包装结构减量化技术

包装结构减量化设计，目的是尽量减少包装材料的用量，减少包装废弃物的体积量和数量，以减轻环境的负载。因此，为了更好地保护产品，包装容器往往需具有一定的强度，增加包装容器的厚度会使强度提高，却会带来资源浪费，若改变材料结构，既能保证强度，又能减少材料的使用量，是一项两全其美的方案。具有轻、强、刚、稳等优异性能的蜂窝纸箱，拉伸成型时，蜂窝纸板只有 10% 的蜂窝材料，其余皆为空气，与瓦楞纸板相比，强度相当的普通蜂窝纸板的制作原材料约是七层瓦楞纸板的三分之二，因而可节约大量材料。蜂窝纸板也是一种可以循环再生使用的环保材料，使用 1t 再生蜂窝纸板，可以替代 30 ~ 50m^3

的木材，极大地减少木材的使用量。

针对包装物壳体受到跌落和冲击所受应力状况的不同，通过增加包装相应内侧壁的受力支点（如凸棱等），以分散外力，起到代替包装部分缓冲材料的作用。此外，合理的造型设计也利于有效减少材料的使用。例如，在各种几何体体积相同的情况下，球形体的表面积最小。如果考虑采用球形包装，可以最大限度地节约原材料。而同样是方形，在相同体积情况下，长方体的表面积要比立方体的表面积大。以方形香烟包装为例，大多数香烟包装长 25cm，宽 5.5cm（高度为 9cm），需要的包装材料表面积为 $824cm^2$，如果将长度缩小为 12.5cm，宽度为 11cm（高度不变），包装材料的表面积就只有 $698cm^2$，两者相差 $126cm^2$，造型的改变使包装节省 16.4% 的材料。

此外，为了满足包装刚度和强度要求，达到减小壁厚、节省材料的目的，对于箱形薄壁容器，可以采用在容器边缘局部增加壁厚的结构形式提高容器边缘的刚度；为了防止或减小容器底部的变形，可将平板形状改为球面或拱形曲面。DEC 公司的研究表明，增加其产品的内部结构强度，可以减少 54% 的包装材料，降低 62% 的包装费用。

包装层数和包装体积减量化也是包装结构减量化的重要途径。在商品运输中，邮政、物流、托运等服务部门常常对产品进行多层包装，以达到保护产品的目的，而商品这样包装后的体积会远远大于商品本身的体积，造成资源浪费、环境污染。食品包装协会曾做过一项调查：一个 6 粒装月饼礼盒，带有 371g 的注塑塑料盒盖，6 个单独包装小礼盒以及一个木质底托，如此层层包装之后，仅月饼礼盒的成本就占到了总成本的 40% 左右，而因为类似的层层包装，每年中秋节，全国要“吃掉”6000 多棵树木。

9.4.5 包装形态减量化技术

形态的减量化是指增强包裹、集装功能，实现其简化目的。它不仅能够很好地解决包装盒资源浪费的问题，也能解决目前过度化包装的问题。例如，将 2 个以上 6 个以下数量的塑料瓶子，通过一个上有数个直径小于瓶颈的圆形卡口，且材质较硬能起到一定固定作用的长条形塑料进行链接式包装。香烟包装设计见图 9-4，该设计将香烟条包装改为 4 层 12 盒，每层 3 盒，接近立体的包装结构，其包装所用纸材的面积为 $907cm^2$。而传统的香烟条包装都采用 2 层 10 盒，每层 5

盒的包装，包装所用纸材的面积要多出 28 cm^2。

图 9-4　香烟包装设计

此外，改变包装容器的形状也能改变材料的利用率，合理的形状如圆形、圆柱形等可减少材料的使用，同样的产品，使用圆柱形容器包装和使用长方体容器包装相比，原材料用量减少 20% 左右。1998 年，索尼公司对大型号的电视机缓冲包装材料 EPS 进行了改进，以 8 小块的 EPS 材料分割包装来缓冲防震，EPS 用量减少了 40%，优化包装容器结构，包装减量化效果明显。

9.4.6　包装风格减量化技术

不少商家认为攫取消费者的注意力是成功的开始，甚至可以说是成功的一半，于是把商品的包装做得精美绝伦成为商家吸引消费者眼球的法宝。常会看到经过精美的包装，普通商品的价格就会比平常高出几倍甚至几十倍。但是，这些精美的包装却常常成为“食之无味，弃之可惜”的“鸡肋”。这种风格繁琐、华丽的包装，通常加工工艺复杂、材料昂贵却华而不实。在资源短缺、生态环境恶化的形势下，应力求在包装风格上做到减量化设计，回归到经典的简洁风格。

在 20 世纪 60 年代末出版的《为真实世界而设计》中，美国设计理论家维克多·巴巴纳克曾经指出：“设计的最大作用并不是创造商业价值，也不是在包装及风格方面的竞争，而是创造一种适当的社会变革过程中的元素。设计师应认真考虑有限的地球资源的使用问题，并为保护地球的环境服务，强调设计师的社会及伦理价值。”因此，在避免包装过度装饰，提倡简约的包装中，设计师要以简单的包装结构、最清新凝练的造型、最精练的色彩、最简洁的图形文字、最节省的包装材料等核心元素，设计出打动消费者的包装作品。以经济环保的设计理念打造全新的包装、维护自然生态的平衡，是当今每一个设计师应承担的责任与义务。

9.4.7 包装化零为整技术

对包装进行减量化也可以采取化零为整的做法。目前，有商场对产品如洗发水、护发素等产品，推出“家庭装”、“组合装”系列，矿泉水、碳酸饮料、啤酒等饮料采用集合包装形式也普遍存在，商品使用各种材质的托盘包装，包装材料用量可减少60%以上。中国移动将移动通信设备由原来的木箱包装改成可多次重复使用和可拼装的钢铁集装周转架包装，每年减少木材消耗57 000m^3，相当于每年少砍伐森林670hm^2，同时每年还减少木材运输燃油消耗137万L，节约电能393万kW·h，折合减少CO_2排放12万t，取得了显著性的生态、环境和经济效益。

9.5 典型国家和地区包装减量化管理经验

9.5.1 美国

美国联邦政府对于包装废弃物的减量化管理只是提出综合性的指导意见，由各州分别制定本州的专门法规进行管理。

在美国的固体废物管理基本法律——《资源保护与回收法》中规定，包括包装废弃物在内的固体废物管理基本原则应遵循源头减量、循环利用、最终处置的顺序进行。《销售包装与标签法》中规定，商品包装应准确描述包装内商品的净含量，不应夸大包装中商品的重量、质量、尺寸和数量等信息。《环保标识指南》中提出了商品包装应易于回收再利用，应减少商品包装的重量和体积等要求，但没有提出具体的限制性指标。此外，美国还通过对商品包装征收包括原材料税、焚烧和填埋处置税、实施垃圾处理预交费制度等方式促进包装物的生产和使用企业尽可能地减少包装物的使用、加强包装废物的回收。

在联邦政府的指导下，各州分别制定了相应的法规并实施促进包装废弃物减量化的辅助措施。例如，明尼苏达州在设定包装废弃物减量化目标的前提下，对消费者进行废物减量化宣传，定期考察城市生活垃圾中包装废弃物所占的比例。每年对包装废弃物的回收与循环利用情况进行报告，以便有关部门对其废物减量与循环利用情况进行定量考评。加州规定除食品、药品、化妆品外的其他商品硬质塑料包装必须至少减少 10% 的原料使用量或使用 25% 的再生材料；若是 PET 材料则应使用 55% 的再生材料。

9.5.2 加拿大

加拿大对于包装废弃物减量化的管理制度体系主要由几部相关法规和技术文件组成。《商品包装和标签法》中规定不允许存在欺骗性包装，由专业委员会对商品包装是否在尺寸、重量和数量上存在过度现象进行评价。《商品包装和标签规范》中针对商品包装应符合的消费习惯和运输的方便性对包装的规格提出了限制性要求。其他的配套技术文件还包括《包装物审核与减量工作计划指南》、《包装物环境状况分析指南》等。

1990 年生效的《国家包装议定书》是相关企业自愿加入、鉴定的协议性文件，该文件明确提出对包装废物管理的主要目标是减量化。其中，除提出在不同时间段进入生活垃圾填埋场的包装废物的减量化目标外，还明确了包装废物管理的几个基本政策，如包装物的管理应遵循“4R 原则”，包装物应尽可能对环境影响最小等。由加拿大环保部进行监督这些政策与循环目标的实施，并以收取焚烧费或填埋费、企业基金、政府基金等多种形式资助包装物工作委员会的工作。

9.5.3 欧盟

欧盟对其各个成员国的包装废弃物减量化管理制度体系主要包括《关于包装物和包装废物的指令》（94/62/EC）与 6 个相关标准（EN13427—13432）（郑宣和曹国荣，2012）。

指令 94/62/EC 在明确包装物管理应遵循“4R 原则”的基础上提出了一些指导性的意见，主要内容包括要求各国建立包装废弃物的回收体系、制定不同阶段包装废弃物再生利用的目标、限制包装物中不可回收成分的使用、规定商品包装的体积和重量应限制在保证商品安全、卫生所必需的最低程度等。在 2004 年对该指令进行修订时，进一步提高了要求，提出最迟在 2008 年 12 月 31 日前，包装废物的回收率应不低于 60%；循环利用率应不低于 55%。其中，玻璃类应不低于 60%，纸类应不低于 60%，金属类应不低于 50%，塑料类应不低于 22.5%，木类应不低于 15%。

EN13427—13432 的 6 个标准提出了对商品包装的具体评价原则和方法，主要包括在包装物的设计和生产过程中应注意减少资源消耗、尽量能够重复使用、材料循环使用、能量再生利用与有机成分的回收利用等方面的要求。这些对商品包装的具体评估原则和方法，是指令 94/62/EC 实施的基础。

9.5.4 日本

日本关于包装物管理的主要法规包括《包装容器再生利用法》、《关于促进包装容器分类收集和循环利用的法律》。这些法规主要是通过实行生产者责任延伸制度、要求包装物的轻量化、鼓励使用可重复利用的包装、促进包装废物的分类收集等手段来实现包装废物的减量化（金雅宁，2009；佚名，2009）。

此外，在大阪、京都和神户等地的地方性消费者保护条例中明确提出了商品包装的限制性指标，主要包括商品包装内的空位体积应不超过包装物体积的 20%（神户是 15%），商品包装的成本应不超过商品销售价格的 15% 以及相应的计算方法。

9.5.5 韩国

韩国的包装废弃物减量化管理制度体系既包括了对商品包装明确的减量化限制指标体系，还包括了一系列的强制回收和再生利用的相关制度。

在《商品包装材料与方法的标准规则》（2006 修订版本）中确定的商品包装的限制指标主要是包装内的空位所占体积百分比和包装层数（李丽等，2009），如表 9-1 所示。

同时，明确规定了商品包装中空位所占百分比的计算方法为韩国工业标准化方法中第 10 部分的计算方法（KSA1005—2001）以及对于违反上述标准的商品包装的生产者（进口者）的处罚。由专门执行资源循环政策的机关——环境资源公社对商品包装是否符合上述标准进行检查和评估。

表 9-1　韩国主要商品包装物限制标准

商品类型			标准	
			包装空位/%	包装层数
单个食品	食品饮料	加工食品	不超过 15%	不超过 2
		饮料	不超过 10%	不超过 1
		酒	不超过 10%	不超过 2
		烘烤食品	不超过 20%（蛋糕不超过 35%）	不超过 2
		保健品	不超过 15%	不超过 2
	化妆品类	化妆品（包括空气清新剂）	不超过 10%（不包括香水）	不超过 2
	洗涤剂类	洗涤剂	不超过 10%	不超过 2
	日用百货类	文具	不超过 30%	不超过 2
		百货（仅限于钱包和腰带）	不超过 30%	不超过 2
	医药类	医药	不超过 20%	不超过 2
	服装类	外套、衬衣和内衣	不超过 10%	不超过 1
成套商品	天然食品、酒、加工食品、饮料、烘烤食品、保健品、化妆品、清洁剂和日用百货		不超过 25%	不超过 2

为保证商品包装的生产者（进口者）和使用者自觉地对商品包装进行减量化，韩国还实行了以下主要配套制度。

1）在规定应根据生产者责任延伸制度进行强制回收的 21 类商品中，包括了纸类、金属类、玻璃类和塑料类等 4 类主要包装物。

2）在规定环境负荷较高的产品（主要是含有害物质或难以再生利用物质的产品）的生产者（进口者）承担部分废物处理费用的废物处理费预支付制度中，包括了杀虫剂容器、化妆品玻璃容器及有毒物质容器。

3）为便于不同材质和用途的商品包装的分类回收，提高其回收和再生利用率，制定了不同材质和用途的包装物的分类标识制度，如表 9-2 所示。

4）制定了源头减量制度，主要对象是一次性用品和不同用途的包装物，并规定了在不同阶段的减量化目标，如表 9-3 所示。

表 9-2 需要实行分类表示制度的包装物

包装物种类	用途
纸盒、金属罐、玻璃瓶、塑料类包装物	食品饮料
	农、渔、畜产品
	洗涤用品
	化妆品及宠物用洗发、护发用品
	内服与外用药品
	桶装瓦斯
	杀虫剂、杀菌剂
	电器产品的发泡合成树脂类缓冲包装

表 9-3 主要包装物的减量化目标

商品类型	包装物	减量化目标		
		2003 ~ 2004 年	2005 ~ 2006 年	2007 年后
饲养场鸡蛋	鸡蛋托盘	减少 60%	减少 70%	减少 80%
	外包装	减少 35%	减少 40%	减少 45%
批发的苹果、梨等水果	塑料内格	减少 15%	减少 20%	减少 25%
占地面积大于 165m^2 的零售点的蔬菜、水果、牛奶和与类产品	塑料内格	减少 10%	减少 20%	减少 25%
面条的加工与销售	面碗、杯	减少 20%	减少 30%	减少 35%

9.5.6 台湾地区

我国台湾地区对于包装废弃物的减量化管理制度是以包装空间系数、包装层数及包装体积比为主要限制性指标的评价体系。

在《限制商品包装法令》中，对占商品包装比例 90% 以上的糕饼类、化妆品类、酒类、加工食品类、计算机程序著作光盘类商品的包装进行了具体规定，如表 9-4 所示。

表 9-4 我国台湾地区商品的包装层数、体积比与空间系数

指标		糕点类	化妆品类	软盘光碟类	酒类	加工食品类	成套商品
包装层数		<3	<2	<2	<2	<3	<2
包装体积比		<1					
必要空间系数	非单一材料	6.0	2.7	2.7	2.7	2.7	2.7
	单一材料	6.9	3.1	3.1	3.1	3.1	3.1

在提倡包装减量化同时，更需要注意的是，减量化并非盲目减量，而是根据实际情况对商品进行适度的包装。对于包装减量化应有更深层次的理解。

1）设计者在追求包装减量化的同时，需注意平衡包装减量化与产品循环利用之间的关系，即设计者需要根据产品循环利用状况进行合理减量，若因盲目追求减量化而降低产品的循环使用次数，则依然未达到节约资源的目的。

2）减量化的本质不是否定包装，更不是倡导抛弃包装，而是去除包装不必要的功能，去除累赘冗余的装潢修饰，摒弃一切无用的细节，减少产品在不同环节下额外包装状况的产生，将产品真正需要的包装要素提炼、精简出来。

3）“减量”并不等于“减质”，在包装减量化的进程中，保证材料用量少的同时，更要注重产品包装的根本目的，即保护产品、方便储运、促进销售。

4）包装减量化并不仅仅指使用包装材料用量最少，而是对包装的各个环节资源和能量利用的考察。例如，印刷材料、装潢材料等也应该减量使用，从而进一步提高各种资源和能源的利用率。

总之，开展包装资源减量化工作，需从包装物的设计、生产、使用和回收的全生命周期内实现包装废物的减量化，从体积、形状、成本等主要因素防止过度包装的出现，以提高包装废物减量化的全面性和可操作性，达到减少资源与能源的消耗，降低生态环境污染的目的。并且切实执行政府有关政策规定，为生产者和消费者提供适销对路、美观大方，集节约、精美和实用为一体的包装产品，全社会动员起来，共同为抵制设计、生产并拒绝接受不当心理和作为的过度包装，为建设利在当代、功在千秋的节约型社会做出积极贡献。

欧美国家和地区多是通过规定减量化作为包装废物管理的首要基本原则，辅以杜绝欺骗性包装、加强回收等其他要求实现包装废物的减量化。对于商品包装只是要求其应限制在保证安全和卫生所必需的最低程度，并无具体的限制性指标。

亚洲国家和地区多是通过制定包装物的重复使用、循环利用等要求与明确的包装废物减量化目标，结合对不同类型商品包装的具体限制性指标，以达到对包装物的减量化目的。

我国越来越注意到包装废物减量化的重要性，也开始建立相关的管理制度体系。在《清洁生产促进法》和《循环经济促进法》中提出，从事包装物设计，应当按照减少资源消耗和废物产生的要求，优先选择采用易回收、易拆解、易降解、无毒无害或者低毒低害的材料和设计方案，并应当符合有关国家标准的强制性要求；设计产品包装物应当执行产品包装标准，防止过度包装造成资源浪费和环境污染。

在中华人民共和国国家标准——月饼（GB19855—2005）中，针对月饼的包装提出了以下限制性要求，包装成本应不超过月饼出厂价格的 25%；单粒包装的空位应不超过单粒容积的 35%；单粒包装与外盒包装内壁及单粒包装的平均距离应不超过 2. 5cm。

在建立我国的包装废物减量化管理制度体系时，应充分考虑我国的国情，综合其他国家与地区的有益经验，既应建立包括包装物的绿色设计要求、生产者延伸责任制度的实施、押金制度的实施、分类回收和再生利用体系的建立在内的完善的管理制度体系，以保证从包装物的设计、生产、使用和回收的全生命周期内实现包装废物的减量化；又要针对在我国具有代表性的典型商品包装制定定量的包装物限制性指标，从体积、成本等主要因素防止过度包装的出现，以提高我国包装废物减量化管理制度体系的全面性和可操作性，达到减少资源与能源的消耗、降低生态环境污染的目的。

第 10 章　包装清洁生产

中华人民共和国清洁生产促进法对商品包装作了明确的规定，即产品和包装物的设计，应当考虑其在生命周期中对人类健康和环境的影响，优先选择无毒、无害、易于降解或者便于回收利用的方案。企业应当对产品进行合理包装，减少包装材料的过度使用和包装性废物的产生。生产、销售被列入强制回收目录的产品和包装物的企业，必须在产品报废和包装物使用后对该产品和包装物进行回收。强制回收的产品和包装物的目录和具体回收办法，由国务院经济贸易行政主管部门制定。国家对列入强制回收目录的产品和包装物，实行有利于回收利用的经济措施；县级以上地方人民政府经济贸易行政主管部门应当定期检查强制回收产品和包装物的实施情况，并及时向社会公布检查结果。因此，为提高包装工业资源效率，改善生态环境，促进包装工业的可持续发展，实施清洁生产，成为其发展的重要途径之一。

10.1　包装清洁生产的内涵

10.1.1　清洁生产的内涵

1976 年，欧共体在巴黎举行了“无废工艺和无废生产国际研讨会”，会上提出“消除造成污染的根源”的思想。1979 年 4 月欧共体理事会宣布推行清洁生产政策，1984 年、1985 年、1987 年欧共体环境事务委员会三次拨款支持建立清洁生产示范工程。清洁生产审计起源于 20 世纪 80 年代美国化工行业的污染预防审计，并迅速风行全球（石磊和钱易，2002）。1990 年 10 月，美国国会通过《污染预防法》，把污染预防作为国家政策，取代了长期采用的末端处理的污染控制政策。美国环保局将污染预防定义为：“采用不同原材料、改进工艺或操作等在源头削减（限制）污染物（或废弃物）的产生。这包括减少使用有害物料，降低能源、水或其他资源消耗的措施以及通过维护或更为有效地使用来保护自然资源的措施。清洁生产在不同的地区和国家存在着许多名称不同而意思相近的提法，欧洲国家称之为“少废无废工艺”、“无废生产”，日本多称“无公害工艺”，美国则称为“废料最少化”、“污染预防”、“减废技术。这些不同的提法或术语实际上描述了清洁生产概念的不同方面，但均不能确切表达当代环境污染防治应用于生产可持续发展的新战略。

联合国环境规划署与环境规划中心采用了“清洁生产”这一术语，来表征从原料、生产工艺到产品使用全过程的广义污染防治途径，给出了以下定义：“清洁生产是指将整体预防的环境策略持续地应用于生产过程和产品中，以增加生态效率和减少人类及环境的风险。”对生产过程而言，清洁生产是指通过节约能源和资源，淘汰有害原料，减少废物和有害物质的产生和排放；对于产品，它意味着减少从原材料选取到产品使用后最终处理处置整个生命周期过程对人体健康和环境构成的影响；对于服务，则意味着将环境的考虑纳入设计和所提供的服务中。

我国《中国 21 世纪议程》中关于清洁生产的定义是：清洁生产是指既可满足人们的需要，又可合理使用自然资源和能源并保护环境的实用生产方法和措施，其实质是一种物料和能耗最少的人类生产活动的规划和管理，将废物减量化、资源化和无害化，或消灭于生产过程之中。同时，对人体和环境无害的绿色产品的生产亦将随着可持续发展进程的深入成为今后产品生产的主导方向。

在我国新颁布的《清洁生产促进法》中关于清洁生产的定义：清洁生产是指不断采取改进设计、使用清洁的能源和原料、采用先进的工艺技术与设备、改善管理、综合利用等措施，从源头削减污染，提高资源利用效率，减少或者避免生产、服务和产品使用过程中污染物的产生和排放，以减轻或者消除对人类健康和环境的危害（中华人民共和国清洁生产促进法，2012）。

清洁生产概念包含四层含义：① 清洁生产的目标是节省能源、降低原材料消耗，减少污染物的产生量和排放量；② 清洁生产的基本手段是改进工艺技术、强化企业管理，最大限度地提高资源、能源的利用水平和改变产品体系，更新设计观念，争取废物最少排放及将环境因素纳入服务中去；③ 清洁生产的方法是排污审计，即通过审计发现排污部位、排污原因，并筛选消除或减少污染物的措施及产品生命周期分析；④ 清洁生产包含了两个全过程控制，即生产全过程和产品整个生命周期全过程。清洁生产谋求达到两个目标：通过资源的综合利用、短缺资源的代用、二次资源的再利用以及节能、节料、节水，合理利用自然资源，减缓资源的耗竭；减少废料和污染物的生成和排放，促进工业产品在生产、消费过程中与环境相容，降低整个工业活动对人类和环境的风险。清洁生产的终极目标是保护人类与环境，提高企业自身的经济效益。

10.1.2 包装清洁生产的意义

包装工业实施清洁生产，具有重大意义，具体如下：

(1) 清洁生产使包装工业可持续发展

由于清洁生产可大幅度地减少资源消耗和废物产生，通过努力可改善生态环境，摆脱资源匮乏的困境。因此，包装工业实施清洁生产是其走可持续发展之路的重要举措，对实施可持续发展战略具有重大意义（段宁，2001）。

(2) 清洁生产是包装工业发展循环经济的前提

循环经济是相对于传统资源经济的一种新的经济发展模式，是建设资源节约型和环境友好型社会的重要途径。它以资源的高效、循环利用为核心，“减量化、再利用、资源化”为原则，以“低消耗、低排放、高效率”为根本特征，通过“资源—产品—再生资源”的反馈式流程，使生产投入的物质和能源在不断进行的生产循环中得到合理和持久的利用。因此，包装工业实施清洁生产，是包装工业发展循环经济的前提。

(3) 清洁生产是包装工业改变生产方式的一场工业革命

传统的企业发展均是建立在大量消耗资源、污染物排放的基础上，造成的污染再依靠“末端治理技术”来进行治理，付出了高昂的费用，众多包装企业已不能承受。清洁生产以预防为主，主动预防废物和污染的产生，把废物消灭在生产过程之中，摒弃“先污染、后治理”的模式，使包装工业以消耗大量资源和粗放经营为特征的传统模式向精细型、集约型转变。

清洁生产促使包装工业建立环境管理体系，强调环境保护对包装生产的指导作用，从而使包装工业能生产出“环境标志”产品，提高包装工业的市场竞争力，为其树立形象和品牌，获得更大发展。

10.2　包装清洁生产技术

在包装工业积极开展清洁生产，大力推进清洁生产技术，从改造产品设计、替代有毒有害材料，改革和优化生产工艺和技术装备，物料循环和废物综合利用等多个环节入手，通过不断加强清洁生产技术进步，促进包装工业“节能、降耗、减污、增效”，实现包装工业经济效益和环境效益的“双赢”将会起到重要的作用。以下重点结合纸包装、塑料包装、金属包装和玻璃包装的生产技术特点，从源头控制技术和过程控制技术两个方面，介绍包装工业清洁生产技术。

10.2.1　纸包装清洁生产技术

10.2.1.1　源头控制技术

(1) 源头削减技术

采用低克重、高强度的纸和纸板，或改进包装制品结构设计，减少材料用量，从源头削减废物的产生量。

(2) 漂白草浆制作一次性餐具专用纸板

利用国产原生漂白草浆为主要原料生产一次性餐具专用纸板，是一种源头控制技术。该技术针对草浆原料缺点，采用提高草浆质量的化学助剂，保证了原纸板具有足够的接近草浆原料，制造餐具纸盒所需的各项物理强度；同时使成品纸板具有抗热水、不渗漏及抗油等功能。该专用纸板制作的餐具废弃后可重新还原成漂白纸浆纤维。餐具用后只需经纸厂常规设备进行简易的专门处理后，即可迅速松解成漂白纸浆，作为二次纤维可重新制造各种书写印刷文化用纸或其他用途的纸及纸板。

(3) 废纸或植物纤维纸浆模塑制品

纸浆模型是一种立体造纸技术，它以废纸或植物纤维纸浆为原料，在模塑机上由特殊的模具塑造出一定形状的纸制品。纸浆模塑是一种可以回收使用，有利于环境保护的制品。它已被广泛制作各类纸托，用于盛装鸡蛋、水果等，还可用于一次性餐具，最具有发展前途的是取代泡沫聚苯乙烯作为运输包装的缓冲衬垫，是发泡塑料衬垫的换代绿色包装。

纸浆模塑的原料随着制品而有所不同，餐具类制品大量使用一年生草本植物纤维纸浆做主原料；包装类制品则以废纸（废报纸、废纸箱纸、废白边纸等）再生浆为主进行生产，或用一年生草本纤维加一定比例原纸浆做原料进行生产。

对于以植物纤维纸浆为主要原料的纸模（禽蛋托盘、餐具类）生产企业，其制作过程为：回收纸浆→碎解→疏磨→模具内成型→加热干燥→压光成型。例如，生产纸模餐具，还应在纸浆中配制一定比例的无毒化学助剂用以阻抗油水，并需经消毒杀菌后包装封存。而对以废纸为主要原料的纸模包装制品（工业托盘、缓冲衬垫等），其创作过程为废纸分选→碎纸打浆→成分配制→纸浆施胶→调配浆液（浓度）→制品成型→制品冷挤压→制品精整。

纸浆模塑制品的主要优点是：① 可以制成立体成型的纸制品；② 可以回收使用，如其产品置于自然环境中，可在很短时间内被微生物分解，因而可以取代EPS发泡塑料来制作一次性餐具和缓冲衬垫，是防止“白色污染”的有效途径之一；③ 纸浆模塑制品体积比发泡塑料小，可重叠，运输方便。

（4）采用无毒无害的原辅材料和新型绿色包装材料

采用水溶剂型的胶黏剂取代有机溶剂型的胶黏剂，进行纸箱、纸盒或书的覆膜。有机溶剂型的溶剂系汽油、甲苯、煤油、醇类等芳香族物质，在生产过程中干燥时，或在使用过程中废弃后处置时，均会挥发出有毒的碳氢化合物气体而污染环境，危害人身体健康，故应逐步予以淘汰，并以无毒无害的水溶剂型胶黏剂取代它们。

采用两层面纸和形似六面六角蜂窝状的蜂窝芯纸组合而成的蜂窝纸板制成的蜂窝纸板材，且用竹胶板制作竹胶板包装箱作代木包装，均具有高强度、高刚度、承重大的优点，并具有优异的缓冲隔振性能、可作机电设备的运输包装。

采用废纸浆为原料，在模塑机上脱水成型的纸浆模塑制品，或用模压成形的植物纤维制作取代破坏臭氧层、又不易降解的发泡聚苯乙烯制作缓冲衬垫，可供缓冲包装使用。

10.2.1.2 过程控制技术

(1) 采用无氯或减少氯漂白纸浆新技术

无氯漂白（TCF）也称无污染漂白，是用不含氯的物质，如 O_2、H_2O_2、O_3 等，作为漂白剂对纸浆在高浓度条件下进行漂白；少氯漂白（CFC）是用 ClO_2 作为漂白剂对纸浆在中浓度条件下进行漂白，无氯和少氯漂白旨在代替低浓度纸浆氯化漂白和次氯酸盐漂白，后者对环境有严重污染。

Ⅰ. 氧漂白

由于氧无毒、本身对环境没有污染、经氧脱木质素后，后段的漂白剂和漂白废水量可降低50%，氧漂白可大大降低漂白废水中的 BOD、COD、色度和总有机氯的含量，它对减少现代纸浆漂白废水的污染起了重要的作用。

氧漂白还可以节省其他化学药品的消耗，与有氯漂白剂漂白纸浆相比，可以提高纸浆得率。氧漂白工艺可以分为高浓度氧漂白（25% ~28%）、中浓度氧漂白（7% ~15%）。最初的氧漂白系统采用高浓，由于高浓系统附属设备较多，投资成本大，后来发展就逐渐走向中浓。发展中浓的原因是中浓漂白流程较简单、安全可靠、投资成本低，中高浓氧漂白均在压力0.6 ~0.8MPa 条件下进行，氧漂工艺常与还原剂如焦亚硫酸盐配合使用，以提高漂白效果。

Ⅱ. 过氧化氢漂白

过氧化氢经常用于化学浆多段漂白的后段，以提高纸浆的白度和漂白后纸浆白度的稳定性。此外，过氧化氢还用于机械浆的漂白。H_2O_2 漂白化学浆主要用在中段以加强漂白效果或用在终段使纸浆白度稳定。一般来说，要求白度高时用 H_2O_2，对白度要求不高则可以用 NaS_2O_2。为了提高 H_2O_2 的漂白效率，常要加入硅酸钠，二聚磷酸钠、二乙烯二胺乙酸盐、乙二胺四乙酸盐、乙酰苯胺等分解抑制剂或漂白稳定剂、非硅类新型封闭剂也已开始使用。

Ⅲ. 二氧化氯漂白

二氧化氯本身是自由基，具有优良的漂白性能，其漂白能力强、效率高、白度稳定。二氧化氯漂白的最大特点是漂白时有选择地去除木质素，而对碳水化合物的降解作用小，浆料的强度好。因此，二氧化氯在纸浆的漂白中仍居重要地位，采用 ClO_2 漂白纸浆这一措施后，与全氯漂白剂漂白纸浆相比，漂白废水不仅减少了 AOX（可吸收有机卤化物）和极毒物质，而且还减少了树脂障碍，但纸浆强度基本不变。

Ⅳ. 臭氧漂白

臭氧的脱木质亲和漂白作用均很强，在纸浆漂白系统中，可单独使用，也可与过氧化氢、氧气等其他漂白剂结合组成多段漂白，臭氧漂白的最大吸引力在于对环境无污染。例如，用无氯漂白流程 O—Z—E—P 漂白纸浆，对于任何制浆造纸厂都是最理想的，臭氧漂白段的纸浆浓度也有中、高浓之分，即中浓臭氧漂白和高浓臭氧漂白。

（2）造纸废水处理

在造纸过程中，水和废水都需要进行净化处理，工厂废水杂质有很多种，粒度分布也不同，可呈胶体状态，也可在水中悬浮，而更多的则是在静止时沉淀的大颗粒。在造纸废水处理时，采用高分子絮凝剂沉淀污物效果较好。例如，将这种化学法与生物法结合治污，即加入高分子絮凝剂将污物沉淀，再加入酶制剂进行发酵和降解，则效果更好。化学法与生物法相结合是今后治理造纸废水的方法。将化学法、生物法与过滤法、离心分离法进行多级综合处理，则废水处理效率还可以提高。

（3）变频控制技术

变频控制技术主要是采用电力电子技术和自动控制技术，对瓦楞纸板生产线上的电机进行改造，以达到节省用电的目的。常规电机工作在 50Hz 的交流电源下，转速是固定的，但负载经常变化，固定转速能耗较高。采用变频控制技术不但能实现无级调速，而且根据负载特性的不同，通过适当调节电压和频率之间的关系，可使电机始终运行在高效区，并保证良好的动态特性，是目前节电的一种有效方式。把瓦楞纸板生产线上原来滑差电机改成变频电机，节电可达一半以上。另外，整线改造可使原用电高峰值电流从高达 350A 降低到 200A 左右，最高不超过 250A，而这一改造对纸板生产不造成任何影响。

（4）蒸汽冷凝水回收系统

对于纸包装企业来说，能源紧缺，锅炉使用的煤炭、水电等物料价格的上涨，已经成为制约企业经济发展的重要因素。锅炉产生的饱和蒸汽被送往纸板生产线后，真正被利用的只是蒸汽热量的 70% 左右，而剩余的热量如果不采取回收措施的话，则经疏水阀被白白地排放到大气和地沟中去，导致锅炉多耗大量燃料、水、盐、树脂等。采用蒸汽冷凝水回收系统，不仅具有节能作用，还能避免锅炉缺水事故的发生。

蒸汽冷凝水的回收系统是把生产线上所产生的冷凝水及废蒸汽，以活塞式气缸压缩原理加压后，把水汽混合物直接压入锅炉，使锅炉用汽点及蒸汽回收机之间形成一个密闭的循环系统，从而达到最大限度节约能源的目的。增加该系统，每月可节煤 15% 以上。因此，纸包装企业所使用的蒸汽冷凝水回收系统，是最佳节能途径之一。

（5）提高原纸利用率

通常在纸箱生产企业，原纸大约占产品成本的60% ~80%，具体数值要视纸箱产品的附加值而定。例如，异型箱的原纸大约占产品成本的 60%；而对于纸板来说，原纸大约占成本的 80% 或更高。按照 70% 来计算，原纸利用率每提高 1 个百分点，就意味着增加 0. 7% 的利润，对于一个年销售额 5000 万元的纸箱企业来讲，原纸利用率提高 1 个百分点就等于增加利润 35 万元。这是一个非常可观的数字，也是纸箱行业在搞清洁生产审核时，原材料的使用率所占权重比较高的原因所在。提高原纸利用率的途径，具体如下：

1）对瓦楞纸板生产线进行改造。例如，将锥状形原纸夹头改造成自动膨胀式纸夹头、改传统的手工接纸为自动接纸机接纸等。

2）合理配材，减少代纸现象。

3）集中排单，减少更换门幅次数。

4）对生产过程中的坏片进行收集，并充分利用，大箱改小箱，坏片改成衬板、衬垫等。

（6）污染物的控制

纸箱生产过程中产生的污染物主要有废弃黏合剂、印刷油墨、有机溶剂、油漆等，通过自身回收、卖给供应方、卖给有资质的第三方等方式回收，使之能够重复循环利用或集中对其处理。目前，国外的一些企业对食品进口时使用的包装用瓦楞纸箱提出了一系列的新要求，如外箱不能有蜡纸或油质隔纸；尽可能用胶水封箱，不能用 PVC 或其他塑料胶带，如果不得不用塑料胶带，也要用不含 PE/PB 的胶带；外纸箱不能用任何金属。

10.2.2 塑料包装清洁生产

10.2.2.1 源头控制技术

(1) 源削减技术

日本松下电器公司通过对缓冲包装的缓冲垫结构改进设计，减少材料用量，在两年内减少了聚苯乙烯发泡缓冲材料（EPS）用量30%，从而减少了废弃物产生量。

通过改变材料配方或开发改性塑料，使塑料包装产品轻量化、薄壁化，既减少资源消耗，又减少废弃物数量，减轻环境的负载。

(2) 采用新型可降解塑料

欧美、日本等工业发达国家认为，完全生物降解塑料是目前降解塑料的重要发展趋势，应尽可能使用天然可循环的降解塑料；而热塑性淀粉树脂是目前最有发展前途的完全生物降解塑料。目前，在欧美、日本广为流行应用的聚乳酸（PLA）正是近几年崛起的一种以玉米淀粉为原料、天然可循环的新型可生物降解塑料。聚乳酸具有一般可降解塑料不具备的机械力学性能，其性能和一般塑料类似，有较好的机械强度和抗压性能，还具有较好的缓冲、防潮、防菌、耐油脂等性能，可用以制造各种包装和其他产品；废弃后能在大自然的水和微生物作用下以较快的速度完全分解，最终生成 CO_2 和 H_2O，无毒无害，不对环境造成污染；尤其是聚乳酸不含石油基物质，因而摆脱了一般塑料对石油资源的依赖，同时在外贸中也避开了欧盟对包装材料不能检测出烯烃类石油高分子物质的规定。

(3) 植物纤维制品包装

近年来，利用天然的植物纤维，如芦苇、稻草、麦秸、甘蔗渣、糠壳、竹林等，开发出了一系列绿色包装制品。

以玉米秆为原料，生产纯生物降解膜，用于农用地膜、香烟防潮包装等。该产品在废弃后3个月内可以完全降解，转化为有机肥料，不留残渣。澳大利亚已经在中国山西投资该项目。以淀粉和植物纤维为原料，经混合膨化后还可制成

"生态泡沫"包装材料，用以替代泡沫塑料，消除白色污染。

（4）选用高强度轻量材料，节约材料资源消耗

通过改变材料配方或开发改性塑料，使塑料包装产品轻量化、薄壁化，既减少了资源消耗，也减少了废弃物数量，更减轻对环境的负载。例如，采用高淀粉含量的生物降解塑料或高填充量无机材料的光降解塑料薄膜袋，其淀粉或碳酸钙含量达 30% 以上，最高可达 51%，从而节约了聚乙烯原料消耗的 30% ~51%。

（5）水溶性塑料包装薄膜

水溶性塑料包装薄膜作为一种新颖的绿色包装材料，在欧美、日本等国被广泛用于各种产品的包装，如农药、化肥、颜料、染料、清洁剂、水处理剂、矿物添加剂、洗涤剂、混凝土添加剂、摄影用化学试剂及园艺护理的化学试剂等。

水溶性包装薄膜的主要原料是低醇解度的聚乙烯醇及淀粉，利用聚乙烯醇成膜性、水溶性及降解性，添加各种助剂，所添加的助剂均为 C、H、O 化合物，且无毒，与聚乙烯醇溶液相溶。添加剂各组分与聚乙烯醇、淀粉之间只发生物理溶解，改善其物理性能、力学性能、工艺性能及溶水性能，但不发生化学反应，不改变其化学性能。其主要化学成分即为 C、H、O。水溶性塑料包装薄膜具有很好的环保特性，属于绿色环保包装材料，得到欧美、日本等环保部门的认可。

水溶性塑料包装薄膜已经在株洲工业学院与广东肇庆方兴包装材料公司联合研制开发成功，其工艺过程为：先将原料制成固含量为 18% ~20% 的水溶性胶，再流涎涂布到镜面不锈钢带上，经干燥成膜后从钢带上剥离，然后进行干燥至规定水分后，切边收卷获得成品膜。

（6）天然高分子材料

天然高分子材料完全由天然高分子物质通过化学与物理的加工而形成，所以材料可以在自然中风化降解，回归自然。

天然高分子型的材料不需要有合成的过程，而只是以化学及物理的方法再处理和再加工的过程。它的原料来源丰富，在自然界中到处都有，如各种植物的纤维素、木质素、甲壳质、淀粉等。制备的过程是将这些原料经过粉碎，然后大部分再水解得到脱乙酰基壳多糖。再将这些产物以一定的比例制成醋酸溶液，加入有效的易成膜第三组分，在钢板上流延成膜，其拉伸强度可相当于通用塑料，但

伸长率稍低。还可采用其他加工方法，如纸浆模塑、植物纤维模压、淀粉等。

10.2.2.2 过程控制技术

传统的印后精加工覆膜工艺都是使用有机溶剂型溶液作胶黏剂、完成纸/塑或塑/塑的复合。为了保证复合效果，胶黏剂的内聚强度必须加大，这就要增大胶黏剂材料相对分子质量，但相对分子质量增加会降低分子链的活动能力，减弱胶黏剂对 BOPP 薄膜和印刷品油墨印层、纸张的湿润渗透能力，复合受力时就会发生黏合破坏，反而造成黏结强度下降。因此，在复合时需将胶黏剂按 1：（0.3～11）的比例掺入苯类有机溶剂才能正常进行涂敷操作，然后通过烘干隧道使苯类有机溶剂挥发后才可进行复合。由于苯类有机溶剂挥发气体有毒性，操作工人的脑、肾、肝、血液均会受到损伤。同时，还会改变复合薄膜或纸张的油墨色相，影响外观质量，甚至使产品质量出现起泡和脱模的事故。

因此，传统的有机溶剂型融合剂的生产工艺必须摒弃。经国内包装及印刷专家研究，一项印后精加工覆膜的清洁工艺，即运用新型热塑性高分子材料和新型熔融合成工艺生产的热熔胶和以这种新型热熔胶剂为黏结材料的预涂薄膜干式复合工艺的清洁生产流程被研制成功，如图 10-1 所示。这种工艺无毒无味、操作简便、黏结迅速，因而受到许多覆膜厂的欢迎。覆膜厂只需在原有工艺（见图 10-2）基础上摒弃、淘汰有毒有害的有机溶剂则胶黏剂，就可在原涂胶湿式覆膜机上运用热熔胶预涂薄膜，开始新的清洁工艺的操作。

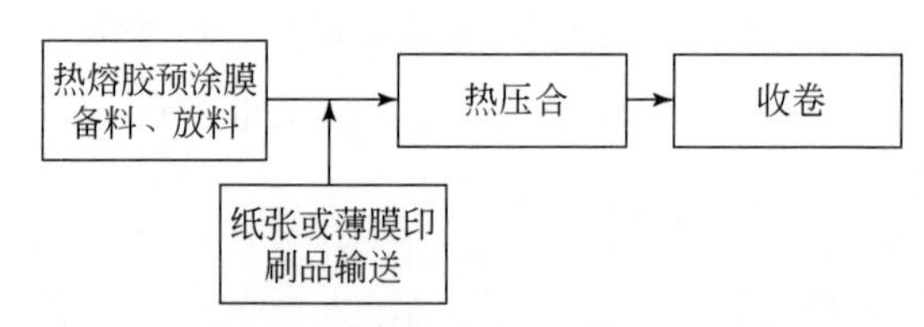

图 10-1 热熔胶预涂膜干式复合清洁生产工艺流程

应用多层薄膜与薄片的共挤压技术，实现在必需的数量内利用尽可能少的材料；为此必须研究共挤压与拉伸技术完美结合，也需要具有好的密封性能与强度高的材料。泡沫材料技术也被用来开发轻型材料，可用于塑料，也可用于开发要求绝热和不易滑动的纸杯。

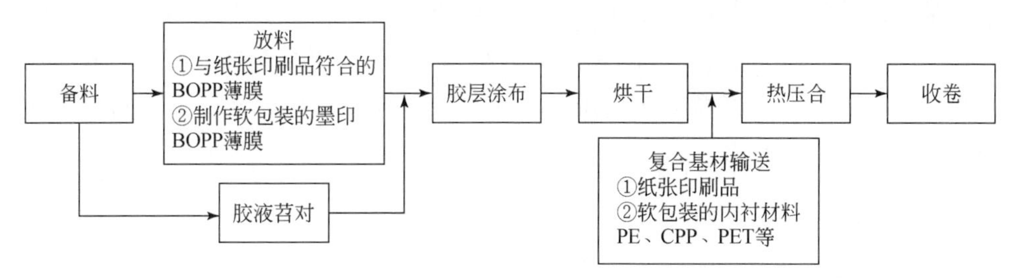

图 10-2 传统涂胶湿式覆膜工艺生产流程

10.2.3 金属包装清洁生产

10.2.3.1 源头控制技术

(1) 采用包装专用马口铁薄板及专用钢桶钢板

国内外制作金属包装罐桶均大量使用马口铁薄板，由于在国内使用的马门铁薄板大多没有用途的区分，在制造罐桶等容器时经常出现质量不稳定的问题，金属包装产品的质量问题、废次品问题在很大程度上都与马口铁材料有关。目前，欧洲已研制开发出包装专用马门铁薄板并投入市场，使应用范围更加明确和专一，针对性强，大大促进了金属包装轻量化和质量的提高。

欧美等发达国家，不仅开发专用马口铁薄板，而且连钢桶钢板也为企业量身定制，使材料厚度、含碳量、硬度、镀锌层厚度更加符合制桶、制罐工业的需要。不仅提高了金属包装产品的质量，而且经济性也更好，材料尺寸按需要裁定，边角废料几乎为零，从而使钢桶等金属包装的质量、成本均为最佳，也符合适度包装及包装减量化原则，因而使用钢桶等专用钢板也是我国金属包装的发展方向。

(2) 制作钢桶薄型化

近年来，国外一些发达国家率先采用超薄型的钢板制造一次性使用的钢板，这样做主要是为了达到环境保护的目标，同时也可节约原材料。我国一直采用 1.2~1.5mm 厚的钢板制造 200L 钢桶，使钢桶可重复使用多次。但每次使用前，钢桶都必须进行内外清洗，而旧桶翻新清洗和喷漆会排出大量的有毒有害液体、气体，污染环境。国外使用0.8～1.0mm钢板制造的200L钢桶，使用后直接将钢板回收利用，不许钢桶再次使用，从而杜绝了环境污染，又减少了包装的重量，降低了包装成本。

（3）采用新型环保涂料

预涂涂料是涂料的一大变革，它把产品从最后的成品涂装转向原材料的涂装，从而减少了涂装过程的污染。目前，预涂铜板中镀锌钢板、镀锡钢板和彩印铜板占主导位置。预涂涂料主要是有机复合涂料，主要以有机高分子聚合物、氧化硅等制成有机复合树脂，再加入交联剂、功能颜料制成。中国印刷钢板只限于马口铁，在其他国家钢板用普通板料的印刷中早已出现。

自泳涂料是继阴、阳极电泳涂料之后开发的一种新型水性涂料。此类新涂料是泳丙烯酸系乳液与炭黑、助剂等混合制成，其乳液由丙烯酸单体及苯乙烯在引发剂、乳剂存在厂共聚而成。其特点是以水做分散剂，不含任何有机溶剂，符合国际管理法规，有利于环境保护。配成的槽液性能稳定，便于施工操作，且属于清洁工艺，有利于职工健康安全。

黏贴涂料是一类涂有彩色涂料和黏结剂的高分子薄膜，由于具有良好的耐久性、耐候性，可以方便地黏贴在钢桶外表面。由于它取代了溶剂型涂料，所以对环境保护而言，它是带有变革意义的新型涂料。由于此种涂料使用方便、操作简单，所以在美国、日本已大量投入使用，不久的将来，中国也将得到普及。

粉末涂料首次实现了无溶剂的干法涂装生产，从根本上消除了有害溶剂的飞溅，喷粉末可以回收再用。不仅涂装质量好、效率高，更重要的是减少和消除了环境污染，改善了劳动条件。节省能源，是钢桶涂装发展的新趋势。此涂料在中国其他行业应用较早，但出于成本较高、配套设备未开发等原因，至今在钢桶生产中仍未普及。

喷涂过程中废气的治理方法有吸附治理法，即在吸附过程中装入活性炭、氧化铝、硅胶和分子筛物质，对废水进行循环吸附处理；另一种是吸收法，即在吸收塔设备中装有液体吸收剂，要求吸收剂应是无毒、不燃、易于再生和无腐蚀性。治理烘干炉产生的废气，主要是采用催化燃烧法，另一种是把低浓度的有机溶剂，进行浓缩后分解利用，或者采取吸附法也可以。

10.2.3.2　过程控制技术

(1) 减少渗漏

目前，许多发达国家为了杜绝钢桶的泄漏，已对钢桶的接缝全部采用激光焊接新技术生产。用新工艺生产出的钢桶，其抗跌落强度和抗渗漏能力比原工艺提高2倍以上，使钢桶质量实现“零渗漏”成为可能，这将是钢桶走向绿色化的发展方向。

(2) 螯合剂除油技术

涂装前的金属钢桶表面，由于经过冷轧、弯曲、焊接、冲压、卷封等加工工序，形成一层油污，除油的传统方法是有机溶剂除油或化学碱液除油，污染都相当大。不论哪种除油配方都使用了足够的磷酸盐，其对人体危害较大。目前，钢桶表面处理技术的发展趋向是不用或少用磷酸盐，而采用各种螯合剂或吸附剂，如氨基螯合剂、羟羧酸整合剂、沸石及亚氨二硫酸三钠等。

(3) 机械除锈技术

钢桶在热轧、焊接、试漏等生产过程中表面易产生氧化皮，在涂装前需除锈，机械除锈比化学除锈更有利于环境。机械除锈有以下5种：

1）喷砂处理——用压缩空气或电动叶轮把一定粒度的细砂硬颗粒喷射到金属表面上，利用砂粒的冲击力除去钢桶表面的锈蚀、氧化皮或污垢等。

2）抛丸处理——以80m/s的速度向被处理表面喷射粒径为0.5~1.0mm，多达130kg/min的丸粒，处理钢桶表面的氧化皮和铁锈效果最佳。

3）刷光处理——利用弹性好的钢丝或钢丝刷，搓、刮钢桶表面的锈皮和漏垢。

4）滚光处理——是利用钢桶的转动使钢桶表面和原料之间进行磨搓。

5）高压水处理——高压水除锈是一种较新的工艺，具有机械化、自动化程度高、效率高、成本低等优点。

(4) 采用先进的涂装新技术

目前，国内外的环保涂装技术发展很快，相继采用了高压无气喷涂、静电喷涂和粉末涂装等先进的涂装技术，采用机械化、自动化流水线的多种涂装方法生产线。这些现代化先进涂装方法引进了微机程序控制和闭路电视控制的自动涂装等最新涂装技术。新型高保护、高装饰、低毒、低污染的涂料和稀释剂、半机械化、机械化和自动流水线生产的浸涂、淋涂、滚涂以及光固化、辐射固化涂装等方法相配套，构成了现代涂装生产高效、高质、低耗、节能、减少环境污染的新涂装体系。

1）高压无气喷涂技术

高压无气喷涂技术是通过高压无气喷涂机使涂料以很高的压力喷出，被强力雾化喷至钢桶表面上。由于此种技术因雾化涂料与溶剂飞散少，因此环境污染和劳动条件得到了改善。

2）静电喷涂技术

静电喷涂技术是在传统的空气喷涂技术的基础上把高压静电应用于喷涂技术。它易形成机械化、自动化流水线生产，效率高、质量好，涂料利用率比空气喷涂高30% ~40%，且雾化涂料、有机溶剂受电场力吸引，不飞散，改善了操作者的劳动条件。

3）粉末涂装技术

粉末涂装技术首次实现了无溶剂、无毒的干法涂装生产，一次性涂装可达溶剂型涂料多道涂装的涂层厚度，过量的粉末涂料可以回收，基本上无环境污染。目前，粉末涂装多采用粉末静电喷涂法和粉末静电振荡涂装方法。

(5) 清洁的焊边处理工艺

传统的焊边处理采用磨边工艺，即采用4 ~8 组砂轮机对焊边进行磨削。磨边工序的工作环境十分恶劣，有震耳欲聋的噪声，有飞扬的粉尘，有烟雾缭绕的毒气，导致工人患上少肺、支气管炎、气喘等疾病。

近年来，国内外已出现了多种新的焊边处理工艺，这些新的工艺有铣边工艺、全自动高频焊接工艺等。铣边工艺消除了噪声和粉尘，是一种比较适应一般小型制桶厂的过渡工艺，较为简单可行。全自动高频焊接工艺由于其焊机先进，焊边一般不需要严格处理就能焊接，去掉了处理工序过程，从而降低了劳动强度，降低了生产成本，对环境污染也有所改善，这是钢桶焊接的换代工艺。

(6) 改进及完善结构设计

国标《包装容器·钢桶》（GB325—91）中所规定的钢桶结构，在用户使用后普遍存在着残留余物，钢桶内容物倒不干净，不仅造成很大的浪费，而且当留有残余物的钢桶被废弃后，有些残余物还可能对环境造成污染。如果钢桶翻新利用，则清洗钢桶会带来更大的污染，留有残余物的钢桶对回收利用也将造成麻烦。一些发达国家从环保出发对钢桶结构进行改进，研制了几种不留残余物结构，如沟槽引流结构、不留残余物钢桶结构。后者是将现在桶边的平面形式改进为流线拱顶形式，在钢桶倾倒液体时，内容物会全部流出。

(7) 采用先进的环保技术，治理“三废”污染

除涂料和材料外，涂装工艺技术对环境的影响也很大。目前，国内外涂装生产中对废渣的治理方法很多。对含碱废水一般采取中和法，向含碱废水中加入泛酸（也称废酸）以调整 pH 值，使其达到 pH 值为 6 ~9 的排放标准。治理含酸废水的方法很多，一般可归结为两大类：一类是有效妥善治理后符合国家排放标准时排放，主要采用中和法；另一类是废物回收再利用，主要有结晶回收法、溶剂萃取法、蒸发法等。磷化处理废水的治理方法一般采用氧化还原的过滤和中和塔阶梯治理法等。钝化产生的重铬酸盐含铬废水，主要采用氧化还原法等。

喷涂过程中废气的治理方法一种是吸附治理法，即在吸附装置中装入活性炭、氧化铝、硅胶和分子筛物质，对废水进行循环吸附处理；另一种是吸收法，即在吸收塔设备中装有液体吸收剂，要求吸收剂应无毒、不可燃、易于再生和无腐蚀性。治理烘干炉产生的废气，主要是采用催化燃烧法，也可以把低浓度的有机溶剂进行浓缩后分解利用，或者采取吸附法进行处理。

涂装过程中产生的废渣治理方法比较简单，涂装前表面处理产生的废渣中有很多可以回收利用。例如，硫酸亚铁、磷化沉淀物可经处理变成磷肥等，而其他有害废渣用直接燃烧法烧掉即可，燃烧要在密封的容器中进行，燃烧时产生的有毒气体可在密封的燃烧容器内一并烧掉。

10.2.4　玻璃包装清洁生产

10.2.4.1　源头控制技术

(1) 设计减量化

产品的销售份额和博得顾客的喜爱在相当程度上取决于包装是否精美，对酒

瓶、食物瓶等玻璃包装尤为如此。因此，许多玻璃包装厂家为适应社会及顾客的心理要求，往往追求产品的气质和造型，使酒瓶浑厚而敦实，造型多姿多彩而各异，这样就造成过分包装。因此，为解决此问题，要增强消费者的环保和节约资源意识，树立绿色消费观，制定相应的立法和废弃物限制法。在此基础上，玻璃存器设计必须大力推进设计减量化，从源头上减少包装废弃物。

（2）设计轻量化

玻璃容器在保证强度的前提下薄壁化，减轻质量是实施玻璃容器设计减量化、绿色化的一个重要发展方向，也是提高玻璃包装竞争能力的重要方向。因此，从1970年起世界上许多国家均大力开展研究，取得许多可喜成果。目前，瓶罐轻量化在国外发达国家已相当普遍，德国的ORERLAN 80%的产品为轻量化一次性用瓶，玻璃包装容器轻量化可采取如下三个方面措施：

Ⅰ. 生产工艺改进研究

生产工艺改进研究，主要依靠玻璃生产技术的改进。它对生产工艺过程的各环节，从原料、配料、熔炼、供料、成型到退火、加工、强化等都必须严格控制。冷热端喷涂是实现轻量化的先进技术，已在德国、法国、美国等发达国家广泛应用轻量化和薄壁化，可提高玻璃容器强度的方法，除采用合理的结构设计以外。主要是采用化学和物理的强化工艺以及表面涂层强化方法，提高玻璃的物理机械强度。

Ⅱ. 运用优化设计方法降低原料耗量

运用优化设计，探讨玻璃最佳瓶型，使玻璃容器的质量小而容量大，降低原料耗量，对瓶的回收意义重大。

Ⅲ. 研究合理的结构使壁厚减薄

玻璃容器的壁厚减小后，垂直荷重能力减小。但是，可使应力分布均匀、冷却均匀和增加容器的“弹性”，使瓶内压强和冲击强度反而得以提高。因此，可采取如下措施，以保证垂直荷重强度稍微降低或不被降低。具体如下：① 瓶罐的总高度要尽量低；② 瓶罐口部的加强环要尽量小或取消加强环；③ 小口瓶的瓶颈不要细而长；④ 瓶罐肩部不要出现锐角，要圆滑过渡；⑤ 瓶罐底部尽量少向上凸出。

10.2.4.2　过程控制技术

（1）安装脱硫装置

熔窑熔制硅酸盐时，采用煤加热，产生有害的 CO_2 和 SO_2，影响人体健康。通常，煤在未采取脱硫措施之前含硫量为 1045mg/m^3，在未燃烧前进行脱硫处理后含硫量降到 598.5mg/m^3。但是，熔制玻璃大量生产时，需消耗大量的煤。因此，产生的有害气体现仍是很大的，需安装脱硫装置。经过脱硫塔脱硫后，可脱硫 60% 左右，再通过酸式脱硫或碱式脱硫塔后，脱硫效率可达到 90% 左右。脱硫过程中需加入少量的脱硫剂，常用白云石。还需用水，水对煤脱硫起到清洗溶剂的作用，硫单质被水冲刷后进入沉淀池，硫单质沉淀下来，水泵油压后反复进入脱硫塔使用。

（2）安装除尘器和煤充分燃烧

熔窑焙制过程中排出大量烟尘，对大气环境及人体也造成严重污染。对此要用鼓风机加大鼓风，让煤充分燃烧，减少排出的烟和 CO；此外，可安置除尘器，减少排入大气中的烟尘量。在条件许可时，以电代煤或以天然气代煤，才能大量减少排入大气中烟尘量。

我国玻璃企业除个别合资、独资企业外，企业的装备水平普遍落后，使包括熔制环节在内的工艺过程生产效率低，消耗能量大，产生的“三废”污染严重，我国玻璃生产的工艺技术和装备与世界先进水平有较大的差距。因此，应狠抓技术进步，提高装备水平，在熔制时采用能耗低、采用微机控制日出料量为 150 ~ 200t 的大型窑炉；成型时采用生产率高、质量好的八组双滴制瓶机；供料时采用能充分燃烧、减少废气、用微机控制的供料设备。在节能降耗方面，应推广改进窑型和燃油窑炉，用时选用优质耐火材料和先进燃烧器，对窑炉实行全保温、电助熔、热工参数使用微机控制等一系列措施，使熔化率达到 1.5 ~ 2.9t/m，能耗平均下降 20% ~ 25%，热效率从 30% 提高到 40%。在此基础上，推广窑炉余氧燃烧技术，还可节约燃料 30% ~ 70%，并使玻璃熔化质量明显提高。只有这样才能从根本上提高玻璃瓶的生产质量，减少“三废”，保护环境，节约能源的问题。

10.3　包装清洁生产的实施步骤

包装企业实行清洁生产是以节能、降耗、减少污染排放物为目的，实施清洁生产的过程也是发现和寻找新的清洁生产机会的过程。包装企业实行清洁生产，包括准备、审核、制订方案、实施方案和持续清洁生产 5 个阶段。包装企业实施清洁生产的步骤，如图 10-3 所示。

10.3.1　准备阶段

筹划和组织属于准备阶段，是包装企业进行清洁生产工作的开端，主要进行 4 个方面的工作，即领导决策、组建清洁生产审核小组、制定审核工作计划和开展宣传教育等。

（1）领导决策

各级包装企业高层领导的支持和参与是企业清洁生产审核工作顺利进行的保证。因此，包装企业最高管理者，做出实施清洁生产的决定，并身体力行，积极参与，大力支持统筹安排，为包装企业实施清洁生产提供人力、物力、财力等保证，是包装企业顺利开展清洁生产的基础。

（2）组建清洁生产工作小组

包装企业应任命清洁生产主要管理者，直接负责包装企业清洁生产的创建工作，组建清洁生产工作小组。根据包装企业的实际情况，一般情况下全时制工作成员由 3 ~ 5 个人组成。清洁生产工作小组承担各种具体工作，如制订计划，开展宣传和培训，组织、协调包装企业各部门参与实施清洁生产，编写清洁生产报告等。清洁生产工作小组应成为包装企业的常设机构，指导包装企业持续地开展清洁生产工作。

（3）制订工作计划

工作计划应写明包装企业清洁生产工作内容，人员分工，物质准备和进度安排等。每一项任务要指定专人负责，明确起始时间和完成期限。工作计划可以列

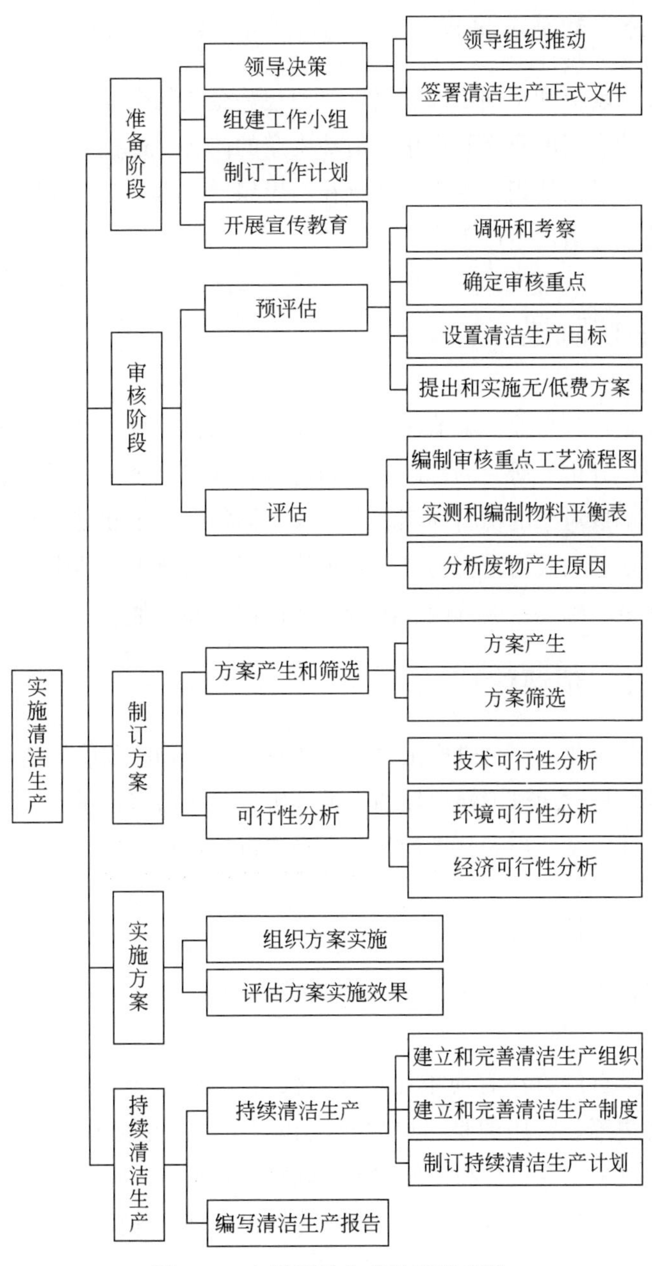

图 10-3　包装清洁生产的实施步骤

表的形式出现，要注意对审核各阶段的工作内容、进度、人员分工等做详细安排。

（4）宣传、动员和培训

通过宣传、动员和不同层次的培训，使包装企业的全体员工了解清洁生产的概念和实施清洁生产的意义和作用，清洁生产的内容、途径以及清洁生产审核方法和步骤，澄清模糊认识，克服可能存在的思想、技术、资金保障、政策法规等障碍，自觉地参与清洁生产工作。

10.3.2 审核阶段

审核阶段是包装企业实施清洁生产的核心阶段，其目的是在对包装企业现状进行全面调查、分析、研究的基础上，确定和发现包装企业开展清洁生产的潜力和重点。明确审核对象的物料和能源消耗及污染物的产生和排放量，分析审核对象的物料和能量损失及污染物的产生和排放原因，为寻求清洁生产机会和制定清洁生产方案奠定基础。一般分两步进行，即预评估和评估。

10.3.2.1 预评估

预评估要从企业生产全过程出发，弄清各个部门物料和能源消耗量以及污染物的产生和排放量，通过定性比较和定量分析，确定出审核重点。预评估阶段的重点工作包括评价企业产污与排污状况、确定审核重点、针对审核重点设置清洁生产目标。

预评估主要包括6个步骤，分别是：① 现场调研；② 现场考察；③ 评价产污与排污状况；④ 确定审核重点；⑤ 设置清洁生产目标；⑥ 提出和实施无/低费方案。

确定审核重点的方法有简单比较法、权重总和记分排序法、打分法、投票法、头脑风暴法等。常用的是简单比较法和权重总和记分排序法。根据实际情况，包装企业可采用权重总和计分排序法确定审核重点。需经过3个步骤，即确定因素及权重、对备选审核重点打分和打分结果合理性评价，最终决定首轮清洁生产审核重点，进而提出和实施无/低费方案。

10.3.2.2 评估

实施评估是对包装企业已确定的审核对象进行物料、能量、废物等的输入输出定量测算，对包装生产、服务全过程从原料、人力投入至产品、服务产出全面进行评估，查找原材料、产品、生产工艺、生产设备及其维护管理等方面存在的问题，寻找与国内外先进水平的差距，分析物料、能量损失和污染物排放的原因，为清洁生产方案的产生提供依据。

包装企业实施评估包括5个步骤，分别为：① 准备审核重点资料；② 实测输入输出物流；③ 建立物料平衡；④ 分析废物产生的原因；⑤ 提出和实施无/低费方案。包装企业进行评估的工作重点主要是编制审核重点的工艺流程图、实测输入输出物流、建立物料平衡和分析废物产生的原因。具体如下：

(1) 编制审核重点的工艺流程图

工艺流程图是以图解的方式整理、标示输入和输出审核重点的物料、能源以及废物流的情况，它是分析生产过程中物料、能量损失和污染物产生及排放原因的基础依据。在编制工艺流程图前，审核重点的资料必须充足完善。

(2) 实测和编制物料平衡表

实测输入物流是对进入生产过程的原料、辅料（添加剂 和催化剂等）、水、能源（燃料、电、气、蒸汽）以及中间产品、循环利用物等进行测量。

实测输出物流是指所有排出操作单元的排出物，有产品、中间产品、副产品、废物（废气、废水、废 液、废渣等）。将现场实测的数据经过整理、换算，按输入、输出汇总成表。具体内容如下：

1）制订周密的现场监测计划，包括监测项目、点位、时间、周期、频率、监测仪器、监测条件和质量保证等。

2）监测项目应为审核重点全部的输入输出物流，包括原辅材料、产品、中间产品、废物、循环利用率等。

3）监测点的设置必须满足物料平衡的要求。

4）实测时间和周期应按企业正常的一个生产周期（即一次配料投入到产品产出为一个生产周期）进行逐个工序实测，并且至少实测3个周期（或连续生产72h）。

5）输入输出物流的测定要对应相同的生产周期。

6）数据收集的单位要统一，对间歇操作的产品最好采用单位产量对应的输入与输出物流数，连续生产的产品，可用月或年产量进行统计。

(3) 建立物料平衡

实地测量和估算审核重点的物料和能量的输入输出以及污染物排放，建立物料和能量平衡，可准确判断审核重点的废物流，确定废物的数量、成分和去向，这也是寻找审核重点清洁生产机会的重要手段。

物质和能量守恒定律是清洁生产审核的理论基础。对工艺过程中各操作单元的原辅材材料、水和能量投入额产出进行测量，估算物料、能量的损失量和污染的物的产生量，准确判断审核对象的废物流，定量确定废物数量、成分和去向，编制出物料和能量平衡图。

(4) 分析物料和能量损失的原因

从包装企业的原辅材料和能源、技术工艺、设备、过程控制、产品、废物、管理和员工等 8 个方面，全面地、系统地对物料和能量平衡结果进行评估，分析物料、能量损失和污染物产生及排放的原因。这是发现清洁生产潜力的一种手段，也是征集和制定清洁生产方案的基础。

10.3.3 制订方案

在包装企业预评估和评估的基础上，确定包装企业的清洁生产方案。主要包括清洁生产方案的产生和筛选、可行性分析。

10.3.3.1 方案产生和筛选

包装企业通过方案的产生、筛选、研制，为下一阶段的可行性分析提供足够的清洁生产方案。根据评估阶段的结果，包装企业制订审核重点的清洁生产方案，在分类汇总基础上（包括已产生的非审核重点的清洁生产方案，主要是无/低费方案），经过筛选确定出两个以上中/高费方案，供下一阶段进行可行性分析，同时对包装企业已实施的无/低费方案实施效果核定与汇总，最后编写清洁生产中期审核报告。

包装企业的方案产生和筛选重要包括 7 个步骤，分别是：① 产生方案；② 分类汇总方案；③ 筛选方案；④ 研制方案；⑤ 继续实施无/低费方案；⑥ 核定并汇总无/低费方案实施效果；⑦ 编写清洁生产中期审核报告。主要工作内容如下：

(1) 广泛收集国内外同行业先进技术

类比是产生方案的一种快捷、有效的方法。包装企业在组织工程技术人员广泛收集国内外同行业的先进技术、生产工艺的前提下，结合本单位的实际情况，提出清洁生产方案。此种方式提出的方案可操作性较强，具有一定的前瞻性。

(2) 组织行业专家进行技术咨询

包装企业聘请本行业内的知名专家，对本厂的工艺、设备和管理现状进行整体评估。专家利用自身对全行业的了解以及工作经验，对包装企业清洁生产工作中存在问题及产生的清洁生产方案，提出意见和建议。此种方式提出的清洁生产方案，可有效突破企业内部的习惯势力，有利于包装企业走出自我封闭的状态，为包装企业今后良性发展提供契机。

(3) 清洁生产方案的判定标准

从不同途径与来源征集的所谓的清洁生产方案并不一定是具有实际意义的清洁生产方案。其中，夹杂着由于对清洁生产思想的不正确认识所产生的方案。准确判定是否为清洁生产方案的标准是：方案实施后能否达到节能、降耗、减污、增效的目标。在判定是否为清洁生产方案时，不能只以是否产生环境效益为唯一标准，应以节能、降耗、减污、增效为目标，全面正确地判定清洁生产方案。

(4) 清洁生产方案分类

清洁生产方案按投资费用的多少可分为中/高费方案和无/低费方案。中/高费方案是指技术含量高，投资费用较大的方案；无/低费方案是指技术含量较低，实施简单、容易的方案。通常以 5 万元为限，投资额超过 5 万元的方案为中高费方案，投资额低于 5 万元的方案为无/低费方案。方案的可行性与否是通过可行性分析来确定的。方案的可行性分析是方案能否被采纳与实施的理论依据和最终评判。

(5) 方案的产生与筛选

包装企业清洁生产方案汇总上来后，应首先进行初步筛选，得到初步可行的方案和不可行方案。此阶段只是对方案粗略的判断，主要是去除明显不合理的、不可行的以及不属于包装企业清洁生产审核范畴内的方案。

10.3.3.2 可行性分析

方案的可行性分析是对所筛选出来的中/高费清洁生产方案进行分析和评估，以选择最佳的、可实施的清洁生产方案。本阶段主要是针对中/高费方案展开，在结合市场调查和收集一定资料的基础上，进行包装企业清洁生产方案的技术、环境、经济可行性分析和比较，从中选择和推荐最佳的可行方案。

包装企业进行可行性分析主要包括5个步骤，分别是：① 市场调查；② 技术评估；③ 环境评价；④ 经济评估；⑤ 推荐可实施方案。

包装企业可行性分析的基本原则是：先必须进行技术评估，再进行环境评估，最后进行经济评估，要严格按此顺序进行。没有通过技术评估和环境评估的方案没有必要进行经济评估，可直接算作不可行方案。主要内容如下：

（1）市场调查

调查国内目前的包装市场需求、产品价格、销售对象等，并预测国内外包装市场今后发展趋势、包装产品开发销售周期等，从而对原来方案的技术做相应的调整。

（2）技术评估

技术评估是对审核重点筛选出来的包装企业实施清洁生产的中/高费方案技术的先进性、适用性、可操作性和可实施性等进行系统地研究和分析。技术评估侧重的是方案的先进性和适用性。分析的内容主要包括：

1）分析方案中提出的技术及与国内外先进技术相比是否具有先进性；

2）弄清方案中的技术在包装企业中是否适用，能确保包装企业创造经济和环境效益；

3）确定方案中提出的技术在包装企业具体技术改造中是否具有可行性和可实施性，确保方案能够顺利实施并在包装企业生产中发挥作用。

（3）环境评估

环境评估是对方案在资源、能源使用的变化、废物排放量、二次污染、废物毒性的变化及其再利用情况、操作环境对人体健康的影响等方面进行全面研究、讨论和分析。其目的是预测、评价包装企业某项方案实施后污染物的排放、资源能源消耗和对环境影响的变化情况。它侧重于包装企业清洁生产方案实施后，对环境造成的不利影响分析。

（4）经济评估

经济评估是对包装企业清洁生产方案进行综合性全面经济分析，是将拟选方案的实施成本与可能取得各种经济收益进行比较，确立方案实施后的盈利能力，并从中选出投资最少、经济效果最佳的方案，为投资决策提供科学依据。经济评估主要采用现金流量分析和财务动态和获利分析方法。

整个可行性分析过程应本着实事求是的原则，从包装企业的实际出发，量力而行，既不要放宽尺度、盲目上项目、上规模，使包装企业今后的发展背上沉重的包袱，也不要畏首畏尾、夸大困难，只看重无/低费方案容易实施而弱化中高费方案的实施效果，进而放弃了清洁生产审核工作更大效益的取得。

10.3.4 实施方案

通过清洁生产方案的实施，可改善包装企业生产管理状况，减少生产浪费和污染，降低成本，使包装企业获得良好的经济效益和环境效益，实现包装企业清洁生产目标。

包装企业清洁生产方案实施主要包括 2 个步骤，分别为：① 组织方案实施；② 评价汇总与实施方案的效果。主要内容如下：

（1）组织方案实施

根据方案进行可行性分析结果、包装企业现有资金状况、技术程度以及其他外部条件等因素，进行统筹规划，制定详细的实施计划和时间进度表，确保方案有效实施。具体步骤包括：

1）筹措资金、进行工程设计、征地和现场开发、设计施工许可证；

2）新建厂房、设备选型，调研、设计加工或订货以及落实配套公共设施和设备安装；

3）人员培训、试车、验收和正常生产。

(2) 评价汇总与实施方案的效果

包装企业对已实施的无/低费方案所取得的环境效益和经济效益，可通过调研、实测和计算，分别对比物耗、水耗、电耗等资源消耗以及废水、废气、废物等废物量这些环境指标在方案实施前后的变化，得到无/低费方案实施后的环境效果。分别对比产值、原材料费用、能源费用、公共设施费用、水费、污染控制费用、维修费、税金以及净利润等经济指标在方案实施前后的变化，得到无/低费方案实施后的经济效益。

包装企业对已实施的中/高费方案所取得的成果，可通过技术、环境、经济和综合评价，分别对比方案实施后的各项技术指标、环境指标、经济指标与措施与原设计要求、设计值，这些指标在方案实施后的实际值与设计者的差距，可得到包装企业中/高费方案实施后所产生的效益。

10.3.5 持续清洁生产

清洁生产是一个相对的概念，在现在的能源、工艺、设备、产品、管理的情况下，也许是清洁的，随着社会经济的发展和科学技术进步，现在的“清洁”就会变成“不清洁”。所以，推行包装企业清洁生产是个不间断的过程，一次清洁生产方案的实施，仅仅表明清洁生产的一个工作阶段，每轮清洁生产工作的结束都意味着下一轮清洁生产工作的开始。通过不断地对包装企业清洁生产审核来改进生产工艺、提高管理水平、降低生产成本、提高产品质量，最终减少对环境的污染。因此，在包装企业持续清洁生产阶段，除了继续实施方案外，还应对已实施方案取得的效果进行分析和总结，同时完善清洁生产组织机构，贯彻落实包装企业清洁生产各项规章制度，制订持续清洁生产工作计划，为下一轮包装企业清洁生产工作的开展做好充分的准备。

包装企业持续清洁生产主要包括 4 个步骤，分别为：① 建立和完善清洁生产组织；② 建立和完善清洁生产管理制度；③ 制订持续清洁生产计划；④ 编写本轮清洁生产审核报告。具体如下：

(1) 建立和完善清洁生产组织

包装企业为了使清洁生产工作在企业得以持续下去，必须在总结已开展的审核小组工作的基础上，进一步完善清洁生产组织，明确职责和任务，调整补充人员。新组建的清洁生产工作组，要监督实施本轮审核所提出的清洁生产方案，选择下一轮清洁生产审核重点，启动新一轮清洁生产审核工作，经常性地组织开展企业职工的清洁生产教育和培训，负责对外的清洁生产交流及一些日常的清洁生产活动管理。

(2) 建立和完善清洁生产管理制度

在建立完善清洁生产组织的同时，包装企业还应建立完善清洁生产的管理制度。把本轮审核取得的成果及时纳入到企业的日常管理中去，巩固清洁生产成效，建立清洁生产激励机制，以调动包装企业职工参与清洁生产的积极性。

(3) 制订持续清洁生产计划

持续清洁生产是包装企业本轮清洁生产审核的最后一个阶段，目的是使清洁生产工作在包装企业内长期、持续的推行下去。本阶段工作重点是建立管理清洁生产工作的组织机构，建立实施清洁生产的长效管理制度，制订持续清洁生产计划。

(4) 编制清洁生产审核报告

总结归纳包装企业清洁生产已取得的成果和经验，特别是中/高费方案实施后，包装企业所取得的经济、环境效益。发现并找出影响包装企业正常生产效率、影响经济效益、带来环境问题的不利环节、组织机构操作规范、管理制度等因素。修正使其适应清洁生产的需要，将包装企业清洁生产持续地进行下去。

推行清洁生产是社会经济发展的必然趋势，是包装工业实现“节能、降耗、减污”目标的必经之路，也是其实现可持续发展的重要举措。而要真正地实施清洁生产、实现持续清洁生产，包装企业应对清洁生产实施过程中的几个关键步骤，以及相关清洁生产技术给予足够的重视，使包装企业清洁生产的实施取得良好效果，并持续实施清洁生产。

第11章　包装废弃物回收利用的对策建议

11.1　加强包装废弃物回收利用立法

在包装废弃物的回收利用中，关键是要采取得力有效的措施。要站在利国利民的高度，实施强有力的法制手段，运用市场经济的杠杆，实行民间监督机制，建立科学高效的回收处理系统，扎扎实实地做好包装废弃物的回收利用工作。

要与循环经济促进法和环保法相呼应，制定一部包装法，明确规定包装原材料的消耗比、回收比和回收物质占有比，规定包装企业在回收中的责任和义务，同时对包装材料中的资源消耗、有毒副成分及可排放比例进行指标控制；并相应制定包装废弃物排放标准，严格按照这个标准颁发包装“绿色标志”，规定在一定时限内实施“绿色标志”包装条件，严格禁止非绿色标志包装上市（戴铁军和高新昕，2014）。

11.2　加强包装回收利用制度的建设

加强包装生产者责任制度建设，实施源头调控。生产者责任制度要求包装制造商对其产品的整个生命周期负责，无偿回收其产品的包装物，并达到一定的回收率和再生利用率。生产者责任的立法强制及回收目标的制定，有利于从源头促进回收体系的发展，促使包装链的各个环节主动减少包装废弃物的产生。目前，我国亟需制定相关法规明确生产者责任，建议规定包装制造商必须向环卫等主管部门申报，建立产销联单制度，根据产销量缴纳包装回收处置费用并委托专门机构回收或全额自行回收；销售商必须经销已向环卫等主管部门申报登记的包装产品。

建立可交易的许可证制度，也是实施源头调控的重要手段。可交易的许可证制度是包装供应链中的每一个企业必须获得许可证来说明自己已经有一个适当吨位的材料被再生，以满足公司的回收再生责任。剩余的许可证可以买卖，许可证可再售的价值给再加工者以进一步的激励来扩展它的生产能力。可交换的许可证制度作为市场分享再充填饮料容器的一种配额。在这种模式下希望使用一次性饮料容器的饮料生产商需要购买定量的一次性包装的许可证。许可证规定了包装的额定数量，不随整个市场的增长而自动增长，从而达到限制市场包装配额目的。

加强抵押金制度建设，实行过程控制。目前以北欧为代表的发达国家抵押金制度的运用大多出于环境保护的考虑。中国抵押金制度作为一项废旧物品回收利用手段已有较长历史。建议应尽快对可回收的包装容器实行抵押金制度，考虑到操作的可行性，可首先对啤酒瓶、软饮料瓶、葡萄酒瓶、易拉罐等饮料包装物实施抵押金制度。从欧共体制定的押金额及回收效果看，抵押金定为商品价的10%～30%，回收率较高。为激励包装生产商及销售商回收其包装废弃物，对回收率较高或多次使用的包装物，环卫、税务等主管部门可减少其处置费用；而对一些难降解、难回收利用的包装产品应采用逐步禁止、鼓励替代等抑制政策。

加强代偿机制建设，实施末端调控。目前，中国对于包装废弃物的回收和处置难以体现生产者责任的原则，使大量末端处置的任务落在了政府的头上，这种不合理的状况必须改变。应建立既能体现代偿关系，又能体现生产者责任的组织，全程管理包装废弃物的回收工作。根据实际国情，建议在环卫部门的参与下，利用原有的废旧物资回收公司主渠道，建立区域性的废旧物资回收公司，其运作资金部分来源于包装生产商、产品生产商及销售商缴纳的处置费用，以体现生产商销售商对各类包装的回收责任。

加强包装废弃物回收利用统计制度建设。包装废弃物回收利用是一个庞大的社会体系，一个部门难以获得包装物生产和废物产生的统计信息，应该鼓励各行业协会建立和完善数据库，尽可能将大、中、小规模的企业信息纳入统计范围。例如，要将纸包装生产量、消费量、回收量、废物利用量统计清楚，就必须要将纸包装从纸产品中分离出来以及将纸包装废弃物从废纸中分离出来，就需要一个一个进行统计，行业协会或统计单位需要建立有效的统计方法，改变目前统计指标笼统的做法。

11.3　制定“适度包装”的相关标准

商品包装消耗大量资源，如木材、纸张、玻璃、塑料、化工原料，有的用紧缺的石化资源为原料，有的以矿产资源为原料，有的则是以自然生态资源为原料。包装越繁琐、复杂，消耗的包装材料就越多，给城市或农村环境造成的垃圾与白色污染也更大。这样的结果，将对自然生态环境带来双重破坏，进而对依赖资源、生态环境生存与发展的人类构成危害。因此，制定“适度包装”的国家标准与行业标准，有助于改善“过度包装”，降低资源、能源的浪费，改善环境。

对于“过度包装”问题，许多国家都是从环保和保障消费者权益的角度，以包装立法的形式加以规范治理。1991 年欧洲共同体制定的《关于包装及包装废弃物的指令》中规定：贴身包装外的内容空隙容积，不得超过总容积的 25%（也就是包装空位不得超过包装体积的 25%）。韩国包装法规明确规定：过度包装属违法行为。1992 年奥地利制定了《包装法规》，1993 年法国制定了《包装法》，对包装成本均做出了明确的规定，即不得超过产品价格的 10% ~15%。目前，国际上流行对过度包装的界定标准是空位容积率不大于 20%，包装成本不超过产品售价的 15%。

11.4 加强包装回收利用技术的研发

开展各类包装废弃物的预处理技术研发，包括收集、分类、清洗、破碎、压实等，尤其是塑料和纸的分类技术，玻璃的分色技术；积极研发清洗—消毒—灭菌的重复再利用技术，努力提高各类饮料、食品包装容器的重复再利用次数。

大力促进企业清洁生产，积极实施和开发各类无害或少害的清洁工艺。根据中国包装工业的实际状况，一般宜于先易后难，先从单个的工序或流程着手，通过革新工艺和设备，减少生产的废物量和毒性，改善劳动条件。目前最急需的有：纸包装，采用无氯或减少氯漂白纸浆新技术，或制浆漂白两工序结合一起，采用先进的“氯气脱木质素”或“臭氧脱木质素”等少废工艺；塑料包装，推行对人体及环境无害的水溶剂型黏接工艺或热熔胶预涂后干式热压合工艺；金属包装，涂装工艺是金属包装中污染最严重的工序，对此可采用减少粉末和有机溶剂污染的高频焊接、喷丸处理、高压无气喷涂、静电喷涂和粉末涂装等先进工艺；玻璃包装，为减少熔炼时排出的 SO_2 和烟尘污染的防尘器和脱硫装置等末端治理技术；各类包装，均应实施工艺水循环再利用技术。

11.5 建立包装废弃物回收利用体系

建立科学合理的包装废弃物回收利用体系，是实现包装废弃物回收利用产业发展战略的根本保障。目前，中国包装废弃物回收利用体系不健全，管理不尽合理。

改革开放以前，中国包装废弃物的回收利用主要由国营废旧物资回收公司来完成，效果较好。当时，他们设置的废品收购站距离居民住地较近，十分方便。而且，包括包装废弃物在内的几乎家中所有的废弃物他们都收。另外，他们还定期推车到居民区内收购，更加方便市民处理家中的废弃物。把收购上来的废弃物品再进行集中、分类，然后送到资源再生企业进行处理。这种做法比较规范、合理，适应当时的经济和社会发展的需要。

改革开放以后，随着社会主义市场经济的建立，我国原有的国营废旧物资回收公司受到了较大的影响，业务范围发生了一些变化，不再回收包装废弃物了。以北京市海淀区物资回收公司为例，他们现在的业务主要是针对各种废旧汽车、电脑等再利用价值较高的物品，而对于像包装废弃物这些单价低廉的废品就鲜有问津了。取而代之，包装废弃物主要由一些个体组织或拾荒人组成的松散体系进行收购和处理。按照价值链的关系，拾荒人游走于城市的居民小区，从居民家中或垃圾箱内将包装废弃物收拣上来。他们将回收上来的包装废弃物分类后卖给附近的个体废品回收站，然后，再由负责运输的个体户将废品回收站的包装废弃物运送到资源再生企业。这种主要以利润为链条的回收体系，存在着管理、技术、卫生和“二次”浪费与污染等许多问题。因此，解决目前我国包装废弃物回收利用体系存在的问题，建立科学合理的包装废弃物回收利用体系非常必要，建议抓好以下四个方面的工作。

(1) 要逐步建立科学合理的包装废弃物回收利用网络

根据欧美发达国家的实践经验，结合实际国情，建议由相关部门参与构建以下包装废弃物回收网络。

1）居民小区交投点网络，即城市各居民小区直接布点所结成的回收网络系统，该网络的网点设立于各居民小区的交投点。

2）社区回收站网络，该网络的网点设立于各街道社区的回收站，在同小区交投点保持密切回收关系的同时，也为社区地域内单位机构废弃物的源头回收和集散交投提供服务。

3）城区集散中心网络，该网络的网点设立于各个城区的集散中心，在同各社区回收站保持密切集散关系的同时，还与废旧物资处理终端及大中型企业确立供需关系，具有典型的集散功能。

（2）对包装废弃物进行分类堆放，统一回收处理

要求居民对日常生活所产生的包装废弃物，按包装材料类别进行分类处理，放进指定的垃圾堆放点，再由专门的垃圾回收企业进行回收处理。当然，包装废弃物分类推放可与其他生活垃圾处理结合起来，统一由垃圾回收企业进行处理。对于由企事业单位产生的包装废弃物则由各单位自行进行分类定点堆放，在公共场所产生的包装废弃物由清洁人员负责进行废弃物的分类处理堆放。

（3）成立专门的企业对包装废弃物进行回收利用

参照德国的包装废弃物回收的做法，成立专门的企业对包装废弃物进行回收利用。这类企业可作为非营利性企业，享受免税待遇，通过政府法律和政策的规定，向包装使用企业和产生包装废弃物的消费者或单位收取垃圾回收费，其收费标准可按重量或体积计费，以维持企业的运转。对参与这一回收体系的企业，由这一回收系统对其产品打上专门的回收标志，使产品在消费后，由这一回收系统负责回收。回收企业在居民点分类设置垃圾箱，实行垃圾分类回收，对于大宗的包装废弃物，回收企业进行集中装袋，预处理后送到再加工企业进行回收处理和利用。

（4）将物联网技术与再生资源回收体系结合

通过智能回收机、无线互联网/物联网、数据中心、一卡通平台和短信平台的集成建设，实现包装废弃物一级回收、分拣中心、再利用企业的闭环互联，确保废旧饮料瓶流向安全，妥善处理。真正建立起包装废弃物的一级城市矿产基地，既保证了废弃包装的安全回收和循环使用，又实现对其用户的及时返利和参与的积极性，从而降低运营管理成本、产生良好的经济和社会效益。

11.6　推广无毒、无害、无污染包装

包装消费是人类消费的一项主要内容，是人类消费中接触较多的主要物质，对人类的生活、人体健康有着密切的关系。人们在享受包装带来便利的同时，也关注着包装对人带来的负面影响。因此，开展了对包装影响人们生活的种种研究。研究表明，包装对人体健康的危害主要是对包装材料选用不当，而且易造成大面积的环境污染，而对包装废弃物回收再循环利用的机制尚未建立，不仅污染了环境，而且造成了对包装材料资源的巨大浪费，进而影响到自然生态系统的正常净化和再生。

例如，有些本无毒副作用的物质被特殊液体溶解，与液体内某些物质产生了化学反应而产生毒副物质；毒副物质在光、空气、水分作用下释放造成危害；塑料类包装材料老化后产生毒副物质；不可降解的塑料包装材料废弃后对环境产生的污染；塑料包装废弃物经填埋或露天催化后产生二噁英等有害气体等看不见的污染。

因此，未来包装要消除包装材料带来的负面影响。首先，是用法律法规等强制性手段杜绝有毒副物质、污染环境、破坏生态平衡的包装材料的生产和进口；其次，是加大对无毒、无污染、无浪费环保包装材料的研究开发和推广应用；最后，是加重对包装废弃物对环境污染的处罚，加大对自然生态系统保护的力度，严厉打击一切破坏生态系统平衡的行为。

11.7　加强废弃物回收利用宣传教育

包装废弃物源头的分类对于其回收工作的进行起着至关重要的作用，要采取切实可行的措施引导公众参与包装废弃物的分类回收工作。例如，美国把塑料分成 7 类，便于居民挑选回收。很多国家在街上放置不同颜色的垃圾箱，分类放置不同类别的垃圾。在我国，应采取切实可行的垃圾分类方法，这是回收包装废弃物的前提。

政府要通过各种途径进行全民的环保教育，提高公众环保意识。环保教育不仅要在生产领域进行，而且要在学校、国民经济和各个领域实施，并贯穿在一个人的一生中，环境意识的提高和公众参与的意义超越废弃物处理的本身，进一步提高人们对包装废弃物回收的关注，吸引更多的消费者参加到回收系统中来。

参考文献

毕军，黄和平，袁增伟，等 . 2009. 物质流分析与管理 . 北京：科学出版社 .

边炳鑫，张洪波，赵由 . 2005. 固体废物预处理与分选技术 . 北京：化学工业出版社 .

蔡陈聪，王艳 . 2010. 马克思物质变换理论及其对生态文明建设的启示 . 东南大学学报（哲学社会科学版），12（6）：5-11.

陈皆喜 . 2010. 我国包装废弃物回收利用体系的制度设计 . 上海：华东政法大学硕士学位论文.

陈婧 . 2012. 现阶段我国进城务工人员社会保障问题之探索 . 贵阳：贵州财经大学硕士学位论文 .

陈磊 . 2006. 包装设计 . 北京：中国青年出版社 .

陈伟强 . 2009. 1991 ~ 2007 年中国铝物质流分析（Ⅰ）：全生命周期进出口核算及其政策启示 . 资源科学，31（11）：1887-1897.

陈绪芳 . 2007. 逆向物流的成本收益分析及运作流程设计 . 合肥：合肥工业大学硕士学位论文.

陈燕平，等 . 2007. 日本固体废物管理与资源化技术 . 北京：化学工业出版社 .

陈蓁蓁，刘勇 . 2000. 德国包装废弃物的回收和处理 . 城乡建设，（11）：42-43.

程洁 . 2011. 浅议过度包装对环境的危害及防治对策 . 安徽农学通报，17（17）：120-121.

大井英节 . 2001. 废塑料的干式分选 . 国外金属矿选矿，（6）：2-5.

戴宏民，戴佩华 . 2005. 绿色包装的评价标准及环境标志 . 包装工程，26（5）：14-17，20.

戴铁军，高新昕 . 2014. 包装工业可持续发展与循环经济 . 生态经济，30（2）：150-153.

戴铁军 . 2009. 工业代谢分析方法在企业节能减排中的应用 . 资源科学，31（4）：703-711.

段宁 . 2001. 清洁生产、生态工业和循环经济 . 环境科学研究，14（6）：1-5.

高会苗，戴铁军 . 2014a. 北京城市生活垃圾产生量的影响因素研究及预测 . 环境卫生工程，22（1）：24-27.

高会苗，戴铁军 . 2014b. 城市生活垃圾循环利用系统物质代谢框架的构建 . 再生资源与循环经济 . 7（4）：9-14.

山东理工大学广义循环经济研究课题组 . 2007. 广义循环经济论 . 北京：人民出版社 .

苟在坪 . 2008. 国外包装业发展循环经济的做法 . 再生资源与循环经济，1（12）：14-20.

郭玲玲，尹亮亮 . 2008. 日本在商品包装设计方面的循环利用 . 合作经济与科技，（10）：18-19.

国家技术监督局 . 1996. 包装废弃物的处理与利用通则（GB/T 16716—1996）. 北京：中国标准出版社 .

韩锦平 . 2009. 中国包装行业 30 年发展的历史回顾 . 包装学报，1（1）：1-4.

胡爱武，傅志红 . 2002. 塑料包装废弃物的回收处理途径 . 包装工程，23（3）：94-95.

胡明秀. 2004. 包装废弃物污染现状及资源化利用探讨. 中国包装，(3)：61-63.
黄海峰，刘京辉. 2009. 德国循环经济研究. 北京：科学出版社.
黄棋尤. 1999. 国外塑料包装废弃物回收利用技术综论. 国外塑料，17（4）：8-16.
蒋震宇，张春林. 2011. 我国塑料制品包装行业“十一·五”期间发展情况及“十二·五”发展建议. 塑料包装，21（2）：1-7.
缴志远. 2007. 既是生产者“也是拾荒者”. 中国包装报，003版［2007-05-18］.
金声琅，曹利江. 2008. 塑料包装废弃物的回收处理研究. 资源开发与市场，24（7）：651-653.
金雅宁，周炳炎，丁明玉，等. 2008. 我国包装废物产生及回收现状分析. 环境科学研究，21（6）：90-94.
金雅宁. 2009. 包装废物的产生特性及其回收体系研究. 北京：北京化工大学硕士学位论文.
金涌，李有润，冯久田. 2003. 生态工业：原理与应用. 北京：清华大学出版社.
康牧熙. 2010. 基于网络模型的废塑料回收流程生命周期评价及优化. 北京：北京化工大学硕士学位论文.
柯著林. 2002. 包装废弃物回收利用“五注意”. 中国包装报，004版［2002-02-07］.
客主期. 2007. 包装废弃物回收市场逐渐扩大. 中国包装工业，(1)：29.
莱斯特·R. 布朗. 2002. 林自新，戢守志译. 生态经济：有利于地球的经济构想. 北京：东方出版社.
郎芳，马晓茜，赵增立，等. 2006. 基于LCA的月饼包装评价. 包装工程，27（1）：109-111，114.
李超. 1999. 经济发达国家废弃物立法概况. 中国包装报，008版［1999-05-24］.
李东. 2009. 蜂窝纸板的结构、性能及质量控制方法. 印刷技术，(5)：45-46.
李刚. 2004. 基于可持续发展的国家物质流分析. 中国工业经济，(11)：11-18.
李华，李丽，王利，等. 2010. 主要包装物特性与资源再生实用手册. 北京：中国环境科学出版社.
李佳. 2013. 我国循环经发现状研究——基于马克思的循环经济思想. 武汉：武汉理工大学硕士论文.
李军. 2006. 发达国家包装材料再资源化集萃. 中国包装工业，(6)：56-57.
李丽，王琪，黄启飞，等. 2010. 国外包装废物管理技术路线及对我国的启示. 环境科学与技术，33（7）：201-205.
李丽，杨健新，王琪. 2005. 我国包装废物回收利用现状及典型包装物的生命周期分析. 环境科学研究，18（1）：10-12.
李丽，朱雪梅，王琪. 2009. 包装废物减量化管理制度体系比较研究. 中国资源综合利用，27（12）：5-7.

李沛生．包装产业与循环经济．北京：中国轻工业出版社．

李思良．2001. 废弃 EPS 泡沫餐具回收利用的实验研究．现代塑料加工应用，13（6）：11-12.

李仲谨．1998. 包装废弃物的综合利用．西安：陕西科学技术出版社．

刘长灏．2011. 循环经济输入输出问题研究．济南：山东大学博士学位论文．

刘贵清．2010. 循环经济的多维理论研究．济南：青岛大学博士学位论文．

刘凌轩，毕军，袁增伟，等．2009. 我国废纸回收利用系统的成本——收益模型与政策分析．系统工程理论与实践，（5）：76-82.

刘晓枚，刘国靖．2002. 奥地利 ARA 包装废弃物回收体系．中国包装，（2）：51-52.

楼波，蔡睿贤．2006. 清洁发展机制下的垃圾处理分析．华南理工大学学报（自然科学版），34（10）：100-104.

卢伟．2010. 废弃物循环利用系统物质代谢分析模型及其应用．北京：清华大学博士学位论文．

卢英芳．2007. 欧盟、巴西包装物的回收利用．城乡建设，（4）：68-71.

陆钟武．2010. 工业生态学基础．北京：科学出版社．

马传栋．2004. 按照可持续发展思想扩展财富——循环经济与知识经济结合的“五种流”理论. 山东社会科学，（5）：34-36.

马克思．2004. 资木论（第 1 卷）．北京：人民出版社．

马克思．2004. 资木论（第 2 卷）．北京：人民出版社．

马克思．2004. 资本论（第 3 卷）．北京：人民出版社．

马克思，恩格斯．1979. 马克思恩格斯全集．北京：人民出版社．

马祖军，代颖．1999. 包装庭弃物的回收处理技术．包装世界，（2）：50-51.

毛新．2012. 基于马克思物质变换理论的中国生态环境问题研究．当代经济研究，（7）：10-15.

彭国勋，许晓光．2005. 包装废弃物的回收．包装工程，26（5）：10-13.

彭国勋．2011. 论中国包装工业的可持续发展．包装学报，3（4）：6-11.

钱伯章．2007. 废旧塑料回收利用及技术进展．橡塑资源利用，（2）：12-17.

钱桂敬．2012. 中国塑料工业年鉴（2011）．北京：中国石化出版社．

秦鹏．2003. 我国再生资源利用管理的法律规制研究．重庆：重庆大学硕士学位论文．

日本環境省．2008. 海外の廃棄物処理情報——廃棄物関連法制比較．http：//www. env. go. jp/.

日本環境庁水質保全局企画課．2000. 循環型社会への挑戦——循環型社会形成推進基本法が制定されました. http：//www. env. go. jp/.

石磊，钱易．2002. 清洁生产的回顾与展望——世界及中国推行清洁生产的进程．中国人口·资源与环境，12（2）：121-124.

石田．2002. 评西方生态经济学研究．前沿论坛．（1）：46-47.

宋蓓蓓，祝莹，周莉莉．2005. 绿色包装——论包装的绿色设计问题．合肥工业大学学报（社会科学版)，19（2)：153-157.
孙佑海，张蕾 . 2008. 中国循环经济法论 . 北京：科学出版社 .
唐志祥 . 1996. 包装材料与实用包装技术 . 北京：化学工业出版社 .
王国华 . 2007. 可再用包装逆向物流网络构建研究 . 南昌：南昌大学硕士学位论文 .
王红征 . 2011. 论马克思的物质循环理论与循环经济思想 . 甘肃理论学刊，(1)：89-93.
王建明 . 2007. 城市固体废物管制政策的理论与实证研究 . 北京：经济管理出版社 .
王琼 . 2007. 基于逆向物流成本收益的政府行为研究 . 成都：西南交通大学硕士学位论文 .
王仁祺，戴铁军 . 2013. 包装废弃物物质流分析框架及指标的建立 . 包装工程，34（11)：16-22.
王仁祺，戴铁军 . 2013. 包装废弃物再生利用的成本效益组成分析 . 再生资源与循环经济，6（2)：29-32.
王秀宇 . 2009. 绿色包装评价方法的研究 . 西安：西安理工大学硕士学位论文 .
王玉 . 2011. 马克思物质变换理论视角下的循环经济研究 . 秦皇岛：燕山大学硕士学位论文 .
维克多・帕帕奈克 . 2012. 为真实的世界设计 . 周博译 . 北京：中信出版社 .
魏大劲 . 2008. 几个与包装环保有关问题的思考及建议 . 包装工程，29（4)：147-149.
吴迪 . 2013. 马克思生态经济思想视阈下的循环经济研究 . 北京：首都师范大学博士学位文 .
吴瑾光 . 1994. 近代傅立叶变换红外光谱技术及应用（上卷）. 北京：科学技术文献出版社 .
吴若枚，刘国靖，刘晓玫 . 2002. 法国 ECO-Emballages S. A. 包装废弃物回收体系 . 中国包装，(3)：52-53.
吴淑芳 . 2010. 基于环境会计的逆向物流成本收益优化研究 . 哈尔滨：哈尔滨商业大学硕士学位论文 .
吴玉萍，董锁成 . 2001. 环境经济学与生态经济学学科体系比较 . 生态经济，(9)：7-10.
吴玉萍 . 2011a. 城市生活固体废弃物源头减量化管理探讨——以过度包装为例 . 现代商贸工业，(21)：20-22.
吴玉萍 . 2011b. 基于 EPR 的包装废弃物回收模式研究 . 重庆：重庆理工大学硕士学位论文 .
伍新新 . 2011. 资源投资道路渐宽热点范围即将扩散（附股）. http：//www. 360doc. com/content/11/0103/15/1245783_ 83621012. shtml［2011-01-03］.
熊志文 . 2011. 我国包装废弃物资源化利用管理政策研究 . 杭州：浙江理工大学硕士学位论文 .
徐惠忠，王德义，赵鸣 . 2004. 固体废弃物资源化技术 . 北京：化学工业出版社 .
徐文越 . 2010. 马克思“物质变换”概念与循环经济建设 . 中共郑州市委党校学报，(2)：10-12.
许江萍 . 2005. 巴西在资源再生利用方面的经验 . 中国创业投资与高科技，(11)：30-31.
杨斌 . 2010. 巴西模式：发展中国家的资源回收之路 . 21 世纪经济报道 . http：//

www. wabei. com/news/200902/181164. html [2010-03-24].
杨福怨，侯林青，杨连登 . 2002. 包装材料的回收利用与城市环境 . 北京：化学工业出版社 .
杨惠娣 . 2010. 塑料回收与资源再利用 . 北京：中国轻工业出版社 .
杨玲，安美清 . 2011. 包装材料及其应用 . 成都：西南交通大学出版社 .
叶静 . 2008. 应用近红外光谱分析技术检测茶叶成分的研究 . 镇江：江苏大学硕士学位论文 .
佚名 . 2007. 加强包装废弃物回收利用努力创建节约型社会 . http：//www. eedu. org. cn/news/envir/epc/200701/11828. html2007-1-18..
佚名 . 2009. 日本包装减量化的典型案例 . 中国包装工业，(5)：14.
尤飞，王传胜 . 2003. 生态经济学基础理论、研究方法和学科发展趋势探讨 . 中国软科学，(3)：131-136.
于鑫，高欣宝，宣兆龙 . 2000. 包装废弃物的回收利用与包装设计改进 . 包装工程，21 (1)：48-50.
余晖 . 2009. 中国城市垃圾回收呼唤“塞普利”模式 . 第一财经日报，A14 版 [2009-08-19].
袁兴中，曾光明，张盼月，等 . 1998. 固体废弃物管理行业的环境型投入产出模型 . 湖南大学学报 (自然科学版)，25 (6)：108-112.
曾欧，罗亚明 . 2008. 中国包装工业生态化建设研究 . 包装工程，29 (5)：151-153.
张帆 . 2009. 废弃材料循环利用的哲理分析 . 成都：成都理工大学硕士学位论文 .
张凤林，郭钟宁，李瑞京 . 1999. 包装材料发展和环境保护 . 包装工程，20 (4)：52-54，57.
张宏伟，杨凯，王震 . 2002. 城市包装废弃物减量化及回收体系构建的国际比较 . 世界地理研究，11 (4)：54-63.
张建玲 . 2008. 生产型企业生态经济效率评价研究 . 长沙：中南大学博士学位论文 .
张连国 . 2006. 广义循环经济学的生态经济学范式 . 北京：群众出版社 .
张连国 . 2007. 广义循环经济学的科学范式 . 北京：人民出版社 .
张录强 . 2007. 广义循环经济的生态学基础——自然科学与社会科学的整合 . 北京：人民出版社.
张新昌 . 2007. 包装概论 . 北京：印刷工业出版社 .
张耀权 . 2009. 中国包装工业的现状及发展趋势 . 包装世界，(4)：6-8.
张仲燕，赵根妹，梁琥琪 . 1994. 聚酯 (PET) 废塑料分离回收方法研究 . 环境科学，15 (3)：26-29.
赵宝元，施凯健，孙波 . 2009. 国外包装废弃物回收系统的比较分析及启示 . 生态经济，(3)：103-106.
赵立祥，等 . 2007. 日本的循环型经济与社会 . 北京：科学出版社 .
赵素芬 . 2007. 复合软包装材料回收利用研究进展 . 包装世界，(5)：87-89.
赵伟 . 2008. 2007 年国内造纸工业产销形势分析 . 造纸信息，(12)：10-16.

赵伟 . 2009. 2008 年中国造纸工业产销情况分析 . 中华纸业，30（1）：6-13.

赵伟 . 2010. 2009 年中国造纸工业产销情况分析 . 造纸信息，(1)：33-40.

赵伟 . 2011. 2010 年中国造纸工业产销情况分析 . 中华纸业，31（23）：8-15.

赵伟 . 2012. 2011 年中国造纸工业产销情况分析 . 中华纸业，32（23）：8-14.

赵延伟，赵曜 . 2003. 广州地区塑料包装废弃物危害与回收利用 . 广州大学学报（自然科学版），2（6）：532-536.

赵永华 . 2010. 马克思的循环经济思想及其当代价值 . 苏州：苏州大学硕士学位论文 .

郑湘明，晏绍康 . 2006. 论循环经济与中国包装工业的可持续发展 . 包装工程，27（5）：262-264，294.

郑宣，曹国荣 . 2012. 包装减量化现状及思考 . 北京印刷学院学报，20（2）：19-21，25.

中国包装技术协会 . 2003. 中国包装年鉴（2002）. 北京：印刷工业出版社 .

中国包装联合会 . 2006. 中国包装年鉴（2005）. 北京：原子能出版社 .

中国包装联合会 . 2008. 中国包装年鉴（2006—2007）. 北京：中国包装联合会 .

中国包装印刷机械网 . 2012. 2011 年我国包装工业总产值约 1.3 万亿元 . http://www.ppzhan.com/news/detail/24029.html［2012-05-28］.

中国物流与采购联合会 . 2010. 中国物流年鉴 2010. 北京：中国物资出版社 .

中国物流与采购联合会 . 2012. 中国物流年鉴 2012（上册）. 北京：中国财富出版社 .

中国造纸学会 . 2013. 中国造纸年鉴（2012）. 北京：中国轻工业出版社 .

中华人民共和国固体废物污染环境防治法 . 1995. 全国人民代表大会常务委员会 .

中华人民共和国清洁生产促进法 . 2012. 全国人民代表大会常务委员会 .

中华人民共和国水利部 . 2011. 2010 年全国水利发展统计公报 . 北京：中国水利水电出版社 .

中华人民共和国行业标准 . 2004. 城市生活垃圾分类及其评价标准 . 北京：中国建筑工业出版社 .

周炳炎，郭琳琳，李丽，等 . 2010. 我国塑料包装废物的产生和回收特性及管理对策 . 环境科学研究，23（3）：282-287.

周炳炎，李丽，鞠红岩，等 . 2010. 我国纸包装废物产生特性和回收状况研究 . 再生资源与循环经济，3（4）：32-35.

周倩文，杨昊然 . 2011. 论我国资源型企业的可持续发展 . 经营管理者，22：6，3.

周廷美，张英 . 2006. 包装物流概论 . 北京：化学工业出版社 .

周廷美 . 2007. 包装及包装废弃物管理与环境经济 . 北京：化学工业出版社 .

周云杰 . 2010. 中国金属包装存在的问题及其出路 . 包装学报，2（3）：6-8.

朱权，廖秋敏 . 2008. 成本收益与逆向物流系统构建 . 中国市场，(15)：72-73.

邹盛欧 . 1994. 废旧塑料的分离与回收利用 . 化工环保，14：(3)：151-154.

邹祖烨 . 2006. 巴西包装废弃物回收再利用的社会经济模式 . 中国包装报，4 版［2006-07-19］.

Azni Idris，Bulent Inane，Mohd Nassir Hassan. 2004. Overview of waste disposal and landfills/dumps in Asian countries. Journal of Material Cycle and Waste Management, 6: 104-107.

Donald A B, Emil W C. 1992. Handbook of near-infrared analysis. New York: Marcel Dekker, Ine, 73-82.

European Environment Agency. 2007. The road from landfilling to recycling: Common destination, different routes [EB/OL]. http://eea.europa.eu.

Fonteyne J. 1997. In the Wiley encyclopedia of packaging technology 2nd. New Jersey. Wiley, 805-808.

Guern C L, Conil P, Houot R. 2000. Role of calcium ions in the mechanism of action of a lignosulphonate used to modify the wettability of plastics for their separation by flotation. Minerals Engineering, 13 (1): 53-63.

Günther D, Gerhard E, Bernhard R. 1993. Process for the separation of plastics by flotation. US, 5248041. 9-28.

Hicks C, Dietmar R, Eugster M. 2005. The recycling and disposal of electrical and electronic waste in China-legislative and market responses. Environmental Impact Assessment Review, 25 (5): 459-471.

Hodek W, Fuertues T, Vanheekk H. 1995. The liquefiable proceeding of waste plastics in supercritical water. Erdoel Erdgas Kohk, 111 (9): 376-381.

Hoyle W. 1997. Chemieal as pectsof plasties reeyeling. Cambridge: The Royal Soeiety of Chemistry, 12-17.

Inculet I I, Castle G S P. 1991. Tribo-electrification of commercial plastics in air. Institute of Physics Conference Series, 118: 217-222.

Kondo Yasuo, Hirai Ko-suke, Kawamoto Ryota. 2001. A discussion on the resource circulation strategy of the refrigerator. Resources Conservation and Recycling, 33 (3): 153-165.

Lee Kun Mo, Park Pilju. 2003. Application of life-cycle assessment to type Ⅲ environmental declarations. Environmental Management, 28 (4): 533-546.

Marques G A, Tenório J A S. 2000. Use of froth flotation to separate PVC/PET mixtures. Waste Management, 20: 265-269.

MeKay G. 2002. Dioxin characterization, formation and minimization during municipal solid waste (MSW) incineration: review. Chemieal Engineering Joumal, 86 (3): 343-368.

Moll S, Bringezu S, Schütz H. 2003. Zero study: Resource use in European countries. Denmark: European Topic Centre on Waste and Material Flow. Copenhagen, 1-7.

Nazeri Salleh M, Idris A, Yunus M N M. 2002. Physical and chemical characteristics of solid waste in Kuala Lumpur, Malaysia. In: Kocasoy G, Atabarut T, Nuhoglu I. Appropriate environmental and solid waste management and technologies for developing countries, 81-92.

Office of Solid Waste and Emergency Response of USEPA. 2002. 25 Years of RCRA: Building on our past to protect our future. http: //www. epa. gov/.

Office of Solid Waste of USEPA. 2006. Municipal solid waste in the United States- 2005 facts and figures. http: //www. epa. gov/.

Pasccoe R D, Hou Y. 1999. Investigation of the importance of particle shape and surfacewettability on the separation of plastics in a larcodems separator. Minerals Engineering. 12 (4): 423-431.

Paul C, Margaret W. 2005. Waste, recycling, and "design for environment": Roles for markets and policy instruments. Resource and Energy Economics, 27 (4): 287-305.

Paul H B, Helmut Rechberger. 2004. Practical handbook of material flow analysis. Boca Raton London NewYork Washington, D. C: Lewis Publishers, 32-37.

Paul S P, Adam D R, Anna E G. 1999. UR waste minimization clubs: A contribution to sustainable waste management. Resources, Conservation and Recycling, (27): 217-221.

Sakai Shin-ichi. 2000. Diaxins/furans removed and destruction in the process of particulate filtration. Chemical Engineer Japan, 64 (3): 124-129.

Shen H T, Forssberg E, Pugh R J. 2001. Selective flotation separation of plastics by particle control. Resources. Conservation and Recycling, 33 (1): 37-50.

Shen H T, Pugh R J, Forssberg E. 1999. A review of plastics waste recycling and the flotation of plastics. Resources, Conservation and Recycling, 25 (2): 85-109.

Shibata J, Matsumoto S, Yamamoto H. 1996. Flotation separation of plastics using selective depressants. International Journal of Mineral Processing, 48: 127-134.

Singh B P. 1998. Wetting mechanism in the flotation separation of plastics. Filtration and Separation. 35 (6): 524-527.

Sisson E A. 1992. Process for separating polyethylene terephthalate from polyvinyl chloride. US, 5120768, 6-9.

Stahl, Beier P M. 1997. Sorting of Plasties using the eleetrostatic separation Process. Proceedings of the XX international mineral Proeessing Congress. Aachen, Germany: Clansthal- Zellerfeld GMDB Gesellsehaft fur Berghau, Metallurgie, Rohstoff-und Umweltteehnik, (5): 395-401.

Stark E, Luehter K, Margoshoes M. 1986. Near- infrared analysis: A technology for quantitative and qualitative analysis. Applied Spectroscopy Review, 22 (4): 335-339.

Stuart R, David E. 2003. The environmental effect of reusing and recycling a plastic- based packaging system. Journal of Cleaner Production, 11 (5): 561-571.

Sujit D, Curlee T R and Rizy. Colleen G. 1995. Automobile recycling in the United States: Energy impacts and waste generation. Resources Conservation and Recycling, 14 (3-4): 265-284.

Tilton, Jon E. 2001. The future of recycling. Resources Policy, 25 (3): 197-204.

Tilton J E. 2002. The future of recycling. Resources Policy, (3): 197-204.

Valdez E G, Wilson W J. 1979. Separation of plastics by flotation. US, 4167477, 9-11.

World Bank. 2000. Creening industry: New roles for communities, markets, and governments. Oxford University Press.

William C Blackman Jr. 2001. Basic Hazardous Waste Management. Third Edition. Arizona State University, Tempe, Arizona, USA, 2-7.

Yasuo K, Hirai K, Kawamoto R. 2001. A discussion on the resource circulation strategy of the refrigerator. Resources Conservation and Recycling, 33 (3): 153-165.

Yoneda K, et al. 2002. A researeh on dioxin generation from the industrial waste incineration. Chemo Phere, 46 (9): 1309-1319.

Zhang S L, Forssberg E. 1997. Mechanical separation- oriented characterization of electronic scrap. Resources Conservation and Recycling, 21: 247-269.